VMware
vSphere 7.x
維運實戰管理祕訣

序

近三年的時間內因新冠肺炎（COVID-19）疫情的關係，幾乎讓全球每一個人的生活都面臨著嚴酷的考驗，這個考驗不僅僅只是來自病毒感染的風險，周遭的許多人、事、物也因此有了很大的改變，這包括了工作、娛樂、飲食、家人、朋友、同事、習慣等等。

就以工作來說，許多人因為疫情關係而丟掉工作，有更多人則被迫在家工作或是人在海外無法回家，筆者本人也是曾經被迫在家工作一段時間的小資族。在家上班看似不錯，但實際上工作量反而變得更多了，因為得經常回報各項事件的處理進度，且遠端作業還得面臨各種難題的考驗。

究竟居家辦公有哪些難題呢？其實對於資訊公司而言，基本上大致有遠端維護公司的 IT 運作、同仁之間的協同合作、客戶的遠端協助等難題。就以客戶的遠端協助來說，客戶的網路遠端連線通常會設下只允許我們公司的網路來進行連線的限制，為此你就必須先連線到公司網路，再透過公司的網路連線至客戶網路，不只是麻煩且還得和其他非 IT 部門的同仁，一起擠用相同的遠端網路，除了有網路頻寬的壅塞問題，也會有一些資訊安全的疑慮。

為此，筆者特別將解決方案提供在本書之中供大家參考，也就是通過 OpenVPN 與 Google Authenticator App 的免費方案，為 IT 人員建立一個專屬的遠端通道，此通道不僅可以用來解決維護公司的 vSphere 整體運作，還可以一併解決客戶的遠端協助需求。至於針對 vSphere 7.x 本身維運上的種種難題，本書也完整彙整了各種實務上的解決方案供大家參考。

如果你曾經閱讀過筆者的前一本著作《實戰 VMware vSphere 7 部署與管理》，並且有實戰過此書的精華內容，包括了部署、升級、更新以及各項管理功能的學習，那麼接下來的這本新書更是強烈建議你繼續閱讀，因為它將會全面強化你在 vSphere 7.x 維運過程之中，面對各項難題的處理能力與效率，並且還可學習到許多在 Update 1、Update 2 以及 Update 3 大型更新之中，所提供的各項新功能以及優化後的改進設計，這包括對於主機、虛擬機器、叢集、網路、儲存區、vSAN、安全管理等等。

最後祝福每一位 IT 先進，能夠從本書之中獲得美好的學習經驗！

顧武雄 Jovi Ku

目錄

第 3 章

vSphere 7.x 主機常見問題排除技巧

第 4 章

vSphere 7.x 虛擬機器活用管理技巧

第 5 章

vSphere 7.x 主機與虛擬機器進階技巧

第 6 章

vSphere 7.x 虛擬機器複製與範本管理技巧

第 7 章

vSphere 7.x 儲存管理技巧實戰

第 8 章

vSphere 7.x 實戰 vSAN 與 SMB 檔案服務共用

第 9 章

vSphere 7.x 實戰虛擬機器原生金鑰加密保護

第 10 章

開源 TrueNAS 整合 vSphere 7.0 管理實戰

第 11 章

PowerCLI 實戰管理 vSphere 7.x

第 12 章

vCenter Server 7.x DCLI 命令與更新管理

第 13 章

vSphere 7.x 虛擬機備份與還原 - NAKIVO 實戰

第 14 章

開源 OpenVPN 強化 vSphere 遠端管理安全

第 1 章

vSphere Client
網站操作管理技巧

任何 IT 的解決方案無論功能面多麼強大,若沒有搭配一個友善的管理介面,對於 IT 人員來說可能會是一項災難,就以一個擁有橫跨多個營運據點的虛擬化平台環境來說更是如此。vSphere 7.0 的 vSphere Client 提供了一個極具友善的網站介面設計,不僅所有功能的點選回應速度極快,各項管理操作的設計也相當直覺。因此筆者建議若你是初次接觸 vSphere 7.0,在明白了它所提供的各項功能並完成基本部署之後,請立即透過本文完成幾項最關鍵技巧的學習。

1.1 簡介

在 IT 的解決方案之中從伺服端到用戶端、從 IT 人員到一般用戶，面對任何新系統的使用都希望有一個友善設計的操作介面，因為沒有任何用戶會希望去使用一個難以快速上手的系統，即便它所提供的功能再強大，恐怕也難以被多數人所接受。

IT 的解決方案其實就如同我們使用手機一樣，友善的設計可以讓用戶操作起來感受到簡單、方便、容易上手。相反的，對於設計較差的手機或 App 操作介面，可能會讓用戶在情急之下想把它給砸爛，或是把該 App 直接移除掉。

筆者從事 IT 工作二十多年以來，接觸過無數各類伺服器應用系統的評測，許多時候面對同一類的應用系統，在功能面沒有太大顯著差異的情況之下，筆者最終會推薦使用的便是擁有友善操作介面設計的方案，因為它往往不需要讓用戶花太多腦力去記憶操作步驟，還可以用最簡單的操作方法完成一項看似複雜的管理任務，簡單來說友善的操作介面設計，將直接影響使用者的工作效率。

在現今的雲端平台解決方案之中，無論是公共雲還是私有雲的產品，似乎大家都將評估的重點放在功能與售價。其實還是得站在維運者的角度去評估這一項解決方案，因為在大多數的情況之下，會發現大家所需要的功能面其實都是差不多的，但在正式上線使用之後維運的品質，卻可能直接影響到公司的整體營運效率，而這其中的關鍵因素不僅有效能與可用性的問題而已，還有一個讓許多人不知道的重要原因，那就是「介面設計」。

VMware vSphere 最讓筆者讚賞的地方，除了是在新技術與功能面的不斷突破之外，打從 vSphere 6.7 版本開始逐漸在網站管理介面的設計上，擺脫了長久以來對於 Adobe Flash 的依賴，並採用了更加前衛的版面配置，讓管理人員能夠在這個以 HTML 5 為基礎的設計介面上，享有更友善、流暢以及直覺化的操作方式。如今 vSphere 7.0 已是一個 100% 的 HTML 5 完善設計，如何善用這個全新的操作介面設計，來提升維運的品質與效率便是本文的分享重點。

1.2 vSphere Client 必學三招 ————————

我們學習任何應用系統的使用，通常都會有幾招是必學操作技巧，在 vSphere Client 中也是不例外。首先最重要的就是登入 vSphere Client 網站後的 [首頁]，如圖 1-1 所示在此可以綜觀整個 vSphere 架構基本資源的使用狀況、虛擬機器的狀態統計以及發生警示的物件等等。

其中你應該優先處理在 [具有最多警示的物件] 區域中的物件，例如叢集、vCenter Server、ESXi 主機或是虛擬機器，只要任一物件的「警示」出現 0 以上的數據便應當立即處理，因為它將可能影響到某一個重要環節的 IT 運行。至於「警告」的事件處理雖然不是那麼緊急，但是也應當先進一步去了解完整的事件警告內容。

圖 1-1　vSphere Client 首頁

接下來要介紹的第二招是針對虛擬機器檢視所設計的全新視圖，你可以透過點選 [切換到新視圖] 按鈕來查看。如圖 1-2 所示還可以在 [自訂視圖] 的選單之中，唯一挑選所要顯示的區域。

除了可以挑選所要顯示的區域之外，還可以針對一些這些區域透過滑鼠左鍵的拖曳，來任意移動所要擺放的位置。在 [客體作業系統] 的區域中，

你可以從 [動作] 選單中來快速執行開機、關機、暫停等操作，並且可以自由點選 [啟動 REMOTE CONSOLE] 或 [啟動 WEB 控制台] 來進行連接操作。

接著你可以快速檢視到關於這台虛擬機器的 [容量與使用量]，來做為判定是否增減可用資源配置的基準。若需要進行資源配置的修改，只要在 [虛擬機器硬體] 區域中點選 [編輯] 超連結即可。最後在 [相關物件] 的區域中，則可以得知此虛擬機器目前所在的叢集、主機、網路以及儲存區。當主機需要進行停機維護或是要調整負載的配置時，便可以藉由這一項資訊來協助判定。

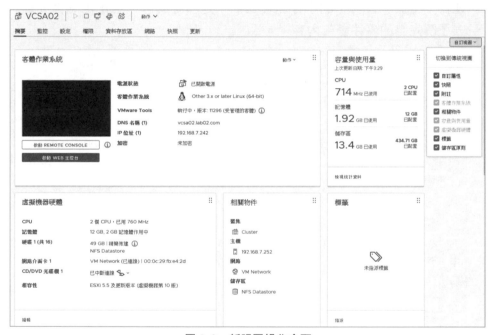

圖 1-2　新視圖操作介面

在中大型以上的 vSphere 環境中進行維護是相當不容易的，因為無論是虛擬機器、虛擬機器範本、叢集、主機、網路還是儲存區數量都是相當多的。因此筆者會建議善用如圖 1-3 所示的搜尋功能，來快速開啟所要管理的物件。例如筆者藉由搜尋「template」關鍵字找到了許多虛擬機器範本，接著就可以開啟所選定的範本，來進行編輯或建立的更多的虛擬機器。

圖 1-3　快速搜尋管理目標

1.3 綜觀 vCenter Server、ESXi、VM 狀態 ──

在前面的示範中介紹了如何透過 vSphere Client 首頁，來快速檢視整個 vSphere 架構下的資源使用狀態，以及統計虛擬機器與主機的狀態數據，並且從中獲得各項物件的警示數據。接下來我們將進一步深入到 vCenter Server、ESXi 主機以及虛擬機器清單的全面檢視與基礎管理。

首先是針對 vSphere 架構下所有 vCenter Server 的快速管理。請從 [功能表] 選單中點選至如圖 1-4 所示的 [部署]\[系統組態] 頁面。在此將可以檢視到所有運行中的 vCenter Server 基礎狀態資訊，其中 [節點健全狀況] 若不是呈現「良好」而是出現「已降級」的訊息，管理人員就應該立即點選 [登入] 按鈕，來開啟 vCenter Server Appliance 的管理網站，以詳細查看降級運行的原因，往往不外乎是可用資源不足或是某一項服務沒有正常啟動。

圖 1-4　檢視系統組態

此外有些時候當我們一時之間，無法找出 vCenter Server 不能正常運行的原因時，通常會選擇直接在 [系統組態] 的頁面中，針對選定的 vCenter Server 點選 [將節點重新開機] 的超連結。執行後將會出現如圖 1-5 所示的警示訊息，管理員必須在確認明白這些警示之後，輸入重新開機的原因並點選 [重新開機] 按鈕即可。

圖 1-5　選定節點重新開機

接下來可以開啟位在 vCenter Server 節點的 [主機和叢集] 頁面，如圖 1-6 所示在此則可以一次檢視到所有 ESXi 主機的連線狀況、運行狀態、所屬的叢集、耗用的 CPU 百分比、耗用的記憶體百分比、HA 狀態、運作時間等資訊。必要時你也可以選定主機之後，再點選 [動作] 選單中的功能，

來執行新增虛擬機器、部署 OVF 範本、新增資源集區、匯入虛擬機器、維護模式、關機等操作。

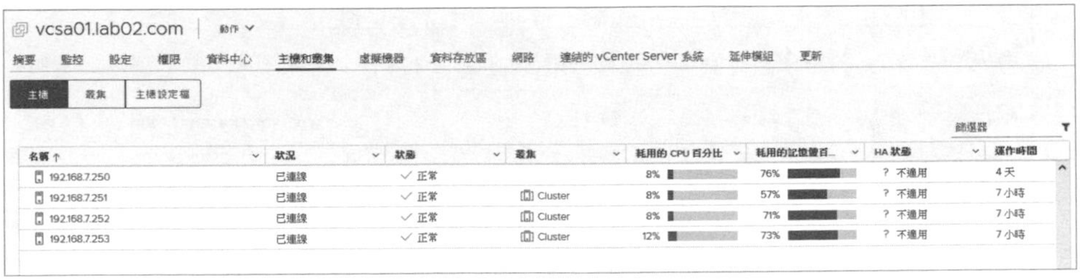

圖 1-6　主機和叢集

緊接著在 [虛擬機器] 頁面中則可以如圖 1-7 所示檢視到所有虛擬機器的電源狀況、運行狀態、佈建的空間、已使用的空間、主機 CPU 以及主機記憶體的使用情形。必要時一樣可以在選定虛擬機器之後，點選 [動作]選單來執行電源操作、快照、移轉、複製、編輯設定等功能。

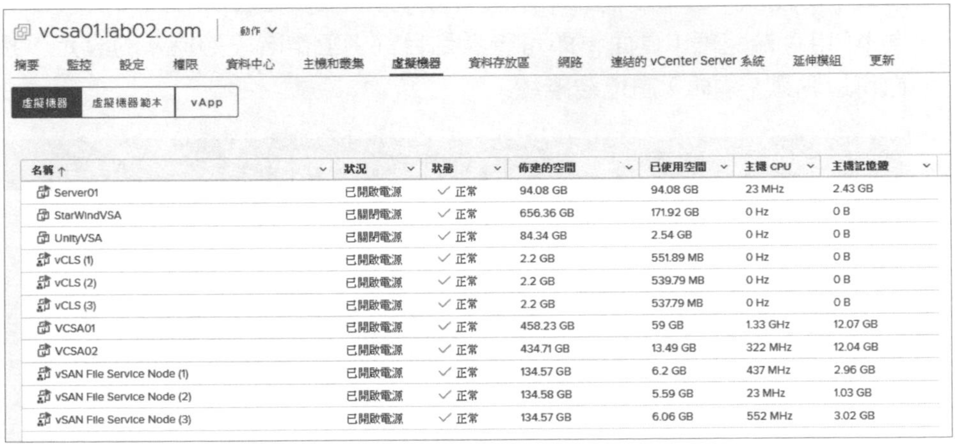

圖 1-7　虛擬機器清單

最後管理員必須知道無論我們對於 vCenter Server、叢集、主機還是虛擬機器執行過什麼樣的功能操作，其執行過程與成功與否等資訊，皆會顯示在頁面下方的 [最近的工作] 區域之中，而你也可以進一步透過如圖 1-8所示的功能選單，來篩選所要檢視的工作類型，例如你可以選擇唯一顯示[執行中] 的工作。若想要知道哪些執行過的工作發生嚴重錯誤或警示，除了可以選擇唯一檢視 [失敗] 的工作清單之外，還可以點選至 [警示] 的分頁中來查看。

工作名稱 ▼	對象 ▼	狀態 ▼	詳細資料 ▼	啟動器 ▼	佇列時間 ▼
驗證叢集規格	🔳 Cluster	✓ 已完成		com.vmware.vsan.health	6 毫秒
刪除虛擬機器	🗄 UnityVSA	✓ 已完成		LAB02.COM\Administrator	9 毫秒
驗證叢 全部	🔳 Cluster	✓ 已完成		com.vmware.vsan.health	6 毫秒
‎　執行中					
刪除虛 失敗	🗄 StarWindVSA	✓ 已完成		LAB02.COM\Administrator	7 毫秒
🔳　全部　∨	更多工作				

圖 1-8　最近的工作

1.4 如何從 vSphere Client 修改連線逾時設定

管理人員除了可以透過 SSH 連線至 vCenter Server，以修改 vSphere Client 的工作階段逾時設定，也可以透過 vSphere Client 網站來完成修改。請從 [功能表] 選單中開啟 [系統管理]，然後點選至如圖 1-9 所示的 [部署]\[用戶端組態] 頁面，即可查看到目前 [工作階段逾時] 的設定，接著你可以點選 [編輯] 超連結繼續。

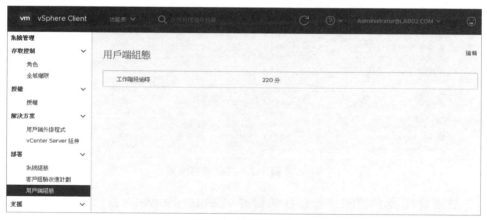

圖 1-9　用戶端組態

在如圖 1-10 所示的 [編輯用戶端組態] 頁面中，便可以輸入新的工作階段逾時設定。請注意！針對工作階段逾時設定的修改，僅會套用在之後新連線登入的用戶，對於現行的工作階段仍是使用舊的設定值。

圖 1-10　編輯用戶端組態

1.5 標籤功能之運用

在雲世代的 IT 環境架構下，「標籤」在各種應用系統的設計中是相當好用的一項功能。以常見的文件管理系統的網站為例，用戶們若想要快速找到一份文件，除了透過全文檢索、以作者找文件或是逐層資料夾的開啟方式之外，還可以從標籤雲的視圖中點選現行的任一標籤，來迅速查看所有使用此標籤的文件，而且往往在標籤雲的設計中，會讓越多文件所引用的標籤其字體的呈現越大。

然而可別以為標籤只適用於文件、影片、音樂以及專家黃頁的管理，其實它對於 IT 人員在系統的管理任務上也是有幫助的，尤其是在錯綜複雜的大型 IT 環境架構之中。接下來就讓我們來學習一下在 vSphere Client 的網站上，如何善用標籤功能來提升平日維運的效率。

在如圖 1-11 所示虛擬機器的 [摘要] 頁面之中，可以發現筆者已在 [標籤] 區域中新增了兩筆標籤設定，分別是「vSphere 必要物件」以及「資訊部專用虛擬機器」。然而在預設的狀態下所有虛擬機器的標籤區域皆是空白的，你可以點選該區域左下方的 [指派] 來新增。

圖 1-11　虛擬機器頁面

在如圖 1-12 所示的 [指派標記] 範例中，可以讓我們多重選取此虛擬機器所要使用的標籤，雖然還可以進一步點選 [新增標籤] 超連結，來添加更多可選的標籤與類別，但是筆者建議直接到它專屬的頁面來進行管理。

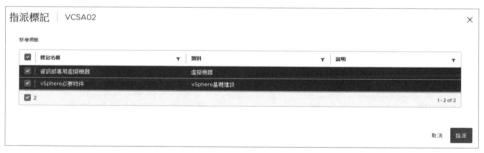

圖 1-12　指派標籤

請從 [功能表] 選單之中點選開啟如圖 1-13 所示的 [標籤與自訂屬性] 頁面。在 [標籤] 子頁面中可以進行標籤與類別的管理，這包括了新增、編輯、刪除以及新增權限。而在操作的步驟順序上你應該先完成類別的新增，再來新增標籤並設定每一個標籤的所屬類別。

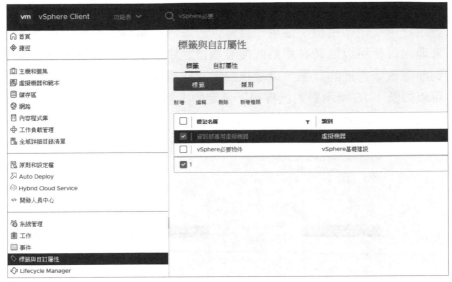

圖 1-13　標籤與自訂屬性

如圖 1-14 所示便是 [建立類別] 的頁面，在此除了需要輸入新的類別名稱之外，還可以決定一個物件是要配置一個標籤還是多個標籤，然後再挑選此類別所要關聯的物件類型。舉例來說，如果你打算建立一個「資訊部專用虛擬機器」的標籤，便可以在類別管理中先建立一個「資訊部類別」，然後勾選 [虛擬機器] 來做為關聯的物件類型即可。

圖 1-14　建立類別

在完成了所有標籤的建立之後，便可以將這些標籤指派到所有關聯的物件設定之中，例如主機、叢集、資料存放區、虛擬機器等等。如此一來往後管理人員便可以隨時在網站的搜尋欄位之中，透過輸入標籤的關鍵字來找到並開啟該標籤的頁面，以檢視與管理此標籤下所有關聯的物件，例如你可以如圖 1-15 所示針對此標籤下選定的虛擬機器，按下滑鼠右鍵來執行虛擬機器複製的相關操作。

圖 1-15　檢視標籤物件

1.6 如何消除 vSphere Client 憑證警告

在系統預設的狀態下 vSphere Client 網站所使用的是自我簽署的 SSL 憑證，因此當我們以網頁瀏覽器連線時，在網址列便會出現「不安全連線」的警示圖示，主要原因在於網頁瀏覽器無法識別自我簽署的 SSL 憑證，儘管管理人員可以不必理會這項警示，但是仍有方法可以讓網頁瀏覽器信任這個憑證。

怎麼做呢？很簡單！首先請開啟如圖 1-16 所示的 vSphere Client 網站，然後點選位在頁面右下方的 [下載受信任的根 CA 證書] 超連結，來完成一個憑證 ZIP 壓縮檔案的下載。

圖 1-16　vSphere Client 憑證警示

接下來請對於所下載的 ZIP 檔案完成解壓縮，然後在 [win] 資料夾中連續點選開啟 .crt 的檔案，便會看到如圖 1-17 所示的憑證資訊。如圖所示在此你除了可以查看到憑證的有效期限之外，還可以進一步在 [詳細資料] 頁面中檢視關於此憑證的簽發者、主體名稱、主體別名、憑證指紋等資訊。點選 [安裝憑證] 繼續。

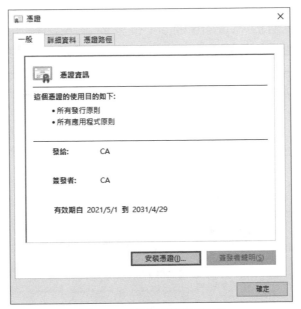

圖 1-17　檢視憑證檔案資訊

緊接著會開啟 [憑證匯入精靈] 設定介面，在存放位置的選項中請選擇 [本機電腦]。點選 [下一步]。在如圖 1-18 所示的 [憑證存放區] 頁面中，請先選取 [將所有憑證放入以下的存放區]，再點選 [瀏覽] 按鈕來選取 [受信任的根憑證授權單位]。連續點選 [下一步] 完成設定。

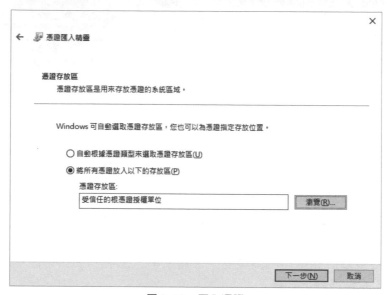

圖 1-18　匯入憑證

完成上述有關於 vSphere Client 憑證的匯入之後，當你再一次使用 Chrome 瀏覽器開啟 vSphere Client 網站時，便會發現原有的憑證警示圖示消失了，改顯示為一個鎖頭圖示，點選該圖示時將會出現如圖 1-19 所示的「已建立安全連線」的訊息，並且憑證狀態也會顯示為「有效」。

圖 1-19　Chrome 憑證資訊

同樣的上述操作方式，當你開啟 Windows 10 內建的 Edge 瀏覽器來開啟 vSphere Client 網站，其顯示結果會是一樣的。可是如果你使用的是 Firefox 瀏覽器，則會發現它依舊是出現憑證警示的圖示，如何解決呢？

關於上述的問題我們必須在 Firefox 瀏覽器中，也匯入 vSphere Client 網站的憑證才能解決。請在 Firefox 瀏覽器選單中點選 [選項]。接著在搜尋欄位中輸入「憑證」的關鍵字，然後於搜尋結果之中點選 [檢視憑證] 按鈕，來開啟如圖 1-20 所示的 [憑證管理員] 介面。請在 [憑證機構] 的頁面中點選 [匯入] 按鈕，來將 vSphere Client 網站的憑證檔案匯入即可。

圖 1-20　Firefox 憑證管理員

最後你便可以再一次使用 Firefox 瀏覽器來連線 vSphere Client 網站，便會發現原來的警示圖示也變成了鎖頭圖示，如圖 1-21 所示點選該圖示之後也會出現「安全連線」的訊息，不過系統也有特別提示此連線是由 Mozilla 不認識的憑證簽發者所驗證，這是因為此憑證是由內部 vSphere Client 網站所產生的自我簽署憑證，而非 Internet 安全機構所核發的公開憑證。

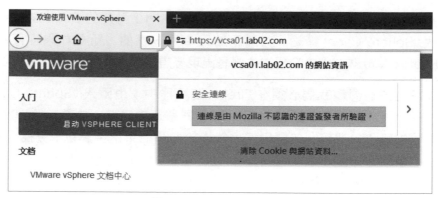

圖 1-21　Firefox 憑證資訊

1.7 如何讓 vSphere Client 採用暗底配色

不知道從何時開始筆者發現確實有許多 IT 人員，無論是網管人員、開發人員或是系統人員，都偏好使用暗底白字的操作介面，舉凡網路設備的 Web 管理介面、開發軟體的設計介面比比皆是，或許真的是對於操作的人員來說，長時間使用起來眼睛會比較舒服，因此目前就連 vSphere 7.0 的 vSphere Client 也提供這項主題的切換功能。

你可以在登入 vSphere Client 網站之後，如圖 1-22 所示在用戶名稱的下拉選單之中點選 [切換佈景主題] 即可。

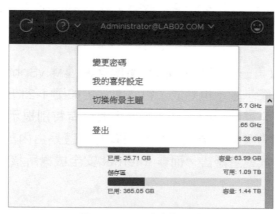

圖 1-22　用戶功能選單

如圖 1-23 所示，原本白底黑字的主題，立刻變成了現在最流行的暗底白字主題。在筆者實際操作一段時間之後，發現確實在這樣設計風格的操作介

面中，對於各種重要統計數據（例如：主機效能）的檢視或是工作、事件以及各類物件狀態的察看，將會更加清楚而不費力。

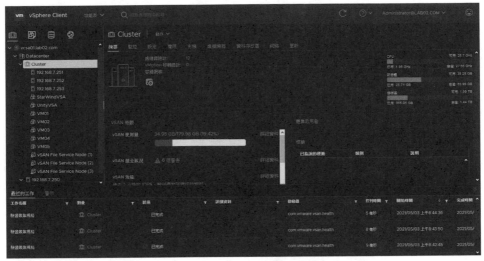

圖 1-23　暗底白字主題

1.8 讓虛擬機器的連線預設採用 VMware Workstation

在 vSphere Client 網站中對於虛擬機器 Guest OS 的操作管理，最簡單的做法就是直接使用 Web 主控台，也就是在管理人員點選虛擬機器預覽圖示的時候，自動以瀏覽器分頁方式開啟 Guest OS 操作頁面。不過這種方式仍沒有像 Windows 的視窗程式操作來得流暢，為此你可以考慮安裝一支免費的 VMRC（VMware Remote Console）視窗程式來遠端連線 Guest OS。

想要讓虛擬機器預覽圖示被點選之時，自動開啟以 VMRC 視窗程式的連線方式來操作 Guest OS，你只要在 vSphere Client 網站右上方的帳號選單之中，點選開啟 [我的喜好設定] 選項，然後在如圖 1-24 所示的 [預設主控台] 頁面中，選取 [VMware Remote Console（VMRC）] 並點選 [儲存] 即可。

圖 1-24　我的喜好設定

關 於 VMRC 的 選 項 實 際 上 也 可 以 是 使 用 VMware Workstation Pro 或 VMware Workstation Player，如果你沒有安裝上述兩種工具之一，則可以在虛擬機器的 [摘要] 頁面中，如圖 1-25 所示點選驚嘆號小圖示頁面中的 [下載 Remote Console] 超連結，開啟官網並下載免費的 VMRC 小程式來安裝與使用。

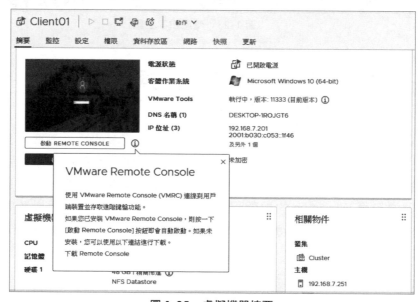

圖 1-25　虛擬機器摘要

如圖 1-26 所示便是透過 VMware Workstation Pro 連線 vSphere Client 網站虛擬機器 Guest OS 的操作範例。值得注意的是，在新版的 vSphere Client 網站設計中，不僅可以透過點選虛擬機器預覽圖示來開啟 VMRC 所關聯的視窗程式，也可以透過點選 [啟動 REMOTE CONSOLE] 按鈕來開啟。

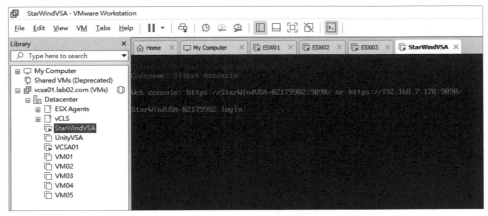

圖 1-26 VMRC 連線

1.9 如何讓叢集下不要顯示虛擬機器

對於中大型以上的 vSphere 架構維護而言,當管理人員登入 vSphere Client 網站並開啟 [主機和叢集] 頁面檢視時,可能會看到滿山滿谷的虛擬機器與 ESXi 主機、叢集顯示在一起,此時若想從這令人眼花撩亂的畫面中,來管理叢集或 ESXi 主機的各項配置,肯定會覺得相當困難。

為此你應該讓 [主機和叢集] 的頁面之中不要再顯示任何虛擬機器,因為對於虛擬機器的管理,應該是要在 [虛擬機器和範本] 的頁面中來進行,並且最好能夠事先建立好多個不同命名的資料夾來加以分類。請從 vSphere Client 網站右上方的帳號選單之中,點選開啟 [我的喜好設定] 選項,然後在如圖 1-27 所示的 [詳細目錄] 頁面中,取消選取 [在 [主機和叢集] 視圖中顯示虛擬機器] 的設定。點選 [儲存]。

圖 1-27 我的喜好設定

如圖 1-28 所示在完成了上述設定之後，你將會發現在 [主機和叢集] 的檢
視頁面中，不會再顯示任何的虛擬機器，讓你可以專心地管理所有叢集與
主機配置。至於虛擬機器的管理，則請切換到 [虛擬機器和範本] 的頁面
中，先新增依部門或依用途分類的資料夾，然後再將相關的虛擬機器拖曳
到選定的資料夾即可。

圖 1-28　主機和叢集檢視

1.10 解決無法從 vSphere Client 上傳檔案問題

在 vSphere 的架構下能夠連接與使用的資料存放區來源種類相當多，分別
有本機、vSAN、iSCSI、Fiber、NFS、VVOL 等等。無論是哪一類來源的
資料存放區，其用途不外乎是提供給虛擬機器以及容器，來作為儲存與運
行使用，進一步則還可以規劃出部分空間來做為 vSAN 的 NFS 與 SMB 共
用存放區，來提供給外部其他系統的存放使用。

儘管 vSphere 的資料存放區能夠應用的範圍相當廣，但對於管理員來說
最經常使用的需求，無非是上傳 ISO 映像或修正程式，來作為新虛擬機器
Guest OS 的安裝或現行虛擬應用裝置的更新使用。不過對於首次使用的
新手來說，可能會在 vSphere Client 進行檔案上傳的操作過程中，出現如
圖 1-29 所示的「作業失敗」錯誤訊息導致檔案無法上傳，如何解決呢？

圖 1-29　檔案上傳失敗

上述問題主要是因為所連接的資料存放區之主機，所使用的自我簽署憑證或自訂憑證不是網頁瀏覽器信任所致。解決的方有兩種，第一種是透過前面所介紹過的下載與安裝憑證方法來解決。第二種則是先在此網頁瀏覽器之中開啟一個新分頁，然後連線到此資料存放區的 ESXi 主機網站（VMware Host Client），以 Firefox 為例過程中將會出現如圖 1-30 所示的「警告：本網站可能有安全性風險」訊息，請先點選 [進階] 按鈕再緊接著點選 [接受風險並繼續] 即可。

圖 1-30　連線 VMware Host Client

接下來當你再次連線 ESXi 主機網站時，便會發現儘管網址列上依然出現
警示圖示，但在 vSphere Client 網站的資料存放區進行檔案上傳時，便可
以像如圖 1-31 所示一樣成功執行上傳的操作。

圖 1-31　檔案上傳中

1.11　解決 Guest OS 無法執行複製 / 貼上功能問題

相信有使用過 VMware Workstation 的 IT 人員都知道，對於虛擬機器
Guest OS 的操作，只要有完成 VMware Tools 的安裝，便可以在實體主
機與虛擬機器的作業系統之間共用剪貼簿功能，也就是進行彼此之間的文
字、截圖以及檔案的複製與貼上，可以說是一個相當方便的功能。

不過這項功能在 vSphere 7.0 的 vSphere Client 或 VMRC 中由於安全性的
考量都不再提供了，但管理員依舊可以透過相關設定，來啟用最基本的剪
貼簿功能，那就是文字的複製與貼上，也就是像如圖 1-32 所示一樣從外部
複製文字，然後在虛擬機器的 Guest OS 之中執行 [貼上] 功能，怎麼辦
到的呢？

圖 1-32　VMware Workstation Pro

首先請確認所要配置的虛擬機器已在關機狀態，接著從 [動作] 選單之中開啟 [編輯設定] 頁面。在 [進階] 選項區域中點選位在 [組態參數] 的 [編輯組態] 超連結，來進一步開啟如圖 1-33 所示的 [組態參數] 頁面。在此你必須依序完成以下三個參數的新增設定。

```
isolation.tools.copy.disable="FALSE"

isolation.tools.paste.disable="FALSE"

isolation.tools.setGUIOptions.enable="TRUE"
```

圖 1-33　進階組態

> **小提示** 若想要在 Guest OS 與外部主機進行檔案的複製貼上，建議使用
> Windows 的遠端桌面連線功能來操作 Guest OS。值得注意的是，
> 目前許多 Linux 的作業系統也同樣支援 RDP 的連線方式。

在完成上述的組態參數設定之後，當你再一次啟動此虛擬機器完成後，便可以在 Guest OS 與所在的操作電腦之間進行剪貼簿的基本功能操作。不過上述設定只是針對個別的虛擬機器來完成，是否有方法可以讓 ESXi 主機上的所有虛擬機器皆自動啟用此功能呢？

答案是可以的，只要先以 SSH 遠端連線登入至 ESXi 主機，接著執行 vi /etc/vmware/config 命令參數來開啟配置文件。最後如圖 1-34 所示在此文件的底部依序正確輸入以下設定並完成保存即可。

```
vmx.fullpath = "/bin/vmx"

isolation.tools.copy.disable="FALSE"

isolation.tools.paste.disable="FALSE"

isolation.tools.setGUIOptions.enable="TRUE"
```

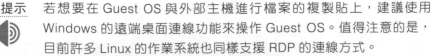

圖 1-34　編輯 ESXi 主機配置

請注意！上述設定完成之後，任何在此建立或移轉過來的虛擬機器都會自動繼承此設定，但若是 ESXi 完成版本更新或升級之後，此設定文件需要重新設定才可以。

1.12 如何更新即將到期的評估版授權

對於一些剛接觸虛擬化平台技術的新手，或是正準備從其他虛擬化平台移轉到 VMware vSphere 的 IT 專家來說，通常會先自行到 VMware 官網上註冊下載評估版本來進行測試。然而在試用一段時間之後若想正式使用，卻在不久之後發現系統發出了授權即將到期的訊息提示該怎麼辦呢？

其實無論是 ESXi 主機還是 vCenter Server 都是可以將運行中的評估版本，直接轉換成正式版本來繼續使用。不過必須注意如果現行的 ESXi 主機已經由 vCenter Server 所連接管理，那麼當你在 ESXi 主機的 [授權] 管理頁面中點選 [指派授權] 按鈕，便會出現如圖 1-35 所示的「主機正在由 vCenter Server 管理」的錯誤訊息，而導致無法添加與指派合法授權。

圖 1-35　無法從 VMware Host Client 更新授權

為此你必須改由連線登入 vSphere Client 網站來解決這項問題。當你點選至 ESXi 主機節點的 [摘要] 頁面時，將會同樣如圖 1-36 所示發現主機授權到期的警示訊息，而此訊息中也特別警告一旦主機授權到期之後，此主機將會與 vCenter Server 中斷連線，換句話說，屆時所有與此主機相關的資源集區、叢集以及虛擬機器都將無法正常運行。

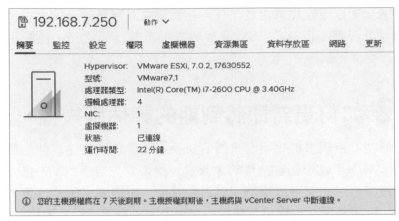

圖 1-36　vSphere 主機摘要頁面

請從 vSphere Client 功能表來開啟 [系統管理] 並點選至 [授權] 頁面,然後在 [新增授權] 中完成相關合法金鑰的輸入。接著可以點選至 [資產] 子頁面中,針對所要更新授權設定的主機,在選定之後點選 [指派授權] 超連結。最後便可以在 [現有授權] 之中挑選剛剛新增的授權。如果需要臨時新增一個授權,則可以如圖 1-37 所示點選至 [新授權] 子頁面中,來輸入一個全新的金鑰與授權名稱即可。

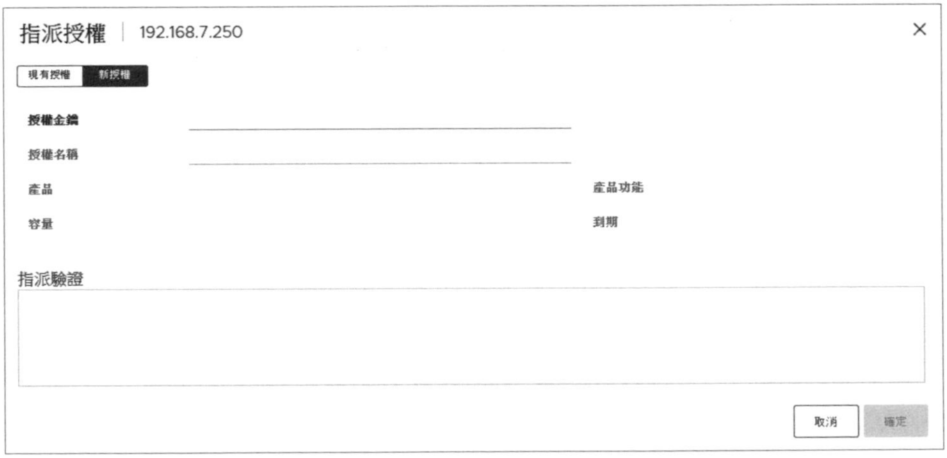

圖 1-37　指派主機授權

除了 ESXi 主機的評估授權到期問題之外,vCenter Server 的評估授權到期也需特別留意,而它同樣會在授權即將到期之前,出現顯著的提示訊息在 vSphere Client 網站的頂端,你可以直接透過點選 [管理你的授權] 按鈕,

來開啟有關授權管理的操作頁面，或是在 vCenter Server 的節點上自行開啟 [設定]\[授權] 頁面，然後點選 [指派授權] 按鈕來完成授權的更新。

小提示 　無論是 ESXi 主機還是 vCenter Server 合法授權的更新，由於正式授權版本類型和評估版本所提供的功能清單可能會有所不同，因此必須在指派授權的過程之中，特別留意「部分功能將無法使用」的提示訊息並查看詳細資料。

1.13 如何發佈公告給所有線上管理員

在一個規模較大且橫跨多點營運的 vSphere 架構之中，管理人員通常分散在不同地區，為此總部的 IT 人員就必須適當的配置權限給不同地區的管理人員，以便他們能夠在有限的權限下管理所屬地區的 ESXi 主機、叢集、虛擬機器以及儲存區等等。

但是對於 IT 部門在 vSphere 維運上的重要訊息發佈，則應該要如何進行管理呢？在此或許有人會聯想到使用 Email、IM 或是透過 EIP 網站來發佈公告等等，在此筆者的建議是通通皆使用，並且讓所發佈的訊息內容皆一致即可。

除此之外更棒的做法就是直接將這類訊息公佈在 vSphere Client 網站上，例如你可以公告即將進行停機維護的主機資訊與日期時間說明，怎麼做呢？很簡單，只要先點選至 vCenter Server 的節點，接著如圖 1-38 所示在 [設定]\[今日訊息] 的頁面中點選 [編輯] 按鈕，然後完成公告訊息的輸入即可。

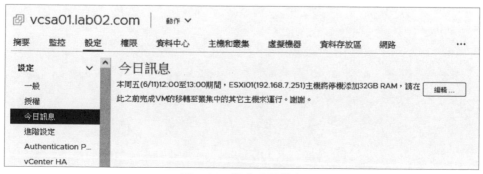

圖 1-38　設定今日訊息

在完成了今日訊息的設定之後,所有管理人員在登入 vSphere Client 網站時,便會如圖 1-39 所示在網站頁面的頂端看到你所建立的公告訊息。

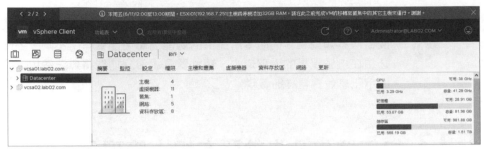

圖 1-39　查看今日訊息

其實同樣都是 IT Pro 即便是維運一個相同版本的 vSphere 架構,通常從它們操作的過程之中就可以明顯看出功夫的深淺,這就好比一群玩家玩同一款的 MMORPG 遊戲,大家同樣的角色都是 30 級但過關斬將的速度與效率,卻可能有著明顯的差距,而之所以會有等級一樣但實力卻差距很大的情況,其根本原因就在於有實力的玩都是贏在角色配裝的細節之處。

換句話說,IT Pro 對於 vSphere 架構的維運能力也是一樣的,當大多數 IT Pro 只懂得基本部署與管理的時候,你就必須花更多時間去多看多學習,漸漸地就能從這些過程之中培養出許多寶貴經驗,進而讓自己無論面對架構如何龐大與複雜的 vSphere 運行環境時都能夠處之泰然,輕鬆搞定各項維運任務。

第 2 章

vCenter Server 7.x 維運
實戰管理秘訣

過去筆者曾經介紹過許多有關於 vCenter Server 7 的基礎部署、備援、備份以及更新的實戰技巧。然而在實務的維運環境當中,管理人員所面臨的突發問題或管理需求可說是千奇百怪,其中有一些問題他們必須竟可能的設法解決,才能讓後續的維運更加順手,但是有一些急迫的問題則必須立即獲得解決,否則將可能造成 vSphere 的運行難以繼續。今日就讓我們一同來看看幾個 IT 人員最常遭遇的管理問題,並學習如何來輕鬆解決它們。

2.1 簡介

相信熟悉 Hyper-v 虛擬化平台的 IT 人員都知道，它除了有基本內建的 [Hyper-v 管理員] 工具之外，還有一套可以用於集中化管理 Hyper-v 主機、虛擬機器、儲存等物件的 SCVMM（System Center Virtual Machine Manager）伺服器工具，以及一套 Web 的管理工具 WAC（Windows Admin Center），不過它們皆只是一套可有可無的管理工具而已，這與 vSphere 架構下的 vCenter Server 用途可是完全不同。

vCenter Server 不只是一個集中管理的工具，更是維持整個 vSphere 架構中所有虛擬機器、容器、應用程式以及服務正常運行的最重要基礎，舉凡 Cluster、HA、FT、DRS、vSAN、vSphere Replication 等等的部署與管理都需要它，因此平日維持它的正常運行是相當重要的一項任務，甚至於你可能得進一步部署 vCenter HA 架構，來解決它自身的熱備援問題，或者是部署多台的 vCenter Server 來解決分支管理的需求。

當然啦！如果是在微型組織的 IT 環境之中，由於僅需要運行最基本的虛擬機器功能，因此是可以不需要部署 vCenter Server，而是僅需安裝一台或多台獨立運行的 ESXi 主機即可，也就是直接使用免費的陽春功能就好，如此一來所有在 vCenter 架構下才有的功能便全部無法使用，而且每個虛擬機器還會有 8 個 vCPU 的配置限制，進一步也無法整合第三方的備份軟體來進行虛擬機器的備份，這是因為免費的版本是無法使用 vStorage API。

既然免費版本下的 ESXi 主機有這麼多的功能限制，筆者建議無論你組織的 IT 規模有多麼小，至少也應該部署一個擁有兩台 ESXi 主機搭配一台 vCenter Server 的 vSphere 架構，而這台 vCenter Server Appliance 的虛擬機器，則可以選擇部署在一台免費的 ESXi 主機之中即可。無論如何，只要有了 vCenter Server 與 ESXI 所構成的 vSphere 虛擬化環境，你的組織便等同已經擁有了私有雲最關鍵的基礎建設。接下來你需要做的就是把 vCenter Server 的日常運行，以及各種突來的變化球管理好。

2.2 vCenter Server 基本故障排除法 ─────

關於 vCenter Server 的日常維護，在沒有整合任何其他自家產品或第三方的解決方案之下，其實只要善用它本身內建的 vSphere Client 與 VAMI（vSphere Appliance Management Interface），就可以做好許多基本的維運管理了。

首先來看看 vSphere Client 的使用。在如圖 2-1 所示 vCenter Server 節點的 [摘要] 頁面之中，除了可以得知目前的版本資訊、是否有可用的更新、叢集數量、主機數量、虛擬機器數量，以及 CPU、記憶體、儲存區的使用狀況之外，對於一些重要的警示或錯誤訊息也會出現在此。

如範例中的「Memory Exhaustion on vcsa01」警示訊息，便是表示 vCenter Server 自身的記憶體已經耗盡，需要添加更多的記憶體來維持正常運行，除此之外其他功能的整體健全狀況則是維持在「良好」狀態。

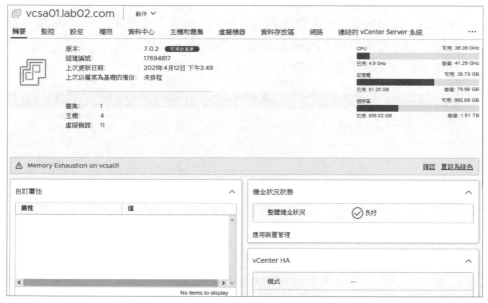

圖 2-1　**vCenter Server 摘要**

想要更清楚得知 vCenter Server 本機系統的運行狀態，還可以從前面所介紹過的 VAMI 網站的登入來查看，而此網站預設的連接埠是 5480。如圖 2-2 所示在 VAMI 網站的 [摘要] 頁面中，可以檢視到從 CPU、記憶體、資

料庫、儲存區、交換、Single Sign-On 的健康狀態。若上述有任一項出現
健康警示，即可展開警示內容來查看問題發生的原因與解決的方法。

圖 2-2　vCenter Server Appliance 摘要

維持 vCenter Server 的健康運行，除了可以透過 [摘要] 頁面來迅速發現
問題之外，管理員也可以透過如圖 2-3 所示的 [服務] 頁面中，來查看有
哪一個 [啟動類型] 已被設定為 [自動] 的服務，目前卻尚未呈現 [已啟動]
狀態以及 [狀況良好] 的健全狀況，必要時可以嘗試執行 [啟動] 或 [重新
啟動] 來解決服務狀況問題。

圖 2-3　vCenter Server Appliance 服務

當在你的 vSphere 架構中有啟用 vSAN 的功能時，則在開啟叢集的節點時
便可以透過 [監控]\[vSAN]\[Skyline 健全狀況] 頁面中，如圖 2-4 所示查
看到所有可能與 vCenter Server 的連線問題，例如「主機和 VC 之間的時
間已同步」問題，進一步你還可以在 [資訊] 頁面中點選 [ASK VMWARE]
超連結，來查看官網上有關於此問題的說明與解決方法。

圖 2-4　Skyline 健全狀況

透過上述的操作建議可以協助管理員迅速找到 vCenter Server 系統本身運行的問題，若你想查看的是此 vCenter Server 下所有叢集、ESXi 主機、虛擬機器、vSAN 等運行問題，則可以查看 [監控]\[工作和事件]\[事件] 的頁面。

小提示　對於 vSphere 故障排除的技巧中，除了可透過 vCenter Server 節點的 [事件] 來找問題之外，建議你最好先到喜好設定之中將顯示語言修改為 [English]，有助於你在 VMware 官網或 Google 中來迅速找到解決方案。

2.3 vCenter Server 基礎網路安全

對於一些非常講究資訊安全的組織，通常只會開放需要使用的網路連接埠給哪些即將運行的伺服器、服務或是應用系統。以 vCenter Server 的部署而言，為了全面管理整個 vSphere 的正常運行，以下的網路連線是必須保持暢通。

- 所有要納入集中管理的 ESXi 主機。

- vCenter Server 資料庫。

- 其他 vCenter Server，例如：相同網域中的其他 vCenter Server。

- 已被授權的管理用戶端，包括了 vSphere Client、PowerCLI 以及任何透過以 SDK-based 所開發的整合用戶端程式。

- 現行網路基礎架構的相關服務，包括了 DNS、Active Directory、LDAP Server、NTP 等等。

● 任何與 vCenter Server 整合的應用系統，例如：備份管理系統、運行監視系統等等。

以上所有關於 vCenter Server 網路安全連線的基本控管需求，皆可以經由其內建的防火牆配置來加以解決。請如圖 2-5 所示開啟 [vCenter Server 管理] 網站並點選至 [防火牆] 頁面，即可來新增防火牆規則。在 [新增防火牆規則] 的設定中，請先選定所要設定的網卡，再設定 IP 位址、子網路首碼長度、動作。

圖 2-5　防火牆規則管理

完成 vCenter Server 的防火牆規則設定之後，只要被設定成拒絕的 IP 位址，在嘗試進行連線時便會出現如圖 2-6 所示的 [無法連上這個網站] 的錯誤訊息。

圖 2-6　無法連線 vCenter Server

2.4 如何透過 CLI 刪除 vCSA 防火牆規則 ——

任何系統只要是有關於防火牆規則的設定都要特別謹慎，因為如果你不小心將管理人員電腦所在的 IP 位址都加入拒絕的規則設定之中，立刻會如圖 2-7 所示在 [防火牆] 的頁面中，發現顯示了「擷取防火牆規則時發生非預期錯誤」的訊息，這表示你電腦已遭到 vCenter Server 的連線封鎖。

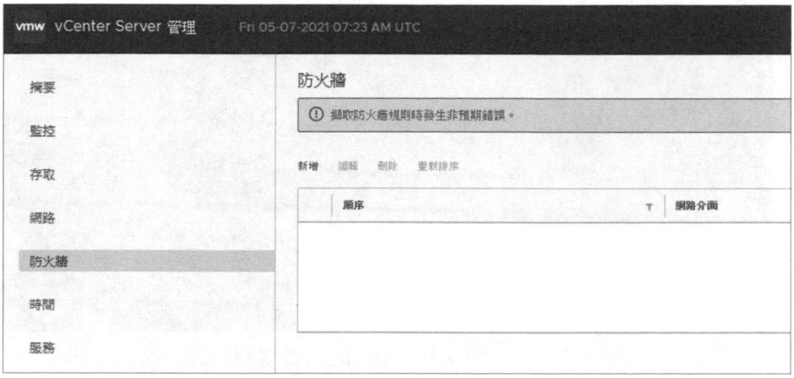

圖 2-7　無法連線 vCenter Server Appliance

連管理員的電腦都無法連線 vCenter Server 管理網站怎麼辦呢？不必慌！只要使用 SSH 遠端連線登入後，再執行 Shell 來進入作業系統的命令模式下，即可如圖 2-8 所示透過執行 iptables -L --line-numbers | more 命令，來將目前的防火牆所有規則呈列出來。

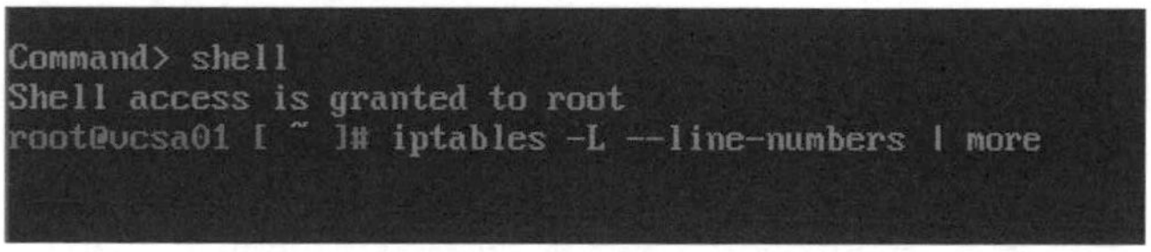

圖 2-8　進入 Bash shell 並執行命令

緊接著在如圖 2-9 所示的範例中，便可以檢視到目前防火牆所有的相關規則設定清單，在此可以發現筆者在 [Chain inbound] 的規則清單中，因新增了一筆 REJECT 的規則，導致了所有位於 192.168.7.0/24 網路的電腦皆無法連線 vCenter Server 網站，因此必須立即執行 iptables -D inbound 1 命令參數來刪除此規則，即可解決連線遭封鎖的問題。

```
Chain INPUT (policy DROP)
num  target     prot opt source              destination
1    ACCEPT     all  --  anywhere            anywhere
2    DROP       all  --  anywhere            anywhere            ctstate INVALID
3    ACCEPT     all  --  anywhere            anywhere            ctstate RELATED,ESTABLISHED
4    inbound    all  --  anywhere            anywhere
5    port_filter all --  anywhere            anywhere
6    DROP       icmp --  anywhere            anywhere            icmp timestamp-request
7    DROP       icmp --  anywhere            anywhere            icmp timestamp-reply
8    ACCEPT     icmp --  anywhere            anywhere
9    DROP       udplite-- anywhere           anywhere

Chain FORWARD (policy DROP)
num  target     prot opt source              destination

Chain OUTPUT (policy ACCEPT)
num  target     prot opt source              destination

Chain inbound (1 references)
num  target     prot opt source              destination
1    REJECT     all  --  192.168.7.0/24      anywhere            reject-with icmp-port-unreachable
2    RETURN     all  --  anywhere            anywhere

Chain port_filter (1 references)
num  target     prot opt source              destination
1    ACCEPT     tcp  --  anywhere            anywhere            tcp dpt:ssh
2    ACCEPT     udp  --  anywhere            anywhere            udp dpt:ideafarm-door
3    ACCEPT     tcp  --  anywhere            anywhere            tcp dpt:ideafarm-door
4    ACCEPT     tcp  --  anywhere            anywhere            tcp dpt:ldap
5    ACCEPT     tcp  --  anywhere            anywhere            tcp dpt:ldaps
6    ACCEPT     tcp  --  anywhere            anywhere            tcp dpt:kerberos
7    ACCEPT     udp  --  anywhere            anywhere            udp dpt:kerberos
8    ACCEPT     tcp  --  anywhere            anywhere            tcp dpt:ttyinfo
9    ACCEPT     tcp  --  anywhere            anywhere            tcp dpt:bootserver
10   ACCEPT     tcp  --  anywhere            anywhere            tcp dpt:7475
11   ACCEPT     tcp  --  anywhere            anywhere            tcp dpt:7476
--More--
```

圖 2-9　檢視防火牆規則

2.5 相同網域內安裝第二台 vCenter Server ──

組織中只要 IT 的規模夠大，無論是否有多點營運，在 vSphere 的架構規劃中通常會選擇部署多台的 vCenter Server，來達到分流管理與分散風險的目標，當然這還不包括 vCenter Server HA 架構的部署。

在相同的組織下部署多台 vCenter Server，除非有橫跨不同國家或事業群，否則一般而言都會採用相同網域來完成部署，以簡化部署與往後的維運任務。接下來就讓筆者來示範一下，如何在現行的 vSphere 網域之中部署第二台 vCenter Server。

小提示 　如果你是首次部署 vCenter Server，並且預計在相同網域之中部署多台的 vCenter Server，建議你若現行 IT 環境中已有 Active Directory，可以選擇將 vSphere 的網域命名設定和 Active Directory 一樣，這樣可簡化平日的維護管理。

首先請下載 vCenter Server Appliance 7.0 安裝映像（ISO）並掛載後，以 Windows 平台上的安裝啟動方式為例，瀏覽至「vcsa-ui-installer\win32」

路徑下然後執行 installer.exe。在如圖 2-10 所示的 [vCenter Server 7.0 Installer] 頁面中，請點選 [Install] 繼續。

請注意！請安裝與現行第一台 vCenter Server Appliance 7.0 相同版本編號的映像，若現行的 vCenter Server Appliance 7.0 尚未更新至最新版本，強烈建議你先完成更新之後，再來部署準備新加入的 vCenter Server。

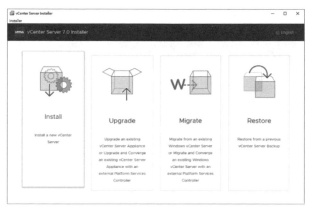

圖 2-10　**vCenter Server 7.0 安裝選單**

在同意了授權聲明之後，來到如圖 2-11 所示的 [vCenter Server deployment target] 頁面中，請輸入準備運行此 vCenter Server 的 ESXi 主機 IP 位址、連接埠、root 帳號以及密碼。點選 [NEXT]。緊接著若出現憑證的警示訊息，請點選 [YES]。

圖 2-11　**vCenter Server 部署目標設定**

在 [Setup vCenter Server VM] 的頁面中，請輸入新虛擬機器的名稱以及預設管理員 root 的密碼。點選 [NEXT]。在 [Select deployment size] 頁面

中，請選擇 vCenter Server 部署的規模大小，至於規模的大小如何正確選擇，可以參考此頁面中部署大小與資源要求的對照表即可。點選 [NEXT]。
在如圖 2-12 所示的 [Select datastore] 頁面中，可以選擇要將 vCenter Server 的虛擬機器，部署在哪一個現行的儲存區之中，在此筆者選擇目前所連接的 NFS 的儲存區，當然你也可以根據實際需求選擇像是本機、iSCSI 或是 vSAN 等等的儲存區。

圖 2-12　選擇資料存放區

關於儲存區的選擇，值得一提的是如果你是選擇部署在一個全新的 vSphere 架構之中，除了可以選擇現行可用的儲存區之外，還可以決定是否要安裝在一個全新自訂的 vSAN 叢集之中，如圖 2-13 所示在此你將可以自訂新的資料中心名稱與 vSAN 的叢集名稱。

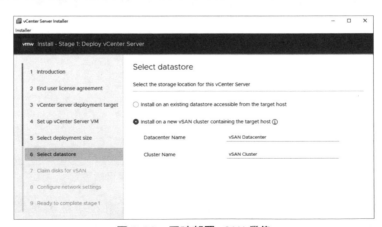

圖 2-13　同時部署 vSAN 叢集

接著在 [Configure network settings] 頁面中，請先選擇此虛擬機器連線使用的網路與 IP 版本（IPv4 或 IPv6），再如圖 2-14 所示依序設定靜態 IP 位址的輸入，包括了主機 FQDN、IP 位址、子網路遮罩、預設閘道、DNS 伺服器、HTTP 與 HTTPS 連接埠。點選 [NEXT] 確認上述步驟設定無誤之後，即可完成第一階段配置。

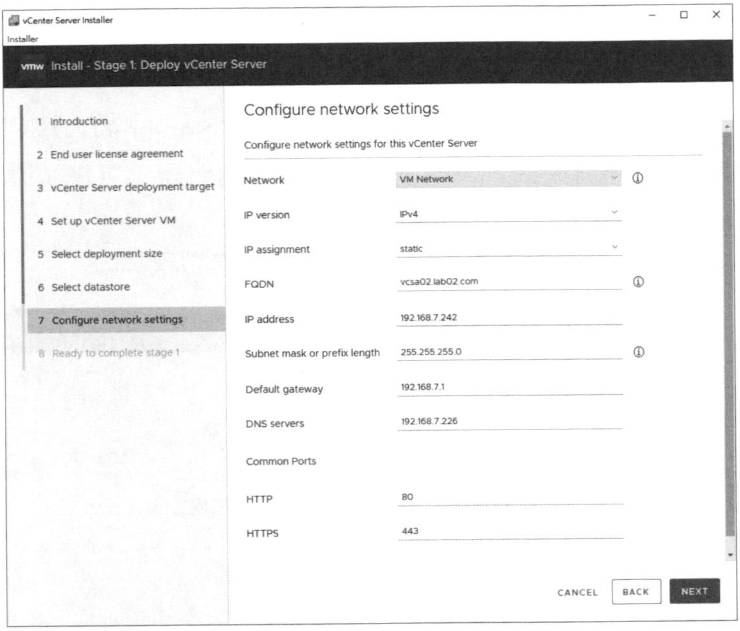

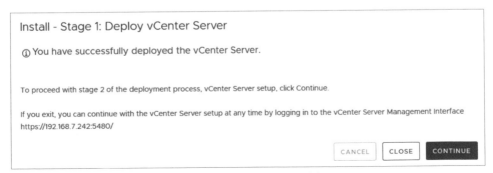

圖 2-14　配置網路設定

如圖 2-15 所示便是完成第一階段的 vCenter Server 顯示頁面，在此你可以選擇 [CLOSE] 等之後有空時，再開啟 VAMI 網站連線來繼續完成部署。若要立即繼續完成第二階段部署，請點選 [CONTINUE]。

Install - Stage 1: Deploy vCenter Server

ⓘ You have successfully deployed the vCenter Server.

To proceed with stage 2 of the deployment process, vCenter Server setup, click Continue.

If you exit, you can continue with the vCenter Server setup at any time by logging in to the vCenter Server Management Interface https://192.168.7.242:5480/

CANCEL　　CLOSE　　CONTINUE

圖 2-15　完成第一階段安裝

繼續來到第二階段的配置。首先建議在 [vCenter Server Configuration]
頁面中，將 [Time synchronization mode] 欄位設定為 [Synchronize time
with the ESXi host]，並且將 [SSH access] 設定為 [Enabled]。點選
[NEXT]。

在如圖 2-16 所示的 [SSO Configuration] 頁面中，請先選取 [Join an
existing SSO domain] 設定，再依序輸入現行 vCenter Server 的位址、
Https 連接埠以及預設 Administrator 的密碼。點選 [NEXT]。

請注意！你可能無法以 IP 位址來設定 vCenter Server 的連線，因為如此一
來可能會造成部署失敗，萬一發生部署失敗的問題，可嘗試改由輸入主機
完整名稱（FQDN）來解決。

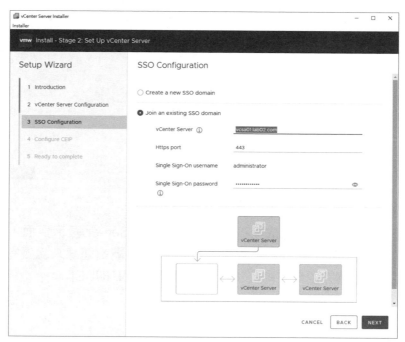

圖 2-16　單一登入配置

最後在決定了是否加入 VMware 顧客經驗的改善計劃之後，便可以完成網
域內第二台 vCenter Server 的部署。當管理員再次開啟 vSphere Client 網
站之後，如圖 2-17 所示便會發現出現兩個 vCenter Server 的管理節點，
從此刻開始你將可以開始在全新的 vCenter Server 節點下，新增所需要的
資料中心、叢集、資料存放區、主機、虛擬機器等操作。進一步則可以在

兩個 vCenter Server 的資料中心之間，執行虛擬機器或儲存區的移轉，達到異機或異地的手動備援目標。

圖 2-17　完成 vCenter Server 部署

最後你可以在 vCenter Server Appliance 虛擬機器頁面之中，如圖 2-18 所示查看到目前此虛擬機器的客體作業系統版本、相容性、VMware Tools 狀態、DNS 名稱、IP 位址以及所在 ESXi 主機的 IP 位址或名稱等資訊。若需要修改系統相關的基本配置，可以經由點選 [啟動 WEB 主控台] 或 [啟動 REMOTE CONSOLE] 功能，來開啟 Guest OS 的相關操作介面。

圖 2-18　完成 vCenter Server 啟動

2.6 無法部署 vCenter Server Appliance

無論是全新的第一台 vCenter Server Appliance 部署，還是添加新的 vCenter Server Appliance 至現有現行 SSO 網域的部署，雖然整個設定過程相當簡單，但仍有可能因發生錯誤而導致部署失敗。在此筆者舉例一個許多人最常遭遇的問題以及相對的解決方法。

如圖 2-19 所示這一個 vCenter Server Appliance 第一階段部署過程中所遭遇的問題，可以發現在 [vCenter Server deployment target] 設定步驟中，因出現了「Failed to get an SSL thumbprint of the target server certificate」錯誤訊息而無法繼續，完整記錄可以透過點選 [Download Installer Log] 超連結來進一步了解。

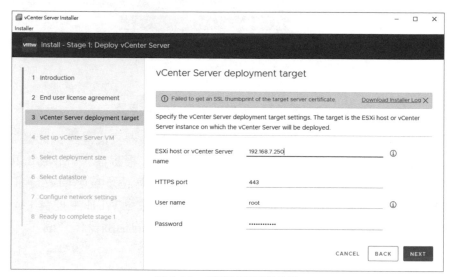

圖 2-19　部署目標連線失敗

如圖 2-20 所示在開啟的安裝記錄之中，可以清楚看到「Could not get certificate fingerprint from host」的錯誤訊息，其原因不外乎是 ESXi 主機沒開機、網路斷線、防火牆擋住。除此之外還有另一種可能性，那就是管理員是輸入了 FQDN 格式的 ESXi 連線位址，而此 FQDN 剛好發生了無法正常解析的情況之下，也同樣會出現一樣的問題。

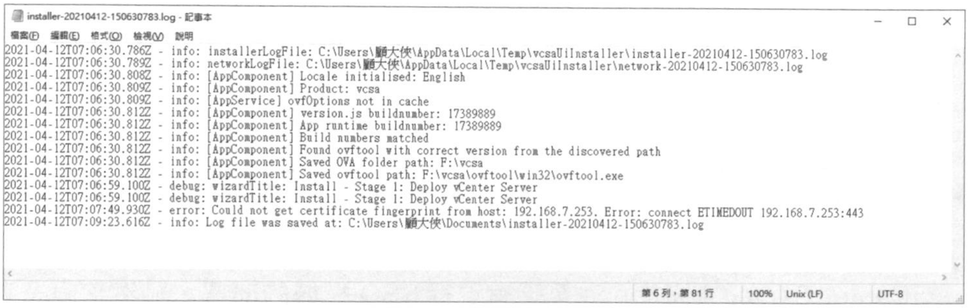

圖 2-20　查看安裝記錄

2.7 如何正確重新啟動 vCenter Server ————

關於 vCenter Server 的開機與關機的時間都遠比 ESXi 主機來得久，其原因就是在 vCenter Server 系統中有許多與維持整個 vSphere 正常運作的相關服務，只要任一服務無法正常啟動時，便可能導致某一些功能無法正常使用。

因此當你需要停機維護或重新啟動 vCenter Server 之時，便需要採用正確的操作方法來完成。首先常見的做法是直接在 VMware Host Client 的 [動作] 選單中，針對 vCenter Server 的虛擬機器，點選位在 [客體作業系統] 下的 [關閉] 或 [重新啟動]。若使用 vSphere Client 則可以在 vCenter Server 虛擬機器的 [動作] 選單中，點選位在 [電源] 下的 [關閉客體作業系統] 或 [重新啟動客體作業系統]。

> **小提示**
> 為避免 vCenter Server 因不正常的斷電而停機，導致系統或資料庫的運作發生問題，建議你最好能夠在 vCenter Server 所在的 ESXi 主機連接不斷電系統（UPS），若想更加強化保護機制則建議可以安插兩組電源供應器（Power Supply），並連接各自獨立的不斷電系統設備，以做為電源的熱備援容錯保護。

上述的做法對於任何已經安裝 VMware Tools 的虛擬機器來說，無論客體作業系統為何皆是適用的。不過筆者建議最好能夠採用接下來所介紹的任一種做法來完成，肯定更能確保系統的穩定性。第一種做法是先開啟 vCenter Server 的 Guest OS 操作介面，然後再按下 [F12] 鍵並正確輸入 root 的帳號與密碼來開啟如圖 2-21 所示的 [Shut Down/Restart] 頁面，即可執行 [F2] 的關機或 [F11] 的重新啟動。

圖 2-21　主機控制台

第二種做法則是以 root 帳號來連線登入 vCenter Server 管理網站（例如：https://vcsa01.lab02.com:5480），然後在如圖 2-22 所示的 [動作] 選單中，即可點選 [關閉] 或 [重新開機] 的操作。

圖 2-22　vCenter Server Appliance 管理介面

2.8 如何讓 vCenter Server 自動啟動

對於剛完成部署的 vCenter Server 虛擬機器，如果因為每次 ESXi 主機的停機維護時，管理員都需要自行手動來將它關機或開機，肯定會覺得相當不方便，那麼有沒有什麼方法，可以讓 ESXi 主機於開機完成之後自動啟動它，以及在 ESXi 主機於關機過程中自動將它一併關機呢？

答案是有的！而且無論 vCenter Server 虛擬機器是位於 ESXi 獨立主機，還是部署在已受 vCenter Server 管理的 ESXi 主機中運行，皆是可以設定讓它跟隨所在的 ESXi 主機來自動開機與關機。

首先讓我們先來看看獨立 ESXi 主機的設定方法，請在連線登入 VMware Host Client 網站之後，開啟 vCenter Server 虛擬機器的頁面，然後點選位在 [動作] 選單中的 [自動啟動]\[啟動]。緊接著在如圖 2-23 所示點選 [自動啟動]\[設定]。

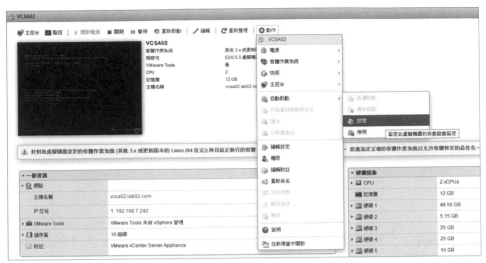

圖 2-23 虛擬機器動作選單

在如圖 2-24 所示的 [設定自動啟動] 頁面中，你便可以設定當 ESXi 主機啟動完畢後，此 vCenter Server 虛擬機器 [開始延遲] 的時間。反之則可以設定當 ESXi 主機執行關機指令後，此 vCenter Server 虛擬機器的 [停止延遲] 時間。

圖 2-24 設定自動啟動

如果 ESXi 主機已經加入 vCenter Server 的管理，並且是從 ESXi 主機的 VMware Host Client 完成 [自動啟動]，則還必須到 vSphere Client 的主機設定中，如圖 2-25 所示開啟 [虛擬機器啟動 / 關閉] 頁面，並將 [隨系統一起自動啟動和停止虛擬機器] 設定打勾，如此 vCenter Server 虛擬機器才會真正隨主機系統啟動而啟動、隨主機系統關閉而關閉。換言之，當 vCenter Server 所運行的 ESXi 主機已經加入現行的 vCenter Server 管理，

則虛擬機器自動啟動與關機的功能,便只要直接從 vSphere Client 網站中來設定即可。

圖 2-25 編輯虛擬機器啟動關閉

此外必須注意的是若 vCenter Server 所運行的 ESXi 主機,已是 vSphere HA 叢集中的其中一台主機,那麼系統將會停用此主機中任何虛擬機器的自動啟動與關閉功能。至於叢集的 vSphere HA 功能如何啟用與關閉呢?很簡單,只要如圖 2-26 所示點選至叢集節點的 [設定]\[vSphere 可用性] 頁面即可修改設定。

圖 2-26 叢集設定

2.9 如何修改 vCenter Server 的網路位址 ——

想想看在什麼樣的情況之下你需要去異動 vCenter Server 的網路位址配置？答案不外乎是整個 vSphere 主機需要異動網路設定，或是需要將 DHCP 位址配置修改成靜態位址配置。無論原因為何，在此提供兩種做法讓大家參考。

首先是筆者建議的做法，那就是進入到 vCenter Server Appliance 的控制台（Console）操作介面。開啟後請按下 [F2] 鍵並輸入 root 帳號與密碼。在 [System Customization] 頁面中，請選取 [Configure Management Network] 並按下 [Enter] 鍵。在如圖 2-27 所示的頁面中便可以，依序完成 IP Configuration、IPv6 Configuration、DNS Configuration 以及 Custom DNS Suffixes 配置的異動。

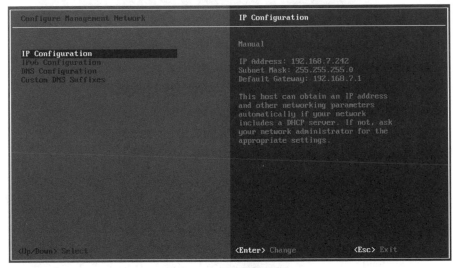

圖 2-27　配置管理網路

在如圖 2-28 所示的 [IP Configuration] 頁面中，請在選取 [Set static IP address and network configuration] 選項之後，依序完成 IP Address、Subnet Mask 以及 Default Gateway 的位址設定。按下 [Enter] 完成設定。

小提示　如果你沒有使用 IPv6 網路，建議你可以開啟 [IPv6 Configuration] 頁面並選取 [Disable IPv6]，如此便可以停用 IPv6 網路功能。

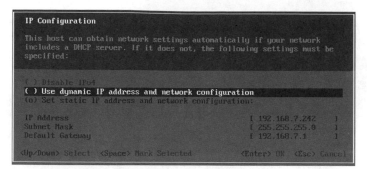

圖 2-28　IP 設定

在如圖 2-29 所示的 [DNS Configuration] 頁面中，請在選取 [Use the following DNS server addressed and hostname] 選項之後，依序完成 Primary DNS Server、Alternate DNS Server 以及 Hostname 設定。

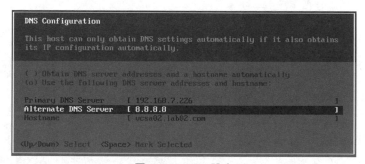

圖 2-29　DNS 設定

最後在 [Custom DNS Suffixes] 頁面中，可設定此主機的 DNS 尾碼，若要設定多組尾碼只要以空白或逗號相隔即可。往後若因為某一些特殊狀況需要重新啟動管理網路，可以在 [System Customization] 頁面中，點選開啟如圖 2-30 所示的 [Restart Management Network: Confirm] 頁面，然後按下 [F11] 鍵即可。必須注意在重啟的過程之中將會有短暫的網路斷線發生。

圖 2-30　重新啟動管理網路

修改 vCenter Server 網路位址配置的第二種做法，就是連線登入 vCenter Server 管理網站（VAMI）。登入後便可以在 [網路] 頁面中，查看到目前的主機名稱、DNS 伺服器、網卡狀態、MAC 位址、IPv4 位址以及 IPv4 預設閘道等資訊。點選 [編輯] 即可開始在如圖 2-31 所示的 [編輯網路設定] 頁面中，來完成上述各項的網路位址設定。

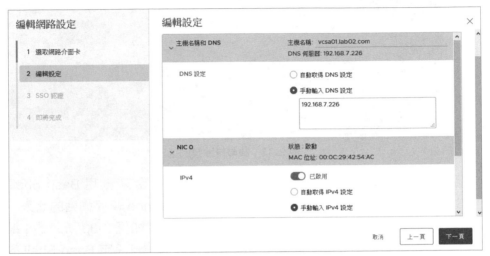

圖 2-31　編輯網路設定

2.10 如何啟動 Shell 與 SSH 服務功能

對於 vCenter Server 的管理方式，除了有常見的控制台（Console）以及 vCenter Server 管理網站（VAMI）之外，若你本身習慣於 Linux 命令的管理模式，或是想學習進階的管理技巧，便不能不知道幾種 vCenter Server 所支援的命令管理方法，其中又以 BASH Shell 搭配 SSH 連線的使用，最令 vSphere 專家們所喜愛。

想要在遠端以 SSH 連線登入後，來透過 BASH Shell 管理 vCenter Server 系統的各項配置，首先必須進入到 vCenter Server Appliance 的控制台（Console）操作介面。開啟後請按下 [F2] 鍵並輸入 root 帳號與密碼。在 [System Customization] 頁面中，請點選進入到如圖 2-32 所示的 [Troubleshooting Mode Options] 頁面，緊接著便可以將上述的兩項功能透過 [Enter] 按鍵來變更成啟用（Enable）狀態。

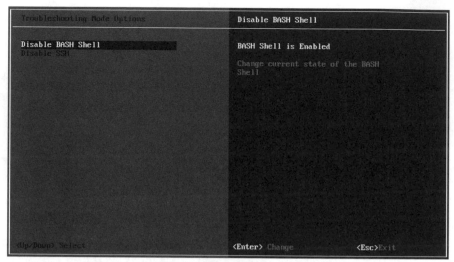

圖 2-32　故障排除模式選項

管理員除了可以從 vCenter Server 伺服端控制台來啟用 Bash Shell 與 SSH 服務之外，也可以透 vCenter Server Appliance 管理網站的登入，然後在 [存取] 頁面中點選 [編輯] 超連結，來開啟如圖 2-33 所示的 [編輯存取設定] 頁面來完成相同設定，並且還可以進一步設定 Bash Shell 的逾時時間，以及決定另外兩種命令管理模式 DCLI 與 CLI 是否要一併啟用。

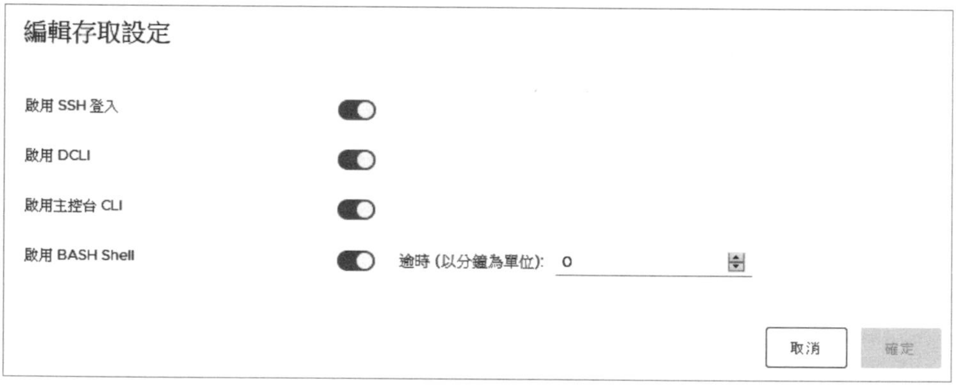

編輯存取設定

啟用 SSH 登入

啟用 DCLI

啟用主控台 CLI

啟用 BASH Shell　　　　　　　　逾時 (以分鐘為單位):　0

取消　　確定

圖 2-33　編輯存取設定

確認已啟用了 Bash Shell 與 SSH 服務之後，就可以找一台網內的 Windows 電腦，來下載安裝免費的 PuTTY 或 PieTTY 相關連線工具。如圖 2-34 所示便是 PuTTY 的設定介面，在此只要於 [Host Name] 欄位中輸入 vCenter Server 的 FQDN 或 IP 位址，再點選 [Open] 按鈕即可開始 SSH

連線。若是有多台的 vCenter Server 與 ESXi 主機都想加入 SSH 的連線清
單之中，只要將這些主機的連線位址輸入在 [Saved Sessions] 欄位之中並
點選 [Save] 按鈕，未來便可以直接在此清單中選項欲連線的位址並點選
[Open] 即可。

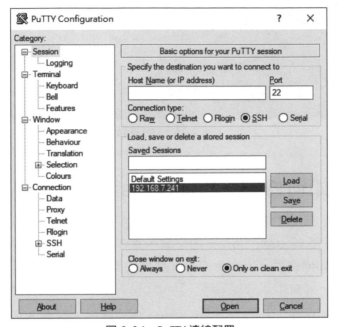

圖 2-34　**PuTTY 連線配置**

SSH 連線後將會提示管理員帳號以及密碼，請輸入 vCenter Server 安裝
時所設定的 root 帳號與密碼。如圖 2-35 所示成功登入後首先將可以檢視
到 vCenter Server 目前的版本編號與安裝類型。緊接著在 Command 命令
提示下，可以直接執行 vCenter Server 專用的相關命令與參數，例如執行
service-control –status 便可以查看到目前執行中的所有服務。若要進入
Bash Shell 命令提示下，來使用作業系統專用的各項管理命令，則只要執
行 shell 命令即可。完成 shell 命令的操作之後，如果想要回到 Command
命令提示下，請執行 exit 命令。

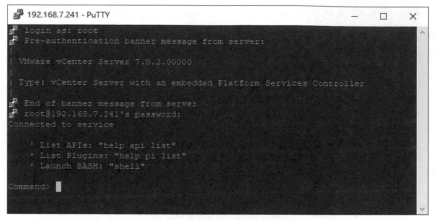

圖 2-35　SSH 遠端連線

2.11 如何修改 Shell Session 逾時時間

對於熟悉 Linux 命令管理方式的 IT 人員說，使用 SSH 遠端連線並以 Bash Shell 來管理 vCenter Server 的配置，肯定是最迅速且最有效率的管理方式。只是如同使用 vSphere Client 網站的管理一樣，當一段時間沒有進行任何操作，將會出現連線逾時（Time out）而導致必須重新登入。

為此管理員可以考慮延長 Shell 連線逾時的時間。如圖 2-36 所示請在完成 SSH 遠端連線登入之後，執行 shell 命令來進入到 shell 命令模式。接著執行 echo $TMOUT 命令來查看目前逾時的時間設定，其中顯示 900（秒）實際上就是系統的預設值，你可以緊接著執行 vi /etc/profile.d/tmout.sh 命令，來修改逾時的配置文件。

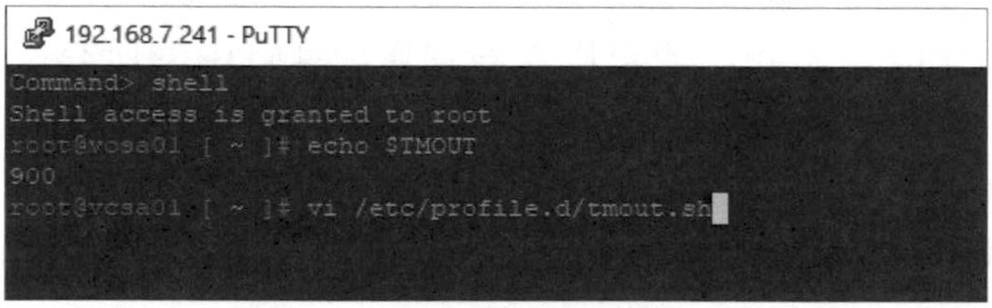

圖 2-36　查看 Shell 逾時時間設定

在如圖 2-37 所示的 tmout.sh 文件內容中，便可以察看到 TMOUT=900 的設定，你可以在按下 [Insert] 鍵並完成修改之後，再按下 [:] 鍵。最後再輸入 wq 指令即可完成儲存並離開 vi 編輯器。

圖 2-37　編輯 Shell 逾時時間設定

你也可以透過執行 rm /etc/profile.d/tmout.sh 命令參數，來徹底刪除 Shell
逾時的時間限制。

2.12 如何修改 vSphere Client 逾時時間 ———

相信很多讀者有過這樣的經驗：在使用 vSphere Client 時，因為忙於其他
事務而沒有繼續操作該網站，到一段時間之後再回頭要進行操作之時，便
會看到出現了如圖 2-38 所示的 [連線逾時] 的提示訊息，這時候便需要點
選 [登入] 按鈕來回到登入頁面。

圖 2-38　**vSphere Client 連線逾時**

其實 vSphere Client 網站的逾時時間是可以修改，管理員只要先以 SSH
遠端連線登入 vCenter Server，然後執行 shell 命令，即可再執行 vi /etc/
vmware/vsphere-ui/webclient.properties 命令參數，來如圖 2-39 所示開
啟 vSphere Client 網站的配置文件並修改其中的 session.timeout 設定值，
預設值為 120 分鐘，你可以根據實際需要來進行調整。完成修改之後請先
按下 [:] 鍵，再輸入 wq 指令即可完成儲存並離開 vi 編輯器。

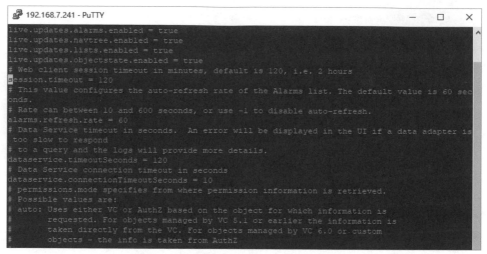

圖 2-39 修改 vSphere Client 配置文件

回到如圖 2-40 所示的 Shell 命令模式下，緊接著只要分別執行 service-control --stop vsphere-ui 命令參數，以及 service-control --start vsphere-ui 命令參數來重新啟動 vSphere UI 的服務，即可讓最新 vSphere Client 網站的配置文件設定立即生效。

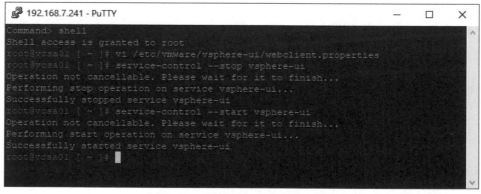

圖 2-40 重新啟動 vSphere UI 服務

2.13 如何修改 vCenter Server Appliance 密碼

對於 vSphere 管理員來說，有三組帳號與密碼是一定要牢記的，那就是 vCenter Server Appliance 的 root 帳號密碼、ESXi 主機的 root 帳號密碼以及 vSphere Client 的 Administrator 帳號密碼。

這三組密碼不僅要牢記且最好能夠定期更換，才能夠確保 vSphere 在維運上的基本安全。在此筆者以 vCenter Server Appliance 的 root 帳號密碼更新方法為例。首先最簡單直接的做法，就是在開啟 vCenter Server Appliance 虛擬機器的控制台（Console）之後，按下 [F2] 鍵並完成 root 帳號密碼的驗證，來開啟如圖 2-41 所示的 [System Customization] 頁面，再選取 [Configure Root Password] 並按下 [Enter] 鍵即可立即完成密碼更新。

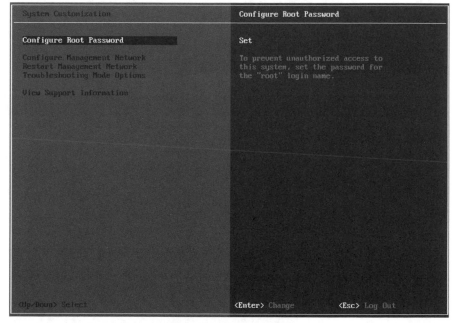

圖 2-41　系統自訂選單

另一種更改 vCenter Server Appliance 的 root 帳號密碼方法，就是連線登入 vCenter Server 管理網站。如圖 2-42 所示登入後便可以直接在 [動作] 選單中點選 [變更 root 密碼]。

圖 2-42　vCenter Server 管理

還記得我們前面所提到的定期變更密碼的重要性嗎？其實可以在如圖 2-43 所示的 [系統管理] 頁面中，透過點選位在密碼到期設定的 [編輯] 超連結，來修改密碼有效性（天）的設定，而且還可以進一步設定到期警告的電子郵件通知，以及察看到實際的密碼到期日。

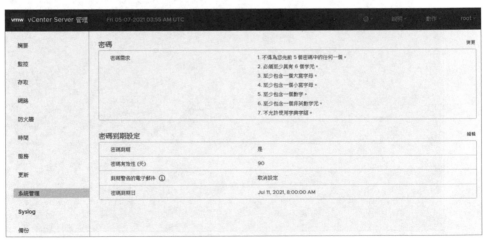

圖 2-43　密碼管理

2.14 忘記 root 密碼該如何重置 ────────

當 vCenter Server Appliance 的 root 密碼過期時，可透過 SSH 遠端連線的方法來加以修改。而接下來要講解的則是忘記 root 密碼的重置方法。首先請連線到 ESXi 主機的 VMware Host Client，並選擇以網頁瀏覽器或 VMware Remote Console 方式，開啟 vCenter Server Appliance 的 Console 介面。來到如圖 2-44 所示的 [PHOTON] 啟動頁面中，請按下 [e] 鍵來開啟開機選項。

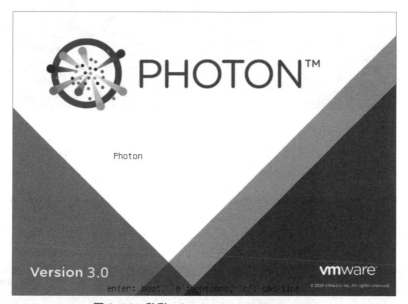

圖 2-44　啟動 vCenter Server Appliance

緊接著在如圖 2-45 所示的 [GNU GRUB] 命令視窗之中，請添加 rw init=/bin/bash 命令參數，然後按下 [F10] 鍵繼續啟動系統。

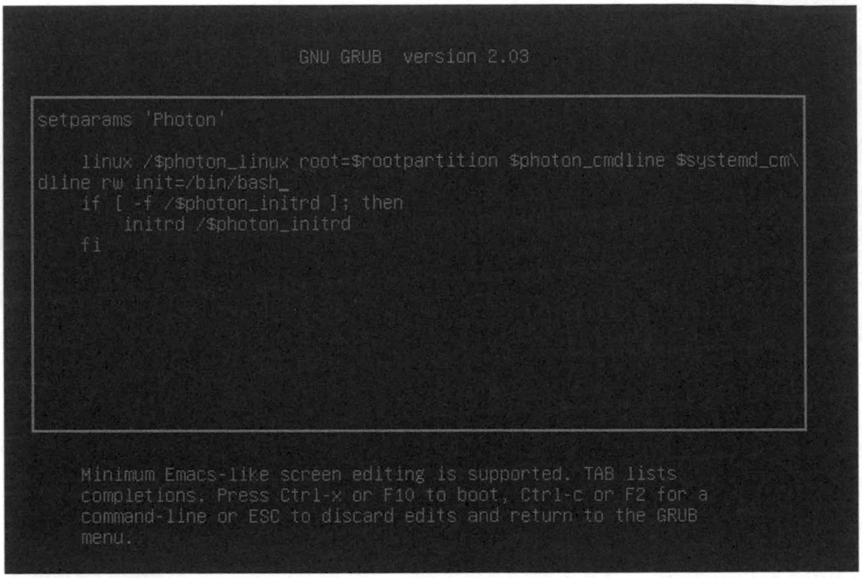

圖 2-45　編輯執行命令

接著會來到 root 根路徑命令提示字元下，請如圖 2-46 所示執行 mount -o remount,rw / 命令參數，以完成檔案系統根路徑的掛載。最後請執行 passwd 命令，即可完成 root 密碼的修改。完成密碼的修改之後，請記得執行 umount / 命令來停止檔案系統的掛載，再執行執行 reboot -f 命令參數來重新啟動 vCenter Server Appliance 即可。

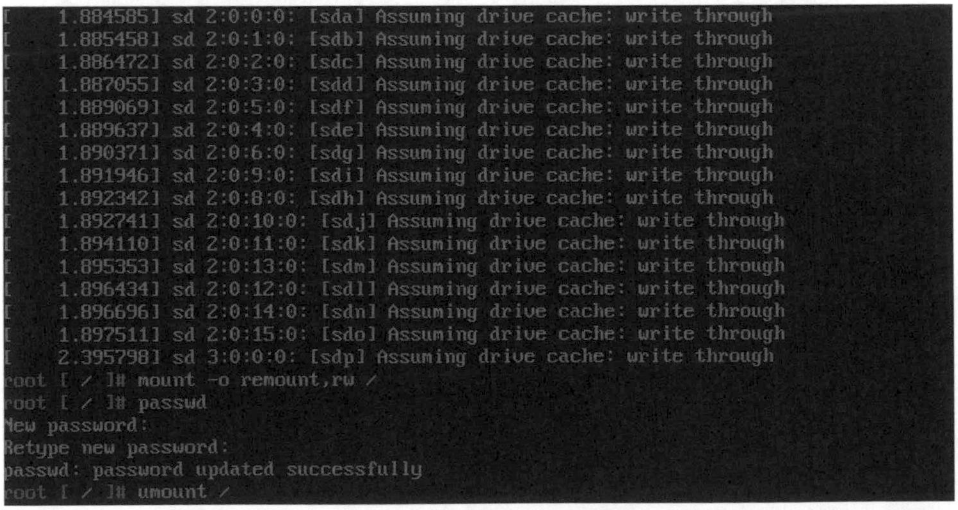

圖 2-46　完成 root 密碼修改

2.15 如何關閉 vCenter Server 更新通知 ────

在 vSphere Client 網站的操作使用中，可能經常會看到各式各樣的警示訊息或更新通知，這些訊息雖然出自於系統友善的提醒，但對於一些管理員而言可能會覺得這些是訊息干擾，因此就會手動將一些已知的警示訊息關閉，已便讓操作頁面的內容呈現能夠乾淨一些。

我想應該有許多讀者已經看過筆者以實戰方式，所講解關於 vSphere Client 各種警示訊息的關閉方法，在接下來的實戰中將繼續來介紹如何關閉 vCenter Server 的更新通知。有關 vCenter Server 的更新通知，正常都會在登入 vSphere Client 網站之後，自動在網站頁面的最頂端顯示「有新 vCenter Server 更新可用」，以及在如圖 2-47 所示 vCenter Server 節點的 [摘要] 頁面中，顯示「可用的更新」訊息。

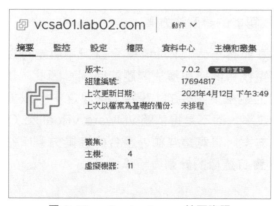

圖 2-47　vCenter Server 摘要資訊

想要關閉上述有關於 vCenter Server 的更新訊息提示，請開啟如圖 2-48 所示的 [系統管理]\[解決方案]\[用戶端外掛程式] 介面，來將所選取的 [vCenter Server Life-cycle Manager] 設定成 [停用] 即可。

圖 2-48　用戶端外掛程式

不知道用心閱讀完本文後的讀者們是否有發現，除了 vSAN 之外其他像是 vCenter Server、ESXi、Cluster 以及虛擬機器的管理，在故障排除的方法之中皆只能透過 [摘要] 或 [事件] 的頁面中來找問題，然後再自行到官網或 Google 來找可能的尋解決方案。

然而 vSAN 叢集卻有一個 [Skyline 健全狀況] 功能可以使用，這讓管理人員可以大幅縮短找尋問題與解決問題的時間。因此，筆者建議官方應該要添加此功能於上述主要物件的 [設定] 管理之中，以提升 vSphere 整體基礎維運的執行效率，而不是得依賴 VMware vRealize Operations 或是其他第三方的解決方案，畢竟這些額外整合的進階方案，往往只有在中大型以上的 IT 環境才會有這樣的計劃與預算。

第 3 章

vSphere 7.x 主機
常見問題排除技巧

ESXi 主機是 VMware vSphere 架構中運行虛擬機器的基礎，無論是獨立主機的運行還是整合 vCenter Server 的進階架構，皆提供了完善的功能與強大的管理工具。然而從測試環境到正式環境的部署與使用，過程之中你可能會有許多的疑問，或是遭遇一些難解的問題。筆者特別整理出幾個關於 ESXi 主機部署與管理上的問題，而這些問題也是從讀者常詢問的問題中所精選出來。

3.1 簡介

現今在 IT 市場上已有許多的虛擬化平台可供選擇，從免費的開源方案到付費的商用方案通通都有，不過若以目前企業 IT 的主流方案來看，基本上可區分為 Microsoft Hyper-v 與 VMware vSphere。其中 Hyper-v 比較適用於以 Active Directory 為基礎建設的運行環境，並且偏好混合多種伺服器功能於一身的用戶。至於 vSphere 則適用於想專注在做好私有雲基礎運行環境的用戶，因為 VMware 僅專注於做好全世界最頂尖的虛擬化平台，而不夾雜其他非相關的應用系統、模組或功能。

關於在實務上選擇採用 VMware vSphere 的優點，在於你無論是打算要安裝獨立運行的 ESXi 主機，還是整合 vCenter Server 來享有集中管理與各項高可用性（如：HA、FT、DRS）以及 vSAN 等強大功能，對於企業 IT 人員來説皆是最佳的抉擇，因為它除了運行相當快速與穩定之外，在各類管理工具的操作設計上也容易上手。其次在技術資源部分，也是目前全球各品牌的虛擬化平台之中最為豐富，這個優勢對於 IT 人員更是極為重要。

在筆者旗下的企業客戶之中，採用獨立 ESXi 主機或是整合 vCenter Server 架構的皆有。儘管採用整合 vCenter Server 的運行架構，已是普遍建議的部署方式，但對於一些中小型的 IT 環境而言，由於它們實際需要的虛擬機器並不多，因此初期只要在伺服器硬體的規劃上有完善的保護措施，例如：磁碟陣列 RAID 6、熱備援磁碟（Hot Spare）、雙電源供應器、不斷電系統（UPS）、虛擬機器備份計劃等等，一樣可以部署出一個令人安心與滿意的優質虛擬化平台。

等到未來企業逐漸擴大營運規模之後，一樣可以無縫隙的進行升級並添加更多 ESXi 主機、虛擬機器、儲存設備、網路設備，並開始整合 vCenter Server 的集中管理機制，還可進一步啟用 HA、FT、DRS、vSAN 等先進虛擬化功能，以因應業務的成長所帶來的更多應用服務需求。

不管你是選擇獨立的 ESXi 主機安裝，還是直接部署在 vCenter Server 的架構之中，從測試階段到正式上線階段肯定都會有不少疑問與難題，有鑑於此在接下來的實戰講解中，筆者將引領讀者們一同來學習幾個常見的問題與解決方法。

3.2 VMware Workstation Player 運行 ESXi —

首先是在測試的環境之中，相信很多 IT 人員會選擇將 vSphere ESXi 7.0 部署在已退役的主機之中。然而實際上這樣的部署方式，對於測試環境而言似乎太麻煩了一些，因為其實只要善用一台實體主機，無論其作業系統是 Windows 還是 Linux，只要硬體資源充足就可以運行多台 ESXi 主機的虛擬機器來進行測試，甚至還可以部署出整合 vCenter Server 與 vSAN 的進階架構

如何辦到的呢？很簡單，只要有 VMware Workstation Pro 或 VMware Workstation Player 即可。前者擁有最完善的個人電腦的虛擬化管理功能，後者則僅提供基礎的操作功能，不過有提供非商用的免費授權。如圖 3-1 所示便是 VMware Workstation Pro 6.x 版本，在新增虛擬機器時的選項設定，可以發現若客體作業系統選取了 [VMware ESX]，便可以進一步在 [Version] 的欄位之中，挑選 [VMware ESXi 7 and later] 來開始安裝 ESXi 系統。

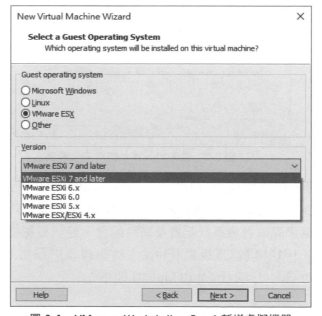

圖 3-1　**VMware Workstation Pro 6 新增虛擬機器**

儘管 VMware Workstation Pro 功能強大，但對於中小企業的 IT 來說，通常還是會選擇價格更加便宜的 VMware Workstation 16 Player 以上版，來測試 ESXi 主機功能。然而你可能會發現在新增虛擬機器的過程之中，找不到 ESXi 7 客體作業系統的選項，怎麼辦呢？其實你只要改在設定安裝映像的頁面之中，如圖 3-2 所示先選取 [Installer disc image file] 設定，再點選 [Browse] 按鈕來載入 ESXi 7 的映像，即可看到頁中出現了「VMware ESXi 7 and later detected」的提示訊息。繼續點選 [Next] 按鈕便可以順利安裝 ESXi 主機的安裝與開機。

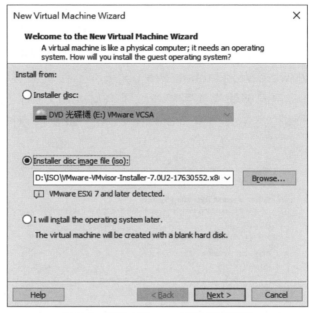

圖 3-2　載入 VMware ESXi 安裝映像

如圖 3-3 所示便是成功透過 VMware Workstation 16 Player 完成 ESXi 主機安裝的 DCUI（Direct Console User Interface）操作介面。你可以繼續按下 [F2] 鍵來完成各項系統配置與網路配置。若需要關機或重新開機，可以選擇按下 [F12] 鍵或直接從 [Player] 功能選單中點選 [Power]，再選擇 [Shut Down Guest] 或 [Restart Guest] 即可。

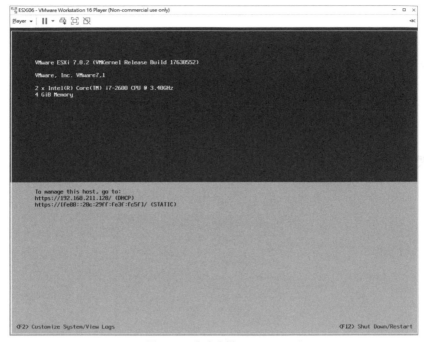

圖 3-3　成功安裝 ESXi 7.0

小提示　針對較舊的 VMware Workstation Player 版本，可能會發現無法透過安裝映像檔案來偵測到 ESXi 系統版本，此時你可以嘗試在客體作業系統的設定頁面中，選擇使用 [Other 64-bit] 來加以解決 ESXi 的安裝問題。

3.3 使用 USB 磁碟運行 ESXi 7

想要測試最新 ESXi 系統的做法有很多種，常見的除了將它安裝在較老舊的實體主機來運行，或是選擇把它安裝在現行的虛擬化平台的虛擬機器中來進行測試之外，你還可以有最特別的第三種選擇，那就是把它安裝在 USB 行動磁碟中來進行測試，這樣的好處在於不佔用實體電腦的儲存空間，還可以任意安插其他支援 USB 開機的電腦之中來啟動，只要此電腦的硬體規格能滿足 ESXi 系統的基本運行要求即可。

關於將 ESXi 7.0 系統安裝在 USB 磁碟的方法大致有兩種，第一種是先將 ESXi 7.0 安裝映像寫入至 DVD 並完成開機，然後在安裝過程中選擇將

系統安裝在所安插的 USB 磁碟之中即可。第二種做法則是使用 VMware Workstation 的虛擬機器安裝方式來建立 ESXi 系統至 USB 磁碟之中。

接下來筆者將要操作示範的便是使用 VMware Workstation 虛擬機器的做法。首先請如圖 3-4 所示在 [File] 選單中，點選 [New Virtual Machine] 來準備新增一個虛擬機器。在 [Guest Operating System Installation] 頁面中，可以選擇載入 ESXi 7.x 的安裝映像（ISO），或是等之後再來修改其設定也是可以的。點選 [Next]。

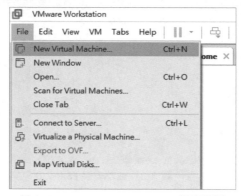

圖 3-4　VMware Workstation 檔案選單

在如圖 3-5 所示的 [Select a Guest Operating System] 頁面中，確認已選取了 [VMware ESX] 設定，並在 [Version] 下拉選單之中挑選了 [VMware ESXi 7 and later]。值得注意的是，如果你的 VMware Workstation Pro 版本較舊，在此選擇較舊版本的 ESXi 選項也是可以的。點選 [Next]。

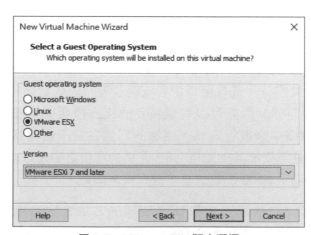

圖 3-5　VMware ESX 版本選擇

在 [Name the Virtual Machine] 頁面中，請輸入新虛擬機器名稱與設定檔案存放路徑。點選 [Next]。在 [Specify Disk Capacity] 頁面中建議選取 [Store virtual disk as a single file] 設定，並點選 [Next]。在 [Ready to Create Virtual Machine] 頁面中，確認上述步驟無誤之後點選 [Finish]。

緊接著請開啟 [Virtual Machine Setting]\[Hardware] 頁面，然後在 [CD/DVD（IDE）] 欄位中，完成 ESXi 7.x 安裝映像（ISO）的載入設定。最後在 [Options] 子頁面中的 [Advanced] 選項中，請確認已如圖 3-6 所示將位在 [Firmware type] 區域中的選項設定成 [UEFI]。點選 [OK]。

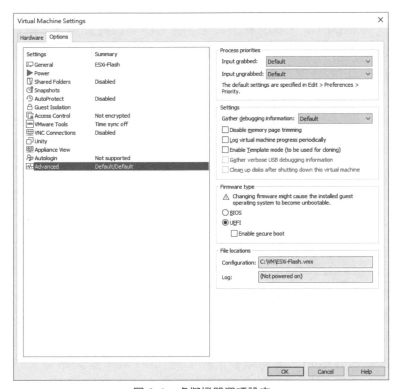

圖 3-6　虛擬機器選項設定

完成虛擬機器的新增與設定之後，請將準備好的 USB 磁碟安插在電腦上。接下來就可以開啟此虛擬機器的電源，啟動的過程中請如圖 3-7 所示點選位在 [VM] 選單中的 [Removable Devices] 選項，並選取此 USB 磁碟的 [Connect] 功能以完成虛擬機器的連接。

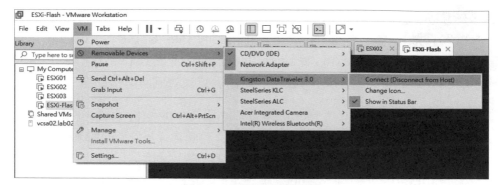

圖 3-7　虛擬機器功能選單

在進入到 ESXi 7.x 系統的安裝頁面之後，便可以在如圖 3-8 所示的 [Select a Disk to Install or Upgrade] 頁面中，查看到此虛擬機器所連接的 USB 磁碟。按下 [Enter] 鍵之後便可以準備進行安裝任務。

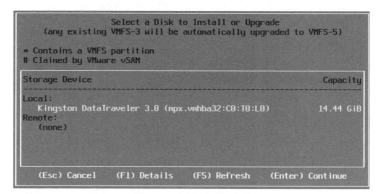

圖 3-8　選取安裝磁碟

緊接著整個安裝過程只要完成 root 密碼的設定與鍵盤配置即可。如圖 3-9 所示便是成功完成安裝的 [Installation Complete] 顯示頁面。請將安裝映像的連接設定取消，便可以在此按下 [Enter] 鍵來重新啟動 ESXi 系統。最後你只需要進入到此電腦的 BIOS 配置中，將 USB 此磁碟設定最高優先順序的開機磁碟來完成啟動即可。

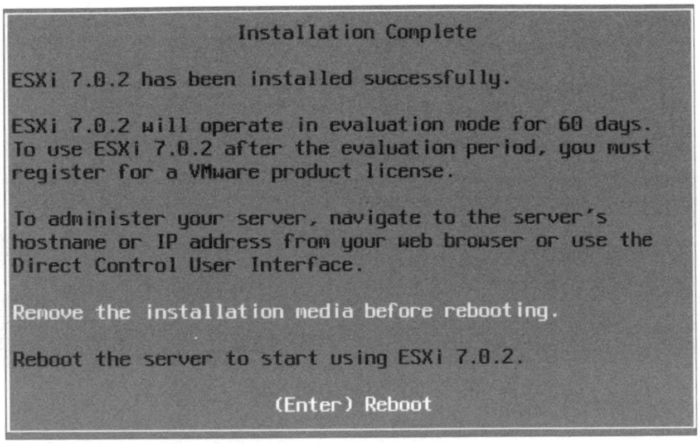

圖 3-9　成功完成安裝

請注意！若 ESXi 系統在安裝過程之中發現了不相容的裝置，或是沒有偵測到必要的裝置（例如：網卡），則可能會發無法順利安裝或是安裝後無法正常啟動。

3.4 備份與還原 ESXi 主機配置

我們都知道任何虛擬化平台完成部署的初期，最重要的一項任務就是建立虛擬機器的備份計劃，以預防萬一發生主機硬體故障時，還能夠將虛擬機器的備份還原至其他主機中來繼續運行。

上述的情境所指的是在獨立的 ESXi 主機運行之中而言，若是運行在 vSphere HA 的叢集架構中則是另當別論。然而除了虛擬機器的備份相當重要之外，其實有關主機配置的備份也是一樣重要的，因為你肯定不希望主機在完成部署之後，所完成的一連串配置設定，卻因系統或硬體故障問題而導致所有配置必須從頭設定。為此筆者提供以下兩種備份與還原 ESXi 主機配置的方法。

首先是透過 ESXCLI 命令的備份方法。你可以先透過 SSH 遠端連線至 ESXi 主機。在成功連線登入之後，請先執行 esxcfg-info -u 命令來取得 UUID。接著在執行如圖 3-10 所示的以下命令參數，便可以完成主機配置的備份。其中所產生的主機配置檔案的下載網址，你只需要把 * 號修改成此主機的 IP 位址或 FQDN 於網頁瀏覽器的 URL 即可。

```
vim-cmd hostsvc/firmware/sync_config
```

```
vim-cmd hostsvc/firmware/backup_config
```

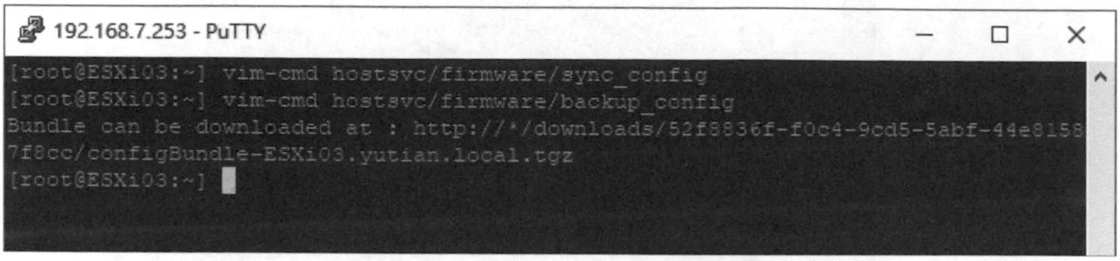

圖 3-10　ESXCLI 備份主機配置

有了 ESXi 主機配置檔案的備份之後，若未來需要進行還原時該怎麼做呢？
很簡單，只要參考以下的命令參數，並將其中的備份檔案存放路徑修改成
你實際存放的路徑即可。在完成主機配置的還原之後，請記得將主機退出
維護模式。

```
vim-cmd hostsvc/maintenance_mode_enter
```

```
vim-cmd hostsvc/firmware/restore_config /backup_location/configBundle
-ESXi03.tgz
```

接下來讓我們來學習一下，透過 PowerCLI 的備份方法。首先請在確認已
完成 PowerCLI 於 Windows PowerShell 中的安裝之後，執行 Connect-
VIServer 命令參數來完成 ESXi 主機的連線登入。一旦成功連線登入之後，
就可以如圖 3-11 所示執行以下命令參數，來完成主機配置的備份。請注
意！你必須將其中的 IP 位址與目的地路徑修改成實際使用的設定。

```
Get-VMHostFirmware -VMHost 192.168.7.253 -BackupConfiguration
-DestinationPath D:\Downloads
```

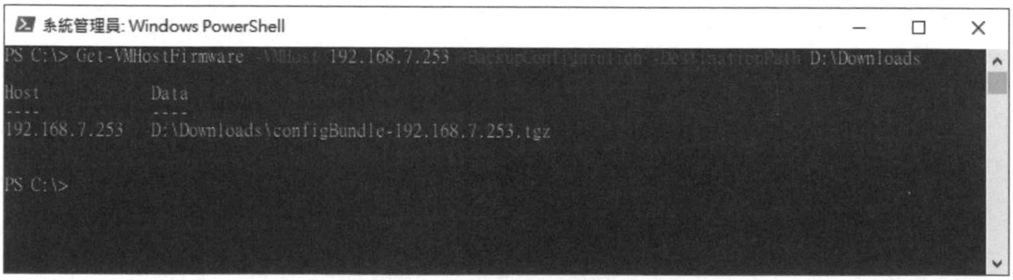

圖 3-11　POWERCLI 備份主機配置

確認成功完成了主機配置的備份之後，未來你將可以隨時透過以下命令參數的執行，來將選定的主機設定進入維護模式，並將主機配置從選定的備份檔案進行還原。同樣的請在完成主機配置的還原之後，記得將主機退出維護模式。

```
Set-VMHost -VMHost 192.168.7.253 -State 'Maintenance'

Set-VMHostFirmware -VMHost 192.168.7.253 -Restore -SourcePath D:\
configBundle-192.168.7.253.tgz -HostUser root -HostPassword Passwd
```

3.5 如何修改 ESXi 主機名稱

如果 ESXi 主機的 FQDN 與你連線的 URL 不同，可能會讓管理人員在維運的過程之中發生一些奇怪的問題，例如在部署 OVF 檔案時會發現 [上傳] 的按鈕無法點選，或是在該主機的資料存放區中無法成功上傳檔案等等。

至於為何會發生 ESXi 主機的 FQDN 與連線 URL 不同的原因，有可能是因為在組織內網之中已有部署 Active Directory 與 DNS 主機，而恰好 vSphere 的網域與 Active Directory 的網域名稱不一樣，此時如果 ESXi 的 DNS 位址設定指向 Active Directory 的 DNS 主機，便可能會發生 ESXi 會自動將 Active Directory 的網域尾碼設定在 FQDN 的配置之中。

想要解決這個問題，必須以命令的方式來變更 ESXi 主機的 FQDN，而不能夠只是透過 DCUI 介面去修改 DNS 尾碼的設定。怎麼做呢？很簡單，首先請如圖 3-12 所示執行 esxcli system hostname get 命令，來查看現行 ESXi 主機的 FQDN（Fully Qualified Domain Name）資訊。

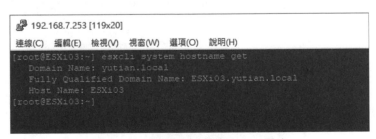

圖 3-12　查看目前主機與 FQDN 設定

在確認了要修改現行 ESXi 主機的 FQDN 設定之後，請如圖 3-13 所示執行以下命令來變更至新設定的 FQDN，並再次檢查修改後的設定是否正確即可。

```
esxcli system hostname set --fqdn=ESXi03.lab02.com

esxcli system hostname get
```

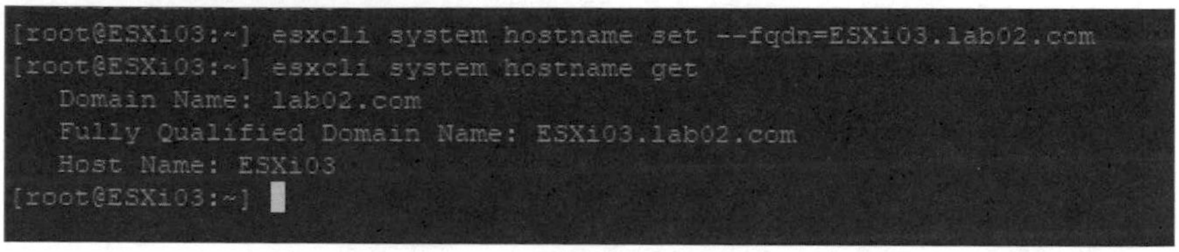

圖 3-13　完成 FQDN 修改

3.6 解決主機新增至叢集的警示問題

無論是對於 ESXi 主機的各別管理，還是透過 vCenter Server 的連線管理，在連線位址部分都建議輸入 FQDN 而不是 IP 位址，主要原因有兩點。第一點是便於管理人員易於記憶。第二點則是若一開始使用 IP 連線方式，而後來又改成採用 FQDN 的連線方式，可能會出現許多類似接下來所要介紹的這項問題。

圖 3-14 所示的情況，是一個在 vSphere 叢集中準備要新增 ESXi 主機時，出現警告訊息導致操作無法繼續。從警告訊息中可以看到所準備新增的 ESXi 主機，皆已被另一台 vCenter Server 所管理，因此無法成功新增。

其實並非這些 ESXi 主機已被其他 vCenter Server 所管理，而是先前筆者已經先透過 IP 連線方式登入過這台 vCenter Server，並將這些 ESXi 主機添加進來所致。

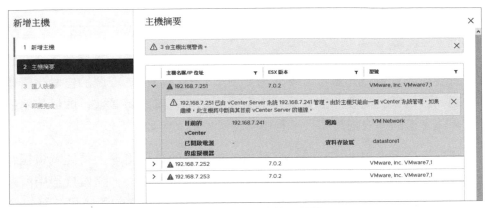

圖 3-14 檢視主機摘要問題

換句話說,針對上述這個問題,你只要重新以 IP 連線登入 vCenter Server 的方式來重新新增這些 ESXi 主機,便可以如圖 3-15 所示成功完成設定。

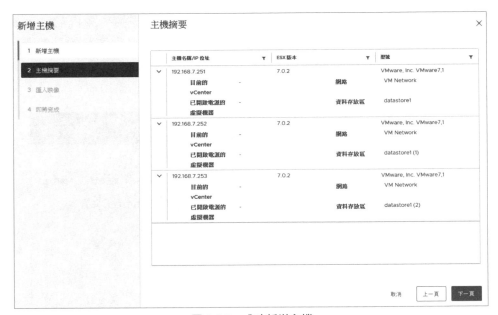

圖 3-15 成功新增主機

3.7 善用資源集區管理技巧

在小型的 vSphere 架構維運中，由於主機與虛擬機器的數量並不多，因此只要初始的資源充足，並不太需要煩惱 CPU 與 RAM 資源的自動化管理問題，因為即便需要添加資源，也僅需要安排在離峰時間進行虛擬機器的移轉與主機的停機維護即可，整個維護過程並不複雜，

相對於中大型以上的 vSphere 架構，在平日的維運管理上可能就會複雜許多，其根本的原因除了在於虛擬機器數量相當多之外，虛擬機器中所運行的各類應用系統、資料庫服務也相當多，運行過程之中隨時可能發生 CPU 與 RAM 資源的爭用問題，若資源配置不當便會導致重要的系統效能受到衝擊，或是被一些不需要太多資源的應用系統，佔用了過多的資源等問題。

為了妥善做好資源的管理，我們必須懂得善用 vSphere 資源集區的功能，來配置好每一個 ESXi 主機資源集區或是 DRS 叢集子資源集區的設定。首先讓我們先來嘗試建立一個 DRS 叢集子資源集區，必須注意的是當選定的叢集已關閉 vSphere DRS 功能時，將會在叢集的功能選單中，如圖 3-16 所示發現無法點選 [新增資源集區] 選項。

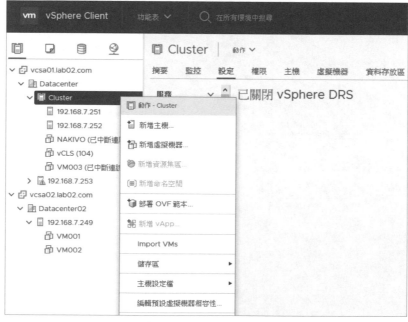

圖 3-16　叢集功能選單

這時候你必須開啟如圖 3-17 所示的 [編輯叢集設定] 頁面，然後在 [自動化] 頁面中先決定要採用的自動化層級設定，再設定 vMotion 移動臨界值以及決定是否啟用 Predictive DRS 與虛擬機器自動化功能。接著在 [其他選項] 的頁面中，除了可以決定是否要啟用 [虛擬機器分佈] 與 [CPU 過度認可] 的功能之外，還可以決定是否要啟用 [可擴充共用率] 的設定，以決定是否要為後續叢集資源集區的配置，啟用可擴充共用率的功能。點選 [確定]。

圖 3-17　啟用 vSphere DRS 設定

完成了叢集 DRS 功能的配置與啟用之後，接下來就可以正常開啟如圖 3-18 所示的 [新增資源集區] 頁面，在此首先請完成新資源集區的名稱設定。如果你想要在新增或移除虛擬機器時可以動態擴充共用率，請選取 [擴充子代的共用率] 設定。緊接著便可以開始來設定 [CPU] 與 [記憶體] 各自資源的分配方式。

在 [共用率] 的欄位中分別有低、正常、高以及自訂可以選擇，前三種等級會分別以 1:2:4 的比率來指定共用率的值。在此筆者舉個例子來說明，假設我們現在分別建立一個名為 RP-QC 與一個名為 RP-Sales，然後將 RP-QC 的共用率設定為 [高]，而將 RP-Sales 的共用率設定為 [低]，此時如果 RP-QC 的 CPU 共用率結果顯示為 8000，而記憶體共用率顯示為

327680，則 RP-Sales 的 CPU 共用率結果必定是顯示為 2000，以及共用率顯示為 81920。

在 [保留區] 的欄位中可以為該資源集區設定保證的 CPU 或記憶體配置量（預設值 =0）。若在 [保留區類型] 欄位中將 [可擴充] 設定勾選，則對於該資源集區中運行的虛擬機器而言，如果總體保留區的資源大於該資源集區的保留區資源，則該資源集區將可以使用父系或上層資源，來繼續維持系統的正常運行。

在 [限制] 的欄位中可以設定此資源集區的 CPU 或記憶體配置量的上限值，在此系統也會提示它們各自的最大上限值，若沒有打算加以限制則可以選擇 [無限制] 即可。點選 [確定]。

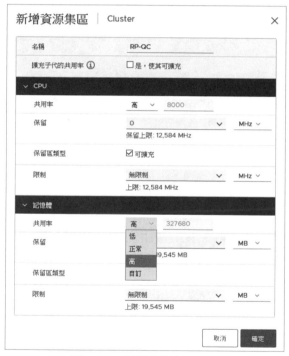

圖 3-18　新增叢集資源集區

如圖 3-19 所示可以看到筆者已建立了兩個資源集區於 DRS 的叢集之下，在此可以從它們的 [摘要] 頁面之中，檢視到相關的資源設定。接下來你將可以根據不同虛擬機器的資源需求，來把它們移動到相對的資源集區中運行即可，當然也可以隨時將它們移出資源集區。

小提示　如果某個虛擬機器已開啟電源，且目的地資源集區的 CPU 或記憶體保留區設定不足以運行該虛擬機器之時，則移動操作將會遭遇失敗。

圖 3-19　檢視資源集區摘要

在 vSphere 叢集下建立資源集區的好處，在於能夠結合 DRS 的自動分配功能，來妥善維持虛擬機器的正常運行。不過資源集區功能所帶來的好處，並非只能使用在叢集的虛擬機器管理之中，而是也可以在叢集以外的 ESXi 主機來進行建立。如圖 3-20 所示請在 ESXi 主機的 [動作] 選單中點選 [新增資源集區] 繼續。

圖 3-20　ESXi 主機功能選單

在如圖 3-21 所示的 [新增資源集區] 頁面中，可以發現相較於 DRS 叢集
資源集區，只有少了 [擴充子代的共用率] 選項，其餘包含共用率、保留、
保留區類型以及限制功能設定皆是有的。點選 [確定]。

圖 3-21　新增主機資源集區

請注意！如果已將某台 ESXi 主機新增到叢集，則將無法建立該主機的資源集區。

3.8 使用 PowerCLI 管理資源集區

對於已熟悉 PowerCLI 命令介面的進階管理員來說，透過 PowerCLI 命令與參數的快速輸入方式，來檢視與管理資源集區的配置，肯定會來得比操作 vSphere Client 圖形介面更有效率。在如圖 3-22 所示的命令參數範例中，筆者首先便是設定好 vCenter Server 的變數，接著再分別取得 VM003 與 NAKIVO 這兩個虛擬機器的資源配置狀態。從執行結果中可以清楚看到資源集區中，CPU 與記憶體各自的共用率、保留、以及限制設定。

```
$Server = Connect-VIServer -Server vcsa01.lab02.com

Get-ResourcePool -Server $server -VM VM003

Get-ResourcePool -Server $server -VM NAKIVO
```

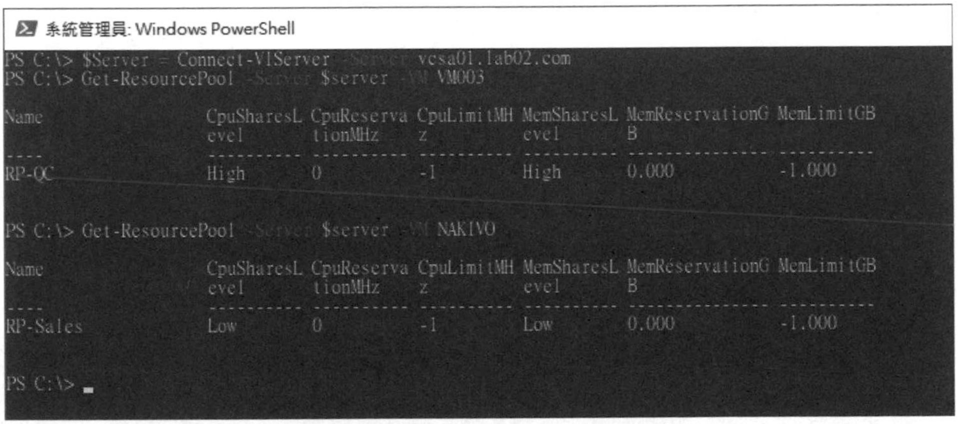

圖 3-22　查詢 VM 所屬的資源集區配置

接下來可以如圖 3-23 所示的以下命令參數，來新增一個資源集區。在此筆者將 CPU 的共用率自訂為 3000，並將記憶體的限制設定為 3GB。

```
Set-ResourcePool -Resourcepool RP-Marketing -NumCpuShares 3000
-MemLimitGB 3
```

```
PS C:\> Set-ResourcePool -ResourcePool RP-Marketing -NumCpuShares 3000 -MemLimitGB 3

Name              CpuSharesL CpuReserva CpuLimitMH MemSharesL MemReservationG MemLimitGB
                  evel       tionMHz    z          evel       B
----              ---------- ---------- ---------- ---------- --------------- ----------
RP-Marketing      Custom     600        -1         High       2.000           3.000
```

圖 3-23　修改資源集區配置

在完成了多個資源集區的建立之後，日後假設你在 ESXi01 主機上有建立一個名為 ResourcePool01 的資源集區，如今想把它移動到 ESXi02 來使用，只要執行以下命令參數即可完成資源集區的移動。同樣的需求在 vSphere Client 操作介面中，則是只要透過按住滑鼠左鍵的拖曳方式來完成即可

```
Move-ResourcePool -ResourcePool ResourcePool01 -Destination
ESXi02
```

除了資源集區可以隨意進行移動之外，若是需要將某一個虛擬機器移動到選定的資源集區，可以參考如圖 3-24 所示的以下命令參數，來將 NAKIVO 虛擬機器移動到 RP-Marketing 資源集區之中。

```
Get-ResourcePool RP-Marketing
```

```
Move-VM -VM 'NAKIVO' -Destination 'RP-Marketing'
```

小提示　若對於已關閉電源或暫停的虛擬機器進行移動，資源集區中保留和未保留的 CPU 以及記憶體的可用資源總量不受影響。

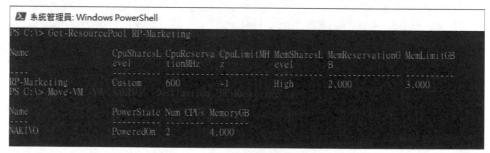

圖 3-24　移動虛擬機器至資源集區

對於一些規模較大的 IT 環境，單一層的資源集區恐怕難以管理大量的虛擬機器資源配置問題。為此你便可以透過父子階層的資源集區架構，來完成更精細的資源配置設定。

接下來就讓我們來嘗試新增一個資源集區在現行的資源集區之下，來做為子資源集區。首先可以透過執行 $RP = Get-ResourcePool -Location Cluster -Name RP-Sales 命令參數，來設定好父資源集區的名稱與位置。

緊接著再透過如圖 3-25 所示的以下命參數，來新增一個名為 RP-Marketing 的資源集區至 RP-Sales 的資源集區之下，成為一個共用此父資源集區的子資源集區，並配置好各資源允許保留區的可擴充性，以及 CPU 與記憶體的資源保留、共用率等相關設定。

```
New-ResourcePool -Location $RP -Name RP-Marketing
-CpuExpandableReservation $true -CpuReservationMhz 600
-CpuSharesLevel high -MemExpandableReservation $true
-MemReservationGB 2 -MemSharesLevel high
```

圖 3-25　新增子資源集區

完成了子資源集區的建立之後，我們可以回到 vSphere Client 網站上來查看一下。如圖 3-26 所示在此可以發現剛剛所建立的 RP-Marketing 資源集區，確實是已新增至 RP-Sales 的父資源集區之下，成為了共用 RP-Sales 可用資源的一個子資源集區。此外，對於資源集區相關的數據統計，可以查看此頁面中的統計圖，來得知目前集區中的虛擬機器和範本數量、已開啟電源的虛擬機器數量、子資源集區數量以及子 vApp 數量。

圖 3-26　查看子資源集區 RP-Marketing 配置

3.9 主機管理人員權限配置

筆者曾經有完整介紹過關於在整合 vCenter Server 架構下的帳號、角色以及權限的管理。然而在一些情境下你可能需要對於獨立的 ESXi 主機進行這方面的操作管理，像是混合部署的 vSphere 環境之中，或是在無 vCenter Server 的多台 ESXi 架構下。無論如何，做好管理人員的權限配置，才是一個虛擬化平台安全運行的基本措施。

請對於選定的 ESXi 主機開啟並登入 VMware Host Client 網站。接著點選至位在 [管理] 節點中的 [安全性和使用者] 頁面。如圖 3-27 所示在 [使用者] 子頁面中，可以發現除了系統預設內建的 root 帳號之外，還有另外兩個帳號 JoviKu 與 Sandy 便是筆者所新增。在新增的過程之中僅需要設定使用者名稱與密碼即可。

圖 3-27　使用者管理

緊接著點選至如圖 3-28 所示的 [角色] 頁面中，同樣可以查看到除了系統預設的系統管理員、匿名、無存取權、無密碼編譯管理員、無受信任基礎結構管理員、唯讀、受信任基礎結構管理員、檢視角色之外，還有一個筆者所新增的 [Admins] 角色。在新增的過程之中僅需要設定角色名稱以及授予的權限即可。

圖 3-28　角色管理

完成了使用者與角色的新增設定之後，接著要來看看如何授予主機相關物件的權限。如圖 3-29 所示，在此筆者直接選擇在 [主機] 節點的頁面中，透過點選位在 [動作] 頁面中的 [權限] 來進行權限配置。當然你也可以選擇在 [儲存區] 或是選定的虛擬機器頁面之中，來進行權限的配置設定。

圖 3-29　ESXi 主機功能選單

在開啟了 [管理權限] 頁面之後請點選 [新增使用者]。接著便可以針對你所選定的使用者，如圖 3-30 所示來賦予任一角色權限。在此你還可以透過勾選 [散佈到所有子系]，來讓所賦予的權限往下繼承。點選 [關閉]。

圖 3-30　管理權限

對於使用者沒有權限管理的物件或配置，使用者便會發現相對的功能選項無法點選，或是在執行之後出現了權限不足的錯誤訊息。如圖 3-31 所示便是當使用者沒有被賦予虛擬機器的管理權限之時，一旦執行了新增虛擬機

器的操作便會出現「虛擬機器組態遭拒絕，請查看瀏覽器主控台」的錯誤
訊息。

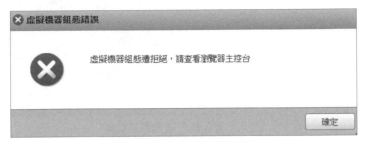

圖 3-31　無法新增虛擬機器

3.10 主機鎖定模式之應用

在 vSphere 的虛擬化平台架構之中，提供了許多和資訊安全有關的功能
配置，包括了防火牆配置、權限管理、身分驗證機制、Authentication
Proxy、密碼管理、虛擬機器加密、UEFI 安全開機、網路傳輸加密等等，
可以說能夠完全根據實際 IT 環境的需要，來建構出滿足任何組織資訊安全
的規範。

除了上述的各類安全功能之外，還有一項容易被管理員忽略的主機安全
性功能，那就是鎖定模式（Lockdown Mode）。此功能有助於提升在以
vCenter Server 集中管理的架構中，對於每一部 ESXi 主機連線的安全管
制，讓管理人員無法經由 SSH、ESXi Shell 或第三方軟體（結合 vSphere
API）等方式進行連線登入，真正做到完全由 vCenter Server 集中管理的
嚴格要求，以及可達到僅有選定的單一 vCenter Server，才能夠完全管理
這些 ESXi 主機的目標。

關於鎖定模式的功能，我們可以透過 DCUI 介面的使用，在按下 [F2] 鍵並
完成登入之後，如圖 3-32 所示發現 [Configure Lockdown Mode] 的選項
就出現在 [System Customization] 頁面之中但是卻無法選取，什麼原因造
成的呢？

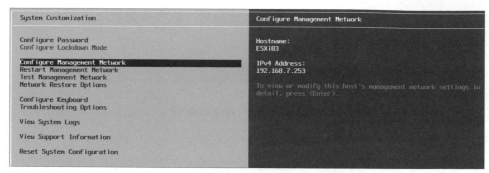

圖 3-32　系統配置選單

主要原因是你必須先透過 VMware Host Client，開啟 [管理]\[安全性使用者] 的頁面，便可以如圖 3-33 所示的 [鎖定模式] 頁面中來啟用此功能，並且還可以進一步來新增例外的使用者名單。

 小提示　針對 ESXi 主機的鎖定模式功能，管理員也可以在第一次將 ESXi 主機新增至 vCenter Server 的步驟設定之中，來決定是否啟用此設定。

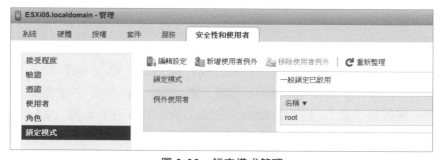

圖 3-33　鎖定模式管理

在你點選 [編輯設定] 的操作時，將會開啟如圖 3-34 所示的 [變更鎖定模式] 頁面。在預設的狀態下便是處於 [已停用]，你可以選擇 [嚴格鎖定] 或 [一般鎖定] 來啟用此功能，前者會限制管理人員只能從 vCenter Server 來連線登入與管理，後者則允許管理人員可以經由 DCUI 或 vCenter Server 來連線登入與管理。點選 [變更]。

圖 3-34　變更鎖定模式

在完成了鎖定模式功能的啟用之後，若沒有特別去新增使用者例外的名單，則所有管理人員都必須得透過 vSphere Client 網站或 DCUI 的登入，才能夠管理 ESXi 主機的各項配置，否則在嘗試以其他方式連線（例如：VMware Host Client）登入時，將會出現如圖 3-35 所示的「執行此作業的權限遭到拒絕」錯誤訊息。

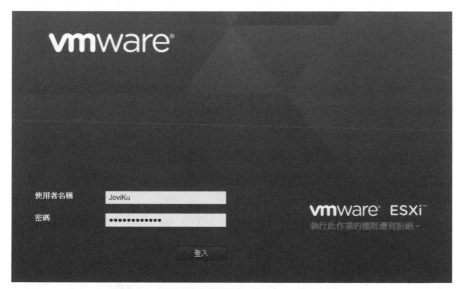

圖 3-35　使用者無法登入 VMware Host Client

3.11 使用 SSH 遠端開啟 DCUI 管理介面 ──

對於 vSphere 7.0 管理人員而言，最重要的三大管理工具分別是遠端管理使用的 vSphere Client 網站、SSH Client 以及近端管理的 DCUI（Direct Console User Interface）介面。在平日維運的過程之中，絕大部分的情況下我們只會使用到 vSphere Client 網站，來處理各種管理上的運行需求。其次則是可能透過 SSH Client 的連線，來查詢或修改一些更細部的系統配置。

至於 DCUI 通常非到不得已是不會使用到的，例如因為某些故障因素造成 vSphere Client 與 SSH 皆無法進行遠端連線時，導致管理人員必須到主機端執行像是 root 密碼的更新、主機重新啟動等等。不過也有許多管理人員，平日就已喜好透過 DCUI 來進行基本網路配置的設定、網路的測試、Shell 命令工具的使用等操作。

為此我會建議這類的管理員除了可設定延長 DCUI 的閒置逾時時間之外，還可以進一步透過 SSH 的遠端連線方式，來直接操作純文字介面版本的 DCUI 工具。怎麼做呢？很簡單，首先請在 DCUI 的首頁中按下 [F2] 鍵並完成 root 帳密的驗證，接著在開啟如圖 3-36 所示的 [Troubleshooting Mode Option] 頁面，先完成啟用 SSH 服務再選擇開啟 [Modify DCUI idle timeout] 繼續。

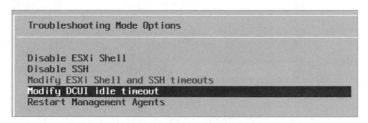

圖 3-36　故障排除模式選項

在如圖 3-37 所示的 [Set idle time for DCUI access] 頁面中，你可以輸入以分鐘為單位的閒置逾時時間，最大值可以輸入 1440 分鐘。如果想要關閉閒置逾時功能，只要輸入 0 即可。按下 [Enter] 鍵完成設定。

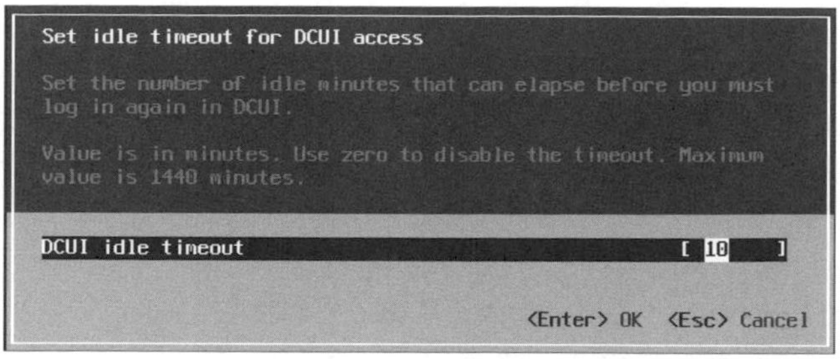

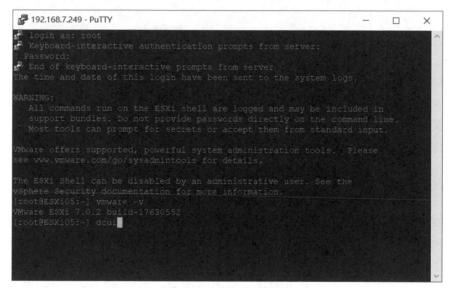

圖 3-37　設定 DCUI 逾時時間

接下來你可以透過任意的 SSH Client 連線登入 ESXi 主機。成功登入之後可以先如圖 3-38 所示執行 vmware -v 命令，來查看目前的 VMware ESXi 系統版本是否為 7.0 以上的版本，確認沒有問題之後再執行 dcui 命即可。

圖 3-38　SSH 遠端連線

如圖 3-39 所示便是透過 SSH Client 連線登入後，所開啟的純文字介面版本的 DCUI 介面，其操作方式與主機端的 DCUI 皆是一樣的。換句話說，有了這項工具，往後維運過程之中除非網路無法連線，否則對於有DCUI 操作需求的管理人員而言，通通只要經由 SSH Client 的遠端連線後即可開啟。

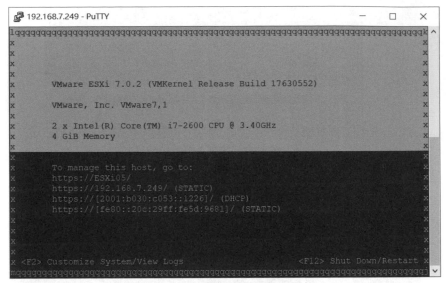

圖 3-39　SSH 開啟 DCUI 操作介面

無論組織 IT 的規模有多大架構有多麼複雜，想要有高效率的管理 VMware vSphere 虛擬化平台，除了要懂得善用內建的管理工具之外，還可以藉由整合自家或第三方的解決方案來全面提升效率，例如筆者曾經在上一本著作之中，實戰介紹過的 VMware vRealize Operations，或是 ManageEngine OpManager 等等。不過這些工具只能協助我們監視與發現運行上的潛在問題。

許多時候 IT 人員需要的是使用經驗的分享，然而這些經驗若只能夠從筆者的著作、其他專家文章、討論區或是 VMware Knowledge Base 來獲得，似乎仍不夠快速與方便。試想若能夠進一步結合 AI 機器人的技術，讓 AI 直接根據這些專家資料來源精準回應問題，而不是像現階段得透過 Google 搜尋引擎方式，如大海撈針找尋相對應的解答，許多時候可能還會有開啟惡意網站的風險。因此期待官方在善用 AI 技術來解決系統運作問題的同時，也能夠思考藉由 AI 來解決專家經驗支援的需求。

第 4 章

vSphere 7.x 虛擬機器活用管理技巧

Mware vSphere 7.0 不僅提供了功能最強的虛擬化平台，也因應了不同的管理需求與操作習慣，提供了一系列的友善工具，讓系統人員能夠在平日的維運過程之中，以最短的時間解決各種管理需求以及難題。現在就讓我們一同來學習一下，對於大量虛擬機器的部署與管理，應該要預先做好哪些準備，以及是否有哪些秘訣，可以讓虛擬機器的管理更有效率。

4.1 簡介

由於雲端運算的興起，讓 IT 的基礎架構與維運方式發生了極大的變化，其中運算資源的被徹底利用，便是這項技術的最大價值，而這項技術所指的便是虛擬化平台，透過它所提供的虛擬化技術（Virtualization），才能夠使得實體主機中的各項資源（CPU、RAM、Storage、NIC 等等），可動態調配給更多的虛擬機器來使用，進而發展出更具可靠性與快速的熱備援、冷備份以及線上移轉等應用。

如今 IT 市場上的虛擬化平台除了有較知名的 VMware vSphere、Microsoft Hyper-v、Citrix XenServer、Oracle VM VirtualBox 之外，還有許多以 KVM（Kernel-based Virtual Machine）開源技術為基礎所發展的虛擬化平台。無論你選擇的平台為何，除了性價比的考量之外還必須評估維運工具的彈性設計，尤其是在擁有大量虛擬機器部署與管理的組織之中。

VMware vSphere 7.x 是筆者截至目前為止評估過的所有虛擬化平台之中，在虛擬機器的管理上最具彈性設計的平台，因為它除了提供了最強大的兩項主要管理工具 vSphere Client 與 PowerCLI 之外，還有 ESXCLI、DCLI 等命令輔助管理工具，以及針對行動裝置所設計的 vSphere Client App，可以說應有盡有。在企業私有雲平台的維運中，不同的管理工具除了可以因應不同情境的需要，各自工具的使用往往也會內建許多實用的管理技法等著我們去發覺。

在 vSphere 7.0 架構中對於虛擬機器的管理，只要懂得善用基本的 vSphere Client 與 PowerCLI 管理工具，便可以解決大部分的管理需求，包括了虛擬機器的部署、移轉、配置修改、網路設定等等。在接下來的實戰講解中，筆者將依據不同的情境來說如何運用相關的工具，來解決所面臨的管理需求。

4.2 善用內容程式庫功能

所謂內容程式庫（Content library）在 vSphere 的運作架構中，其實就是一個用來存放虛擬機器範本、vApp 範本等檔案類型的儲存容器，這對於提升中大型以上規模的虛擬機器管理效率而言相當實用，因為它可讓不同

地理位置中的 vCenter Server 執行個體之間共用其內容，來加速對於虛擬機器與 vApp 的部署。

接下來就讓我們來建立一個內容程式庫。首先請在 vSphere Client 的主功能選單中點選開啟 [內容程式庫] 頁面並點選 [建立]。在如圖 4-1 所示的 [名稱和位置] 頁面中，請輸入新內容程式庫的名稱並選取所在的 vCenter Server。點選 [下一頁]。

圖 4-1　新增內容程式庫

在 [設定內容程式庫] 頁面中，可以決定是否要對於本機內容程式庫，啟用發佈與啟用驗證功能，進一步還可以設定已訂閱的內容程式庫。點選 [下一頁]。在 [新增儲存區] 的頁面中，請選取新內容程式庫所要存放的儲存區。點選 [下一頁]。最後在 [即將完成] 頁面中請確認上述步驟是否設定正確。點選 [完成]。回到如圖 4-2 所示的 [內容程式庫] 頁面中，便可以查看到剛剛所建立的內容程式庫。

圖 4-2　管理內容程式庫

完成了內容程式庫的新增之後，接下來就可以在這裡頭存放一下虛擬機器範本或是 OVA/OVF 的範本，以供往後不同的需求情境來使用。首先你可以在資料中心節點的 [虛擬機器範本] 頁面中，如圖 4-3 所示針對要放入內容程式庫的範本，按下滑鼠右鍵並點選 [複製到程式庫] 繼續。緊接著便可以設定所要存放的內容程式庫、範本名稱、附註以及是否要在網路介面卡上保留 MAC 位址與額外組態。點選 [確定] 即可。

圖 4-3　虛擬機器範本選單

如果現行沒有可用的虛擬機器範本，則可以先完成新虛擬機器的安裝，再
到如圖 4-4 所示的 [虛擬機器] 頁面中，針對此虛擬機器按下滑鼠右鍵並
點選 [複製]\[做為範本複製到程式庫]。

圖 4-4　虛擬機器功能選單

接下來你可以在如圖 4-5 所示的 [基本資訊] 的頁面中，選擇範本類型是
[虛擬機器範本] 還是 [OVF]。點選 [NEXT]。在 [位置] 頁面中可以選擇此
範本要存放的內容程式庫。點選 [NEXT]。在 [選取計算資源] 的頁面中，

請選定負責運行的叢集或 ESXi 主機，在確認出現「相容性檢查成功」的
訊息之後，點選 [NEXT]。在 [選取儲存區] 的頁面中，請選擇用以儲存範
本檔案的資料存放區，值得注意的是，若有多個虛擬磁碟，還可以依實際
需求來決定是否要針對各別的虛擬磁碟設定。點選 [NEXT]。最後在 [檢
閱] 頁面中確認上述步驟設定無誤之後，點選 [FINISH]。

圖 4-5　基本資訊設定

一旦在內容程式庫之中存放了各式各樣的虛擬機器範本之後，往後對於虛
擬機器的快速新增，便可以選擇透過資料中心或叢集節點來新增。執行後
在 [選取建立類型] 的頁面中，請選取 [從範本部署] 並點選 [NEXT]。在
如圖 4-6 所示的 [選取範本] 頁面中，可以發現虛擬機器範本的來源可以
是 [內容程式庫] 或 [資料中心]，在此 [內容程式庫] 範例中，筆者已有
存放兩個範本在不同的內容程式庫之中。點選 [NEXT]。

圖 4-6　從範本部署虛擬機器

在 [選取名稱和資料夾] 的頁面中,請輸入新虛擬機器的名稱並選擇置放位置。勾選 [自訂作業系統]。點選 [NEXT]。在如圖 4-7 所示的 [自訂客體作業系統] 頁面中,可以選擇目前可用的自訂規格選項,請在選定後點選 [NEXT]。在 [選取計算資源] 的頁面中,請選擇負責運行此虛擬機器的叢集或 ESXi 主機,在出現「相容性檢查成功」的訊息之後,點選 [NEXT]。

在 [檢閱詳細資料] 頁面中,可以看到此範本的下載大小、磁碟大小以及額外組態等資訊。點選 [NEXT]。在 [選取儲存區] 頁面中,除了可以選擇存放此虛擬機器檔案的儲存區之外,還可以決定虛擬磁碟的格式。點選 [NEXT]。在 [選取網路] 的頁面中,可以看到此範本原先設定的虛擬網路,你可以根據實際需求來變更虛擬網路。點選 [NEXT]。最後在 [即將完成] 的頁面中,確認上述步驟設定皆無誤之後,點選 [FINISH] 按鈕即可完成新虛擬機器的部署。

圖 4-7　自訂客體作業系統

在前面有關於內容程式庫的管理中,其功能除了應用在虛擬機器的快速部署之外,當虛擬機器範本的存放類型是選擇 OVF 之時,未來你將可以在內容程式庫的 [OVF 與 OVA 範本] 頁面中,如圖 4-8 所示針對此 OVF 範本執行 [匯出項目] 操作,然後把整個 OVF 虛擬機器範本,部署至其他 vSphere 7.0 以上版本的架構之中。

圖 4-8 OVF 與 OVA 範本管理

4.3 虛擬機器的簽出 / 簽入管理

以往我們只會在網頁設計、程式設計以及文件管理系統中，看到有關於簽出（Check Out）與簽入（Check In）的功能，其目的就是用來解決版本管理的需求。如今在 vSphere 7.0 架構下由於有了內容程式庫（Content library），因此便可以讓我們運用這項功能來管理虛擬機器。

怎麼做呢？很簡單，首先你可以在選定的內容程式庫之中，選取位在 [虛擬機器範本] 頁面中的任一虛擬機器，然後再點選頁面右方的 [從此範本簽出虛擬機器] 按鈕，便會開啟如圖 4-9 所示的 [名稱和位置] 頁面，在此便可以設定簽出後的虛擬機器名稱以及它所要置放的位置。點選 [下一頁]。

圖 4-9 簽出虛擬機器

在 [選取計算資源] 的頁面中，請為簽出的虛擬機器選定運行的叢集或
ESXi 主機，在確認出現了「相容性檢查成功」的訊息之後，點選 [下一
頁]。在 [檢閱] 的頁面中除了可以確認上述步驟設定正確與否，還可以決
定是否要在簽出後開啟虛擬機器電源。點選 [完成]。如圖 4-10 所示在成
功簽出虛擬機器之後，回到內容程式庫頁面，便可以看到剛剛簽出的虛擬
機器範本狀態。

圖 4-10　完成虛擬機器簽出

針對已簽出的虛擬機器便可以開始進行客體作業系統的操作、軟體安裝、
系統更新、系統配置以及虛擬機器配置的修改等等。使用一段時間之後若
希望此虛擬機器可以變成此範本的新版本，只要在此虛擬機器的頁面中，
如圖 4-11 所示點選 [將虛擬機器簽入範本中] 按鈕即可。同樣的功能也可
以在上一步驟的內容程式庫頁面中來完成。

圖 4-11　操作已簽出虛擬機器

在點選了 [將虛擬機器簽入範本中] 按鈕之後，便會出現如圖 4-12 所示的
[簽入虛擬機器] 頁面，在 [簽入說明] 的欄位中建議管理員完整描述本次
版本所異動的內容。點選 [簽入] 按鈕。

圖 4-12　簽入虛擬機器

成功完成虛擬機器的簽入任務之後，便可以在此虛擬機器的範本頁面中，
看到目前所有虛擬機器範本的各版本說明。你可以從舊版本的虛擬機器範
本選單中，根據實際管理需求如圖 4-13 所示點選 [刪除版本] 或 [還原為
此版本]，前者可為我們空出更多的儲存空間，至於後者則會以此舊版的
虛擬機器配置來產生新版的虛擬機器範本，執行前必須輸入還原說明。

圖 4-13　虛擬機器版本設定

如果後悔了對於虛擬機器範本的簽出操作，只要在已簽出虛擬機器的右上方選單中，點選 [捨棄簽出的虛擬機器] 功能便會出現如圖 4-14 所示的警示訊息，在點選 [捨棄] 按鈕之後即可成功刪除。

圖 4-14　捨棄簽出的虛擬機器

4.4 vSphere Distributed Switch 應用技巧 ——

在 VMware vSphere 架構下的虛擬網路配置大致可以區分為兩種類型：標準交換器（vSS, vSphere Standard Switch）與分佈式交換器（vDS, vSphere Distributed Switch）。vSS 的配置在單一台 ESXi 主機中就可以新增與使用，由於可以不用搭配 vCenter Server 來進行管理，因此適用於部署規模較小的環境之中。至於 vDS 則必須要透過 vCenter Server 來統一新增與配置，因此適用於中大型的 vSphere 環境之中。

筆者過去鮮少以 vDS 的配置作為各種應用情境講解時的基礎網路，其主要原因有兩點。第一點是國內大多是以中小型企業為主的 IT 環境，即便一樣有部署 vCenter Server，但由於 ESXi 主機通常都在三台以內，因此在維運管理上其實採用 vSS 便綽綽有餘。第二點則是想要選擇採用 vDS 的網路管理方式，還必須有 VMware vSphere Enterprise Plus 的授權才可以啟用。

究竟為何在中大型的 vSphere 架構中應該使用 vDS 而非 vSS 呢？其實根本的原因就是 vDS 與該虛擬交換器相關聯的 ESXi 主機網路配置，提供了集中式的管理和監視，目的便是在於簡化虛擬化平台架構的網路配置管理，因為你不再需要手動去完成相同的網路配置在每一台 ESXi 主機，想想看光是這項優點就可以對於擁有超過十台以上 ESXi 主機的運行環境，節省掉多少網路配置的設定時間。

由於每一個 vDS 可以設定關聯的 ESXi 主機，以及選擇要納入管理的實體網卡，因此也不是非得對於每一台 ESXi 主機的網路連線皆採用 vDS 不可。在如圖 4-15 所示的 ESXi 主機範例中，筆者特別在 [設定]\[網路]\[實體介面卡] 頁面之中，額外準備了兩張尚未使用的實體介面卡，以便在後續的實作中可以分配給所建立的 vDS 來使用，至於其他現行的實體介面卡則維持使用原有已配置好的 vSS。請注意！筆者已為其他兩台 ESXi 主機也完成了如上的配置準備。

圖 4-15　實體介面卡管理

準備好了各 ESXi 主機的實體介面卡之後，接下來就可以開始建立第一個 vDS。請開啟 vSphere Client 網站並在資料中心節點頁面中，如圖 4-16 所示點選位在 [動作] 選單中的 [Distributed Switch]\[新增 Distributed Switch] 繼續。

圖 4-16　資料中心功能選單

在 [名稱和位置] 的頁面中，請為新的 vDS 輸入一個新的名稱並確認資料中心位置。點選 [下一頁]。在如圖 4-17 所示的 [選取版本] 頁面中，可以自行選定要採用的 Distributed Switch。至於各版本的新功能，則可以從 [每個版本的功能] 旁的小圖示點選後來查看，以現階段最新的 7.0.2 版本來說，便是添加 LACP 快速模式的功能，值得注意的是，從 7.0.0 版本開始便已支援了 NSX 分散式連接埠群組的功能，這對於未來要部署以軟體定義網路為主的 NSX 是相當重要的。點選 [下一頁]。

圖 4-17 新增 Distributed Switch

在如圖 4-18 所示的 [設定組態] 頁面中，首先可以設定連接埠的 [上行數目]，這裡所說的上行數目就是我們在前面步驟中，準備用來給 vDS 使用的實體介面卡數量。接著你可以決定是否要啟用 Network I/O Control 功能，以及是否要建立預設的連接埠群組並輸入新連接埠群組的名稱。值得注意的是，對於網路流量的限制管理，vSS 僅能夠做到輸出流量的限制，vDS 則是可以同時限制輸出與輸入流量的管理。點選 [下一頁]。

圖 4-18 設定組態

最後在 [即將完成] 的頁面中，可以檢閱到前面步驟中的各項設定，並且
會提供接下來建議的後續動作，確認無誤之後請點選 [完成]。完成 vDS
的建立之後你將可以在 [Distributed Switch] 子頁面中隨時開啟並進行修
改。至於此 vDS 旗下的連接埠群組，則同樣可以在 [分散式連接埠群組]
子頁面中，來開啟 [編輯設定] 頁面進行修改。不過接下來筆者要示範的
是在此分散式連接埠群組，請如圖 4-19 所示透過滑鼠右鍵功能選單來執行
[新增 VMkernel 介面卡]，以便讓後續使用此分散式連接埠群組的虛擬機
器，可以進行選定的服務流量傳輸（例如：vMotion）

圖 4-19 管理分散式連接埠群組

在 [選取主機] 的頁面中，可以加入所有相關聯的 ESXi 主機。點選 [下一
頁]。在如圖 4-20 所示的 [設定 VMkernel 介面卡] 頁面中，便可以選擇此
VMkernel 介面卡所要使用的服務流量，在此我們以勾選 [vMotion] 為例。
點選 [下一頁]。在 [IPv4 設定] 頁面中，可以自行決定要採用 [自動取得
IPv4 設定] 還是 [使用靜態 IPv4 設定]。點選 [下一頁]。最後在 [即將完
成] 的頁面中，可以檢閱到前面步驟中的各項設定，確認無誤之後點選 [完
成]。

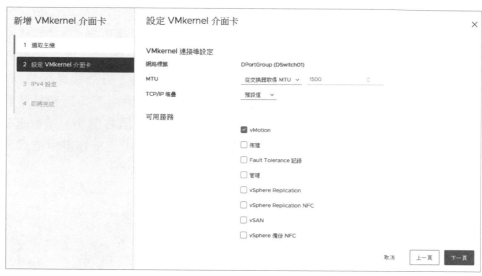

圖 4-20 新增 VMkernel 介面卡

明白了分散式連接埠群組的 VMkernel 介面卡設定方法之後,接著可以來學習一下如何管理 vDS 所關聯的 ESXi 主機之配置。請在 [Distributed Switch] 子頁面中,對於剛剛所新增的 vDS 按下滑鼠右鍵,並點選 [新增和管理主機] 繼續。在如圖 4-21 所示的 [選取工作] 頁面中,由於我們是首次執行此設定,因此請選擇 [新增主機]。點選 [NEXT]。

圖 4-21 新增和管理主機

在 [選取主機] 的頁面中請將所有要連接使用此 vDS 的 ESXi 主機通通加入。點選 [NEXT]。在如圖 4-22 所示的 [管理實體介面卡] 頁面中，請點選 [指派上行]。接著將會開啟 [選取上行] 的頁面，其中上行 1 與上行 2，在這個範例中分別對應的就是實體介面卡的 vmnic3 與 vmnic4。請在每次選取時記得勾選 [將此上行指派套用至其餘主機] 設定。再次回到 [管理實體介面卡] 頁面中，便可以看到每一台 ESXi 主機的 vmnic3 與 vmnic4 皆已經加入了此 vDS 所關聯的上行 1 與上行 2。點選 [NEXT]。

圖 4-22　管理實體介面卡

在 [管理 VMkernel 介面卡] 頁面中，可以查看到目前每一台 ESXi 主機的 VMkernel 介面卡，所連接使用的網路交換器與連接埠群組，對於這些現行 vSS 連接埠群組的使用，若想要進行移轉至 vDS 的分散式連接埠群組，則可以在選定之後再點選 [指派連接埠群組]，來開啟如圖 4-23 所示的 [選取網路]。在此便可以檢視到現行可用的分散式連接埠群組，在確認選取之前請將 [將此連接埠群組指派套用至其餘主機] 設定勾選，以便一次完成所有 ESXi 主機的配置修改。回到上一個頁面後點選 [NEXT]。

圖 4-23　指派連接埠群組

在 [移轉虛擬機器網路] 頁面中，可以檢視目前在各 ESXi 主機運行的虛擬機器，在此可以進一步針對各別的虛擬機器，設定指派的連接埠群組。最後在 [即將完成] 的頁面中，可以檢視到即將在此 vDS 納入管理的主機數量、實體介面卡數量、虛擬機器介面卡數量等報告。確認無誤之後點選 [Finish]。

由於筆者在 [新增和管理主機] 的步驟之中，有特別針對一台名為「Client01」虛擬機器，修改了使用 vDS 的分散式連接埠群組的網路，因此如圖 4-24 所示在此虛擬機器的 [網路] 頁面中，便可以查看到它目前使用的分散式連接埠群組名稱，以及與此分散式連接埠群組相關聯的虛擬機器以及主機數量。

圖 4-24　檢視虛擬機器網路

4.5 如何批次移轉虛擬機器網路配置

對於虛擬機器的配置若需要進行批次的修改，在許多情境下是無法經由 vSphere Client 來完成，而是必須改由透過 PowerCLI 執行特定的命令，並搭配一些較複雜的參數來完成，甚至於需要寫成一個 Script 來執行，例如批次修改選定虛擬機器的記憶體配置。

不過接下來要介紹的這項管理操作，只需要在 vSphere Client 網站上就可以完成虛擬機器配置的批次修改，那就是虛擬機器網路。今天假如你需要修改數十台虛擬機器的網路設定，讓原有連接 vSS 連接埠群組的設定，通通改為選定的 vDS 分散式連接埠，該怎麼做呢？很簡單！只要先開啟資料中心節點中的 [網路] 子頁面，然後如圖 4-25 所示選定來源網路，並按下滑鼠右鍵點選 [將虛擬機器移轉至其他網路] 繼續。

圖 4-25　資料中心網路管理

在如圖 4-26 所示的 [選取來源網路和目的地網路] 頁面中，可以發現目前的來源網路名稱是系統預設的 VM Network，而目的地網路則是選定先前範例中所建立的 DPortGroup 網路。點選 [NEXT]。

圖 4-26　將虛擬機器移轉至其他網路

在如圖 4-27 所示的 [選取要移轉的虛擬機器] 頁面中，便可以先從這個清單之中看到所有使用這個網路的虛擬機器，若虛擬機器數量很多還可以透過篩選器來進行搜尋。請在連續選取虛擬機器完成之後點選 [NEXT]。

圖 4-27　選取要移轉的虛擬機器

最後在 [即將完成] 的頁面中，確認上述步驟皆設定無誤之後，點選 [FINISH]。接下來建議你可以到目的地的 vDS 網路中，如圖 4-28 所示來查看目前連接使用此網路的虛擬機器清單是否正確。

圖 4-28 檢視 Distributed Switch 虛擬機器

4.6 如何排定虛擬機器的移轉任務

關於虛擬機器的移轉時機,通常是發生在主機資源不足或是主機需要停機維護時,才會在選定的黃道吉日進行相關操作。然而其實你可以讓這項虛擬機器的移轉任務,在選定的日期時間中來自動執行,例如你可以安排在周末的午夜時分來自動執行此任務,然後等到早上睡飽用完餐之後,再從家中網路透過遠端連線方式來查看執行結果。

接下來,我們實際找一台虛擬機器來測試一下排程移轉的功能。請在選定虛擬機器的節點之中,點選至 [設定]\[排定的工作] 頁面,然後在 [新增排定的工作] 選單之中點選 [移轉] 繼續。在如圖 4-29 所示的 [排程選項] 頁面中,除了執行的時機是一次、vCenter 啟動後、每小時、每日、每週以及每月之外,還可以設定執行的時間以及任務完成後,電子郵件傳送通知的收件人。必須注意的是電子郵件的通知功能,必須有預先設定好 vCenter Server 的 SMTP 配置才能夠正常發送。點選 [NEXT]。

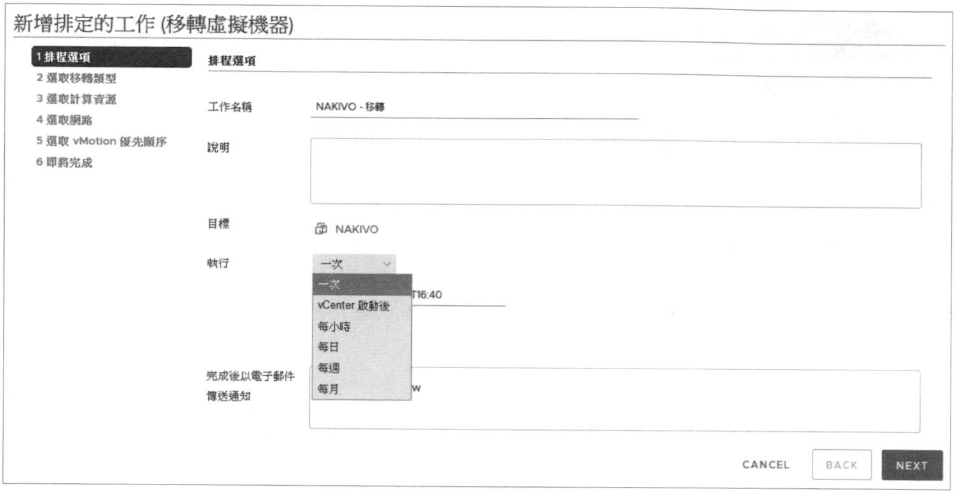

圖 4-29　新增排定的工作

在如圖 4-30 所示的 [選取移轉類型] 頁面中，可以根據實際移轉需求選擇僅變更計算資源、僅變更儲存區、同時變更計算資源和儲存區、跨 vCenter Server 匯出。其中最常見也是最快速的移轉方式就是 [僅變更計算資源]，此種做法可以選擇在平日用戶使用期間來執行即可，至於後三者選項則最好選擇排定的離峰時間來進行。值得注意的是，[跨 vCenter Server 匯出] 選項是過去版本所沒有的功能，透過它可以讓虛擬機器移轉至跨 SSO 網域的 vCenter Server。點選 [NEXT]。

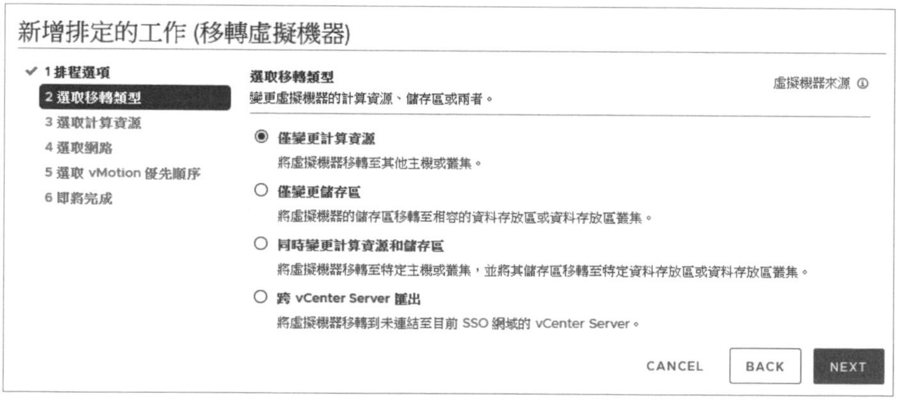

圖 4-30　選取移轉類型

由於筆者在上一步驟中是選擇了 [僅變更計算資源]，因此在 [選取計算資源] 的頁面中，便可以選擇目的地的 ESXi 主機，一旦選取之後出現了「相容性檢查成功」的訊息，即可點選 [NEXT] 繼續。在接下來的 [選取網路] 頁面中，可以決定是否要為移轉後的虛擬機器變更使用的網路。點選 [NEXT]。

在如圖 4-31 所示的 [選取 vMotion 優先順序]，可以根據虛擬機器移轉任務的緊急程度來挑選，若是排定在離峰的時間來執行，那麼肯定是選擇預設的 [以高優先順序排程 vMotion]。點選 [NEXT]。最後在 [即將完成] 頁面中確認上述所有步驟設定無誤之後，點選 [FINISH]。

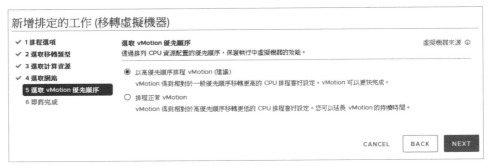

圖 4-31　選取 vMotion 優先順序

完成了上述有關於虛擬機器 vMotion 的排程任務之後，便可以等待排程時間後的執行結果。根據前面操作步驟的配置，一旦排程任務成功執行之後，選定的管理人員將會收到成功移轉虛擬機器的 Email 通知，並且可以在如圖 4-32 所示虛擬機器的 [監控]\[工作和事件]\[事件] 頁面中，查看到「移轉工作已成功完成」的事件訊息。

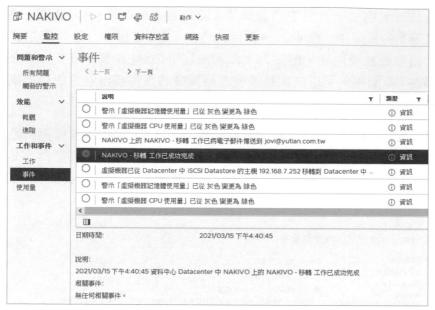

圖 4-32　檢視排程工作事件

4.7 批次建立大量虛擬機器

在 vSphere 7.0 架構中提供了豐富的管理工具，大致可區分為命令與圖形介面兩類，無論你熟悉哪一類的管理工具皆可以進行虛擬機器的管理，不過若需要進行大量虛擬機器的批次新增，則最好的做法是善用 vSphere Client 圖形介面與 PowerCLI 命令介面的結合。怎麼做呢？且看接下來的實戰範例。

首先必須開啟 vSphere Client 網站上的資料中心節點，然後如圖 4-33 所示在 [虛擬機器]\[虛擬機器範本] 頁面中，確認已經準備好了後續批次建立虛擬機器的範本。若尚未建立則請參考其它章節的實戰說明。

圖 4-33　虛擬機器範本

緊接著請點選開啟 [原則和設定檔] 中的 [虛擬機器自訂規格] 頁面，如圖
4-34 所示在此同樣必須是已經準備好了相關的虛擬機器自訂規格，以便讓
批次新增虛擬機器的過程之中，對於每一個虛擬機器的建立都有其對應的
虛擬機器範本與規格。同樣的若你尚未建立虛擬機器自訂規格，請參考相
關章節的實戰說明。

圖 4-34　虛擬機器自訂規格

一旦準備好了虛擬機器範本與虛擬機器自訂規格之後，接下來就可以來建
立一個批次新增虛擬機器時所要參照的 CSV 檔案。如圖 4-35 所示請先輸
入好每一個欄位名稱，由左至右依序是 VMName、Template、VMHost，
OSCustomizationSpec，然後再同樣依序完成每一筆新虛擬機器的欄位值
設定，分別是新虛擬機器名稱、虛擬機器範本名稱、ESXi 主機名稱、虛擬
機器自訂規格名稱。至於存檔的檔案名稱在此筆者輸入 VMTemplate.csv。

圖 4-35　CSV 檔案範例

完成了 VMTemplate.csv 的建立之後，接下來便可以如圖 4-36 所示透過以下命令與參數的執行，來完成 CSV 檔案中所描述虛擬機器的新增。

```
$CSV = "C:\VMTemplate.csv"

$Description = " 大量新增虛擬機器 "

$VirtualMachines=Import-CSV $CSV

$VirtualMachines | %{ New-VM -Name $_.VMName -Template
$(Get-Template  $_.Template) -VMHost $(Get-VMHost
$_.VMHost) -OSCustomizationSpec $(Get-OSCustomizationSpec
$_.OSCustomizationSpec) }
```

請注意！早期版本（vSphere 6.0）的 Set-VM 命令所支援的 -Datastore 參數，在如今的 vSphere 7.0 版本中已不支援。

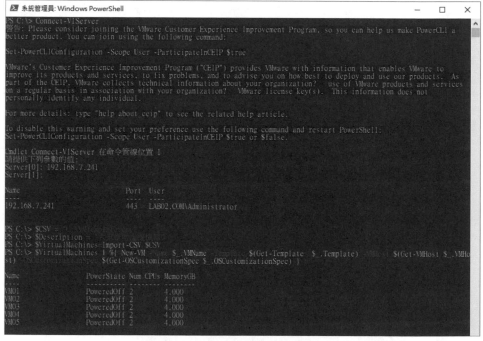

圖 4-36　執行批次虛擬機器建立

待執行批次虛擬機器建立的任務完成之後，你就可以在目標 ESXi 主機節點的 [虛擬機器] 頁面中，如圖 4-37 所示查看到剛剛所有已陸續建立的虛擬機器，並且將它們一一開啟電源來開始運行。若你想在 PowerCLI 命令介面中直接啟動批次建立的所有虛擬機器，只要執行 Get-VM -Name

VM0* | Start-VM 命令參數即可，另外還可以進一步執行 Get-VM -Name VM0* | where {$_.PowerState -eq "PoweredOn"} 命令來查詢它們的電源狀態。

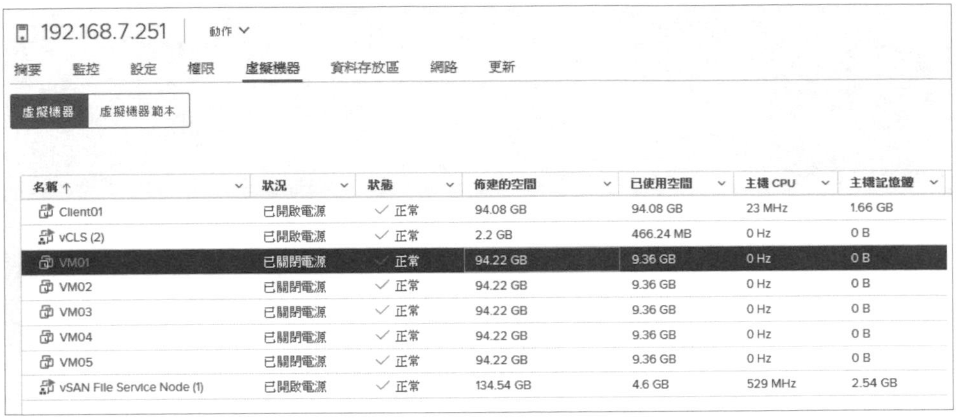

圖 4-37　虛擬機器管理

小提示　善用虛擬機器範本、虛擬機器自訂規格、PowerCLI 三者的結合，可以協助管理人員迅速完成大量 Windows 與 Linux 虛擬機器的新增任務。

在 VMware vSphere 7.0 中光是懂得善用 vSphere Client 與 PowerCLI 的結合，來進行平日各項維運任務的管理，便可以算是一位優秀的 IT 人員，若是能夠進一步學習 ESXCLI 與 DCLI 命令工具的使用，那可就是這個領域的專家了。然而儘管 vSphere 7.0 所提供的各項維運工具已經如此強大，但筆者認為仍有一些功能操作與管理機制需要更加完善。

首先在功能面部分，若是在 vSphere Client 的操作設計中，對於虛擬機器的各項配置能夠提供更多批次的管理功能，肯定可以讓許多不熟悉命令工具的 IT 人員直接受惠。接著在管理機制部分，對於平台維護人員帳戶的管理，除了有基礎操作權限的配置之外，對於虛擬機器的新增、刪除、修改以及移動，若能夠添加結合上層管理人員的審核機制，相信對於在大型架構下的整體維運會更有保障，因為它們每一天所要監管的虛擬機器可能高達數百台以上，針對於某一些關鍵的虛擬機器之變動，確實需要額外配置一層審核機制。

第 5 章

vSphere 7.x 主機與虛擬機器進階技巧

在這個物聯網、AI 以及大數據應用掛帥的年代裡，對於任何相關的系統架構規劃，皆必須安排部署在一個同時具備高可靠性、高可用性以及高延展性的三高 IT 環境之中，才不會因為架構中的某一個環節出狀況，造成系統運行的延遲或停擺。

為此，我們必須在一開始便準備好一個以虛擬化平台為基礎的完善架構，而此平台除了必須滿足三高的基本需求之外，還得提供 IT 部門一組直覺且彈性的管理工具，才能讓 IT 人員輕鬆擔負起從主機至大量虛擬機器的維運任務。現在就讓我們一同來學習，如何妥善運用 VMware vSphere 7.0 管理工具，輕鬆解決主機與虛擬機的各種難題。

5.1 簡介

IT 人員想要完整學習好 VMware vSphere 7.0 的方法不外三大要點，分別是明白基礎架構運行原理、實際動手完成部署、熟悉各項管理工具。其實對於任何 IT 系統的學習，無論系統架構多麼複雜，只要能夠確實掌握上述的三大要點，便沒有無法上手的 IT 系統。

然而可惜的是筆者近年來發現有部分的 IT 新手，並沒有如上述的完整學習經驗，完全是僅憑著 Google 的搜尋能力來找答案。舉例來說，當某一台 ESXi 主機所連接的資料存放區（Data Store）空間不足時，對於沒有完整學習經驗的 IT 人員而言，通常會誤以為只要擴充儲存設備的磁碟空間即可解決，殊不知還得檢查 vSphere 儲存裝置的容量狀態是否更新，以及擴充相對資料存放區的空間大小。直到幸運地經由 Google 搜尋找到答案之後才獲得解決。即便問題解決了，可能仍不明白為何需要這麼做。

Google 固然是一個很好找答案的搜尋工具，但較適合用來解決一時燃眉之急的問題，對於企業組織長期私有雲架構的維運沒有太大幫助，因為一切的維運能力還是來自於完整的學習經驗。以下是三大學習要點的詳細說明：

- **明白基礎架構運行原理**：這是學習 VMware vSphere 的首要基礎，IT 人員必須對於 vCenter Server 與 ESXi 的管理架構先弄明白，再針對各種網路的用途與配置方法一一了解，包括了 Port Group、VMKernel、vSwitch、vSS、vDS 等等。

- **實際動手完成部署**：明白了 vSphere 基本的運行架構與原理之後，緊接著就是要從頭到尾實際演練多次，過程中還必須驗證不同架構規劃的部署，以及熟悉各種網路功能的配置方法。進一步則可以嘗試連接使用不同的儲存設備，以決定在不同情境需求下的最佳儲存方案。

- **熟悉各項管理工具**：這裡所說的管理工具是指 vSphere 7.x 內建所提供的工具，並沒有包括來自其他第三方的整合工具，這些內建工具包括了 vSphere Client 網站、VMware Host Client、DCUI、PowerCLI、SSH 服務、ESXCLI、DCLI 以及本章節所要特別介紹的 vSphere Mobile Client。進階維運則可以進一步整合 VMware 自家的 vRealize Operations。

只要具備了上述的三大完整學習經驗，對於今日筆者所要分享的幾個實戰經驗的技巧便可以快速上手，而這些技巧的累積也將可以提升讀者們在 vSphere 7.x 的維運能力。

5.2 解決主機授權到期斷線問題

相信有許多初次接觸 VMware vSphere 的 IT 人員，都會去官網註冊並下載 60 天期限的評估版本。不過你可能會在測試到相當愉快且正準備購買合法授權之前，發現所有當初在 vSphere Client 網站配置的叢集、ESXi 主機連線，通通出現了錯誤標示以及顯示「已中斷連線」的訊息。如圖 5-1 所示我們可以進一步在 ESXi 主機的 [摘要] 頁面之中，查看到導致主機中斷連線的原因是「授權已到期」。

圖 5-1　ESXi 主機摘要訊息

想要一次解決 vSphere 架構下所有主機授權的管理問題，只要先開啟位在 vCenter Server 節點的 [設定]\[授權] 頁面。接著便可以如圖 5-2 所示檢視到有關於授權的完整資訊。若發現授權已到期，請點選右上方的 [指派授權] 按鈕繼續。

圖 5-2　ESXi 主機授權管理

在如圖 5-3 所示的 [指派授權] 頁面中，可以選擇直接指派現有授權或是在 [新授權] 的子頁面之中，臨時輸入一組合法的授權金鑰。一旦所輸入的金鑰被驗證有效，便會自動出現授權的產品名稱以及容量。此外值得注意的是，在 [指派驗證] 的區域中可能會出現「部分功能將無法使用」的提示訊息，而主要原因是由於評估版所提供的是完全功能的版本，因此當你所購買的是像範例中的 vCenter Server 7 標準版授權時，肯定會有一些功能是無法使用。至於是哪些功能無法使用，可以點選 [詳細資料] 超連結來查看即可。

圖 5-3　指派授權

5.3 解決 PieTTY 或 PuTTY 無法連線問題 ——

原則上只要支援 SSH 服務的連線工具，都可以用來遠端連線管理 ESXi 主機或 vCenter Server，但實際上如果版本太過老舊甚至於已經不再發行新版本的工具，便可能會發生無法用來連線管理 ESXi 7.0 或 vCenter Server 7.0 以上版本的問題。

想必有很多 IT 人員和筆者一樣，過去很喜歡使用一款名為 PieTTY 的遠端連線工具，而它的設計其實主要也是基於 Putty 開放原始碼所發展而成，不過由於從 2010 年之後便不再有新的版本發行，因此若你使用它來連線 ESXi 7.0 或 vCenter Server 7.0，便會發現在連線過程中會出現如圖 5-4 所示的錯誤訊息。

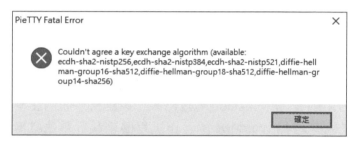

圖 5-4　PieTTY 連線錯誤

根據上述連線時的錯誤訊息，你無法再繼續使用 PieTTY 來連線管理更新版本的 vSphere 相關系統，只能改使用 Putty 工具來繼續連線的管理需求，且 Putty 必須至少在 0.65 以上的版本，否則將會出現類似的錯誤訊息。如圖 5-5 所示便是使用 Putty 成功連線登入 ESXi 7.0 主機的操作範例。

Putty 工具最新版本下載網址：
https://www.chiark.greenend.org.uk/~sgtatham/putty/latest.html

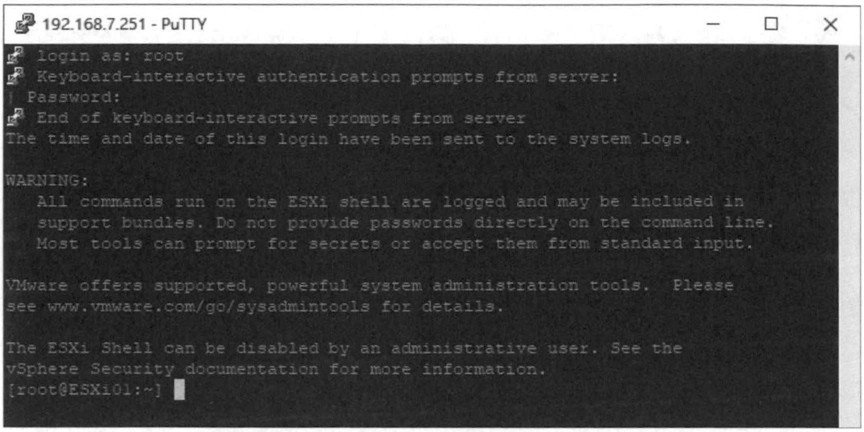

圖 5-5　Putty 成功連線 ESXi 主機

5.4 如何排程重新啟動虛擬機器

在實務的 IT 管理經驗之中，我們偶爾會聽到某一些顧客或合作夥伴所運行的應用系統，需要定期的重新啟動服務或重新開機，其原因可能是要讓該系統所占用的資源、Session 釋放出來，以維持系統的正常運行。前者的解決方法可以善用 Windows 的工作排程器來執行重啟服務的命令，至於後者的解決方法，筆者則推薦使用 vSphere 7.0 內建所提供的排定工作之功能。

設定的方法很簡單，請先點選至選定虛擬機器的 [設定]\ [排定的工作] 頁面，再從 [新增排定的工作] 選單中，點選 [重新啟動客體作業系統] 來開啟如圖 5-6 所示的 [排程新工作] 頁面。在此請先輸入新的工作名稱與說明，再設定執行的排程。例如你可以設定在固定每日的選定時間，執行 VM003 虛擬機器的重新啟動任務並且永不結

圖 5-6　排程新工作設定

束。若 vCenter Server 本身有設定好 SMTP 連線的相關配置，那麼建議你可以設定 [完成後以電子郵件傳送通知]。點選 [排程工作]。

待排定的 [重新啟動客體作業系統] 工作來到時，你將可以在虛擬機器的 [監控]\[工作和事件]\[事件] 頁面中，查看到如圖 5-7 所示的工作執行狀態事件，而在完成工作的執行之後，也會有工作已成功完成的事件產生，並且發送電子郵件通知至給選定的 Email 地址。

圖 5-7　檢視排程工作事件

5.5 虛擬機器基本匯入 / 匯出操作

目前在 vSphere 7.0 的架構中對於虛擬機器的備份方式，除了有整合第三方的備份系統，以及自行手動下載虛擬機器檔案兩種方式之外，還可以透過匯出功能來解決這項需求。不過 vSphere 7.0 所提供的虛擬機器匯入 / 匯出功能，並非只是用來提供另一種備份虛擬機器的方式，你還可以善用此功能來進行不同 vSphere 架構下的虛擬機器匯入與匯出。

虛擬機器匯出操作前的準備
管理員必須在執行目標虛擬機器的匯出操作之前，先行完成三項必要操作，1. 移除目標虛擬機器的所有快照、2. 將客體作業系統正常關機、3. 取消外部媒體裝置（CD/DVD）或映像（ISO）的連接。

接下來讓我們先來看看如何從 VMware Host Client 來進行虛擬機器的匯出操作。你只要在虛擬機器的節點頁面中,針對選定的虛擬機器並點選 [動作]\[匯出],便會開啟如圖所示的 [下載檔案] 頁面,如圖 5-8 所示在預設的狀態下會勾選 .ovf、.mf、vmdk 三種類型的檔案,至於 .nvram 是否需要勾選呢?讓我們繼續往下看吧!

圖 5-8　匯出虛擬機器

緊接著換來試試看在 vSphere Client 中的虛擬機器匯出功能。請在虛擬機器的頁面中點選位在 [動作] 選單中的 [範本]\[匯出 OVF 範本],來開啟如圖 5-9 所示的 [匯出 OVF 範本] 設定頁面。在此你可以進一步從 [進階] 選項中,來自行決定是否要啟用進階選項、包含 BIOS UUID、包含 MAC 位址、包含額外組態。點選 [確定]。值得注意的是和 VMware Host Client 不一樣的地方,在於所下載的檔案還添加了一個 .iso 檔案。

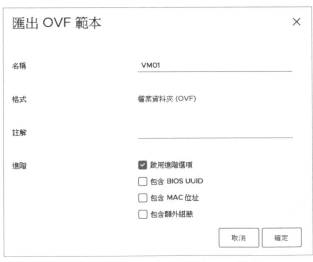

圖 5-9　vSphere Client 匯出 OVF 設定

學會了如何在 VMware Host Client 與 vSphere Client 匯出虛擬機器之後，接著來再來了解一下如何從這兩個操作介面中來進行虛擬機器的匯入。首先在 VMware Host Client 部分，請在虛擬機器的節點頁面中，點選 [建立 / 登錄虛擬機器] 超連結。在 [選取建立類型] 的頁面中，請選取 [從 OVF 或 OVA 檔案部署虛擬機器]。點選 [下一頁] 繼續完成 OVF 相關檔案的上傳、儲存區的選擇、網路的設定、磁碟的佈建設定即可。

同樣來源的 OVF 相關檔案，若是從 vSphere Client 來操作該怎麼做呢？請如圖 5-10 所示在選定的 ESXi 主機或叢集節點，點選位在 [動作] 選單中的 [部署 OVF 範本] 繼續。

圖 5-10　部署 OVF 範本

在 [選取 OVF 範本] 的頁面中，請點選 [上傳檔案] 按鈕將準備好的 OVF 相關檔案通通完成上傳。點選 [下一頁]。在 [選取名稱和資料夾] 頁面中，輸入新虛擬機器名稱與選擇位置。點選 [下一頁]。在 [選取計算資源] 頁面中，請選取將用來運行此虛擬機器的 ESXi 主機或叢集。點選 [下一頁]。

在如圖 5-11 所示的 [選取儲存區] 頁面中，請選擇用以儲存此虛擬機器檔案的資料存放區，並選擇要採用的虛擬磁碟格式。點選 [下一頁]。在 [選取網路] 頁面中，可以決定是否要修改新虛擬機器使用的網路。點選 [下一頁]。最後在 [即將完成] 頁面中，確認上述設定皆無誤之後點選 [完成]。

請注意！在前面有關於虛擬機器匯出的操作中，如果你是從 VMware Host Client 執行匯出操作，並且沒有一併勾選匯出 .nvram 的檔案，則當你在 vSphere Client 中執行部署 OVF 範本的過程之中，將會出現有關於遺失 .nvram 檔案的錯誤訊息而無法繼續。

圖 5-11　選取儲存區

除了正規虛擬機器的匯入 / 匯出方法之外，之前筆者還曾提到也可以透過手動下載虛擬機器檔案的方式來完成。怎麼做呢？很簡單，只要開啟該虛擬機器在資料存放區中的相對資料夾，然後如圖 5-12 所示自行選擇下載單一檔案（例如 .vmdk），或乾脆下載整個虛擬機器檔案所在的資料夾。

圖 5-12　手動下載虛擬機器檔案

5.6 使用 PowerShell 管理匯入 / 匯出 ————

虛擬機器的匯入 / 匯出除了可以透過 VMware Host Client 與 vSphere Client 網站來執行之外，對於有大量匯入 / 匯出管理需求的操作，則可以善用 PowerCLI 來完成這項批次任務。

首先在開始執行匯出命令參數之前，必須先針對目標的虛擬機器完成前置準備任務。如圖 5-13 所示依序執行下列命令參數，分別完成 vCenter Server 連線、移除目標虛擬機器的所有快照、客體作業系統正常關機、取消外部媒體裝置（CD/DVD）或映像（ISO）的連接。

```
Connect-VIServer vcsa01.lab02.com

Get-Snapshot VM002 | Remove-Snapshot -Confirm:$false

Get-VM -Name VM002 | Shutdown-VMGuest -Confirm:$false

Get-VM -Name VM002 | Get-CDDrive | Set-CDDrive -NoMedia
-Confirm:$false
```

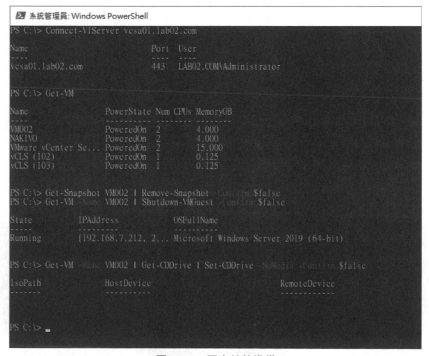

圖 5-13　匯出前的準備

緊接著就可以透過以下命令參數，如圖 5-14 所示完成選定虛擬機器的匯出。講解到目前為止，可能會有讀者會發現不是說好要進入批次虛擬機器的匯出，為何只示範一個虛擬機器的匯出呢？其實無論是前置的準備還是虛擬機器的匯出，皆只要修改 Get-VM -Name 命令參數即可完成批次虛擬機器的匯出。舉例來說，如果你想要匯出所有以 VM 為字首的虛擬機器，那麼只要修改成 Get-VM -Name VM* 即可。如果是要匯出所有的虛擬機器，則只要修改成 Get-VM 命令即可。

```
Get-VM -Name VM002 | Export-VApp -Destination 'D:\OVA' -Format
OVA
```

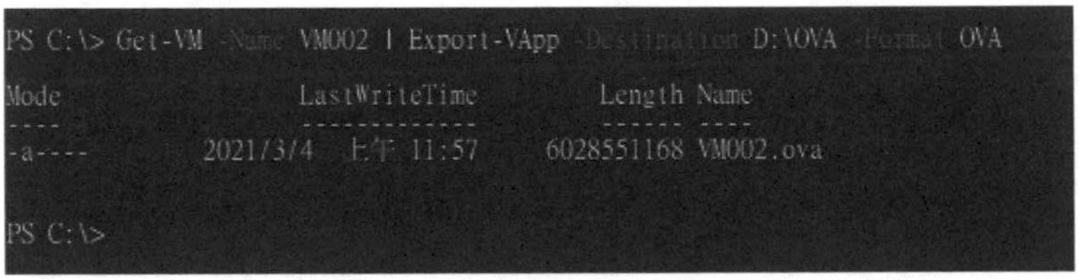

圖 5-14　完成虛擬機器匯出

PowerCLI 除了可以進行虛擬機器的匯出，當然也可以執行虛擬機器的匯入。管理員只要如圖 5-15 所示，透過以下命令參數先完成目標資料存放區與 ESXi 主機的變數設定，便可以完成選定 OVF 檔案的虛擬機器匯入任務。

```
$myDatastore = Get-Datastore -Name "iSCSI Datastore2"

$vmHost = Get-VMHost -Name "192.168.7.251"

$vmHost | Import-vApp -Source 'D:\OVF\VM002\VM002.ovf' -Datastore
$myDatastore -Force
```

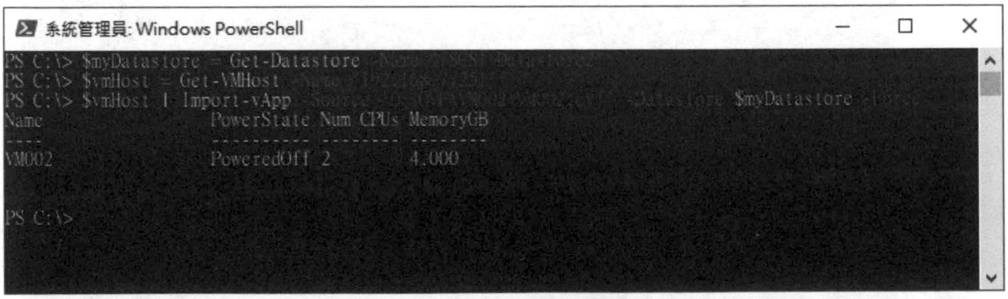

圖 5-15　匯入虛擬機器

5.7 如何讓 Guest OS 自動鎖定

無論用戶端電腦還是遠端伺服器，都有著共同必要的基本資訊安全要求，像是本機防火牆、防毒軟體、作業系統更新等等。除此之外還有哪些是屬於基本的資訊安全配置呢？答案就是如圖 5-16 所示的螢幕 [鎖定] 功能，因為這項功能可以確保當人員不在電腦面前操作的一段時間之後，自動鎖定螢幕操作畫面，避免有心人士直接進行任何操作。一旦作業系統進入鎖定狀態，便需要再次輸入登入帳號與密碼才能解鎖。

圖 5-16　已鎖定的 Windows

關於上述的螢幕 [鎖定] 功能，讓我們先來學習一下在 Windows 10 中的設定方法。請從開始功能選單中點選開啟 [設定] 頁面，再點選開啟如圖 5-17 所示的 [帳戶] 設定頁面。其中可以發現在 [登入選項] 的配置中，可以將 [需要登入] 的條件選項，變更為 [當電腦從睡眠狀態喚醒時]，並且還可以進一步設定 [動態鎖定]，讓已配對連接的手機等行動裝置，在發現該裝置超出連線範圍時自動鎖定 Windows。

針對剛剛所設定 [需要登入] 的條件選項，還必須注意得搭配 [系統] 頁面中的 [電源與睡眠] 設定，以決定電腦要在連接電源與電池電源狀態下時，當閒置狀態到多久時間後才進入睡眠。

小提示　關於用戶端各種版本的 Windows 鎖定設定，管理員也可以透過 Active Directory 的群組原則配置，來完成集中管理設定。

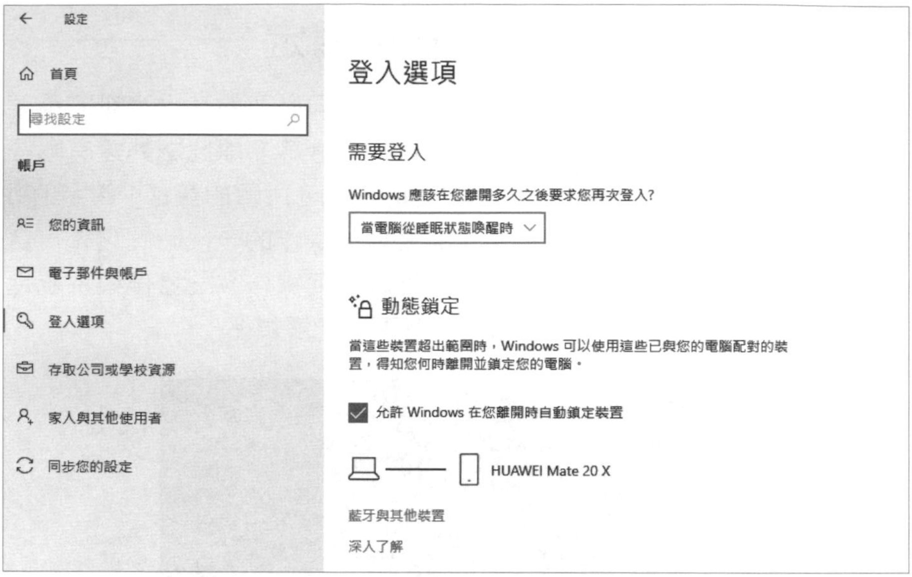

圖 5-17　Windows 登入選項設定

解決了用戶端 Windows 螢幕的自動鎖定功能之後，接下來對於 vSphere 架構下的 Windows Server 或 Windows Client 客體作業系統，管理員則可以在開啟虛擬機器的 [編輯設定] 之後，點選至如圖 5-18 所示的 [虛擬機器選項] 頁面，再將位在 [VMware Remote Console 選項] 中的 [客體作業系統鎖定] 設定勾選即可。如此一來每當管理員中斷 VMware Remote Console 的連線之後，客體作業系統便會自動進入鎖定狀態。

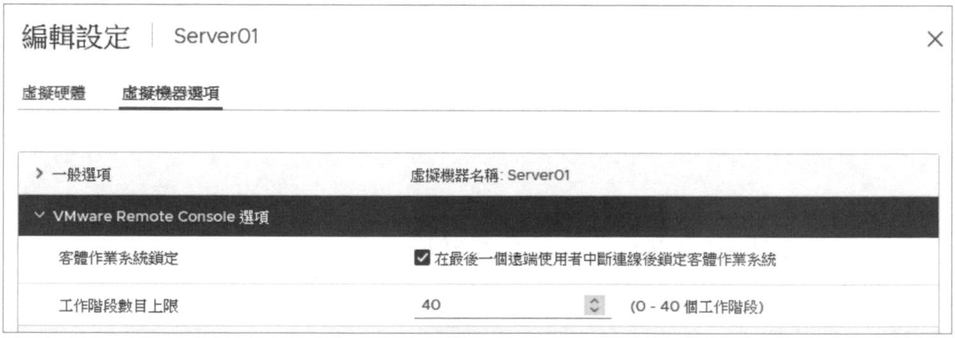

圖 5-18　虛擬機器選項設定

5.8 Guest OS 帳戶與 SSO 帳戶對應設定 ——

身為一名 vSphere 管理員，你可以針對特定 vSphere Client 上的 SSO 帳戶，啟用客體使用者對應設定，讓此 vSphere SSO 帳戶可以直接連線登入客體作業系統並執行相關管理工作，例如：安裝、升級或是卸除 VMware Tools、設定應用程式等額外功能。

怎麼做呢？很簡單，首先請針對所要設定的虛擬機器，如圖 5-19 所示點選至 [設定]\[客體使用者對應] 頁面。接著輸入 Guest OS 的系統管理員帳號與密碼並點選 [登入] 按鈕，若系統發現你所輸入的帳號並非系統管理員帳號或是密碼錯誤，則將會出現提示訊息要求重新輸入。

圖 5-19　客體使用者對應

成功通過 Guest OS 的系統管理員驗證之後，請在如圖 5-20 所示的頁面之中點選 [新增] 超連結，來完成對應的 SSO 使用者設定即可，如此一來之後對於此 Guest OS 的相關執行工作，便會自動以相對應的使用者帳戶來完成。

圖 5-20　完成新增對應設定

5.9 vSphere Client 批次管理虛擬機器

在 VMware vSphere 7.0 虛擬化平台下對於虛擬機器的批次管理，相信很多 IT 人員會直接聯想到使用 PowerCLI 的 Cmdlet 命令參數，甚至撰寫一些 Script 來加以解決平日維運中各種批次管理的需求。

無論如何從前幾個版本到如今最新版本的 vSphere 7.x，懂得善用 PowerCLI 來執行各種批次管理的任務，因為它不僅限於虛擬機器的管理，而且肯定是所有的方法之中最佳的做法。不過必須注意的是對於一些虛擬機器的基本管理操作，實際上是可以在不使用 PowerCLI 的情況下，直接透過 vSphere Client 的網站介面來完成。

接下來讓我們來看看幾個關於虛擬機器的批次操作管理實例。首先點選至任一 ESXi 主機節點的 [虛擬機器] 頁面。接著你可以如圖 5-21 所示先透過 [Ctrl] 按鍵，來搭配滑鼠的左鍵完成虛擬機器的連續選取。然後按下滑鼠右鍵，便可以在 [快照] 子選單之中來選擇執行拍攝快照、合併或是刪除所有快照的功能選項。在此以 [拍攝快照] 功能為例，執行後將會出現「對 N 個物件執行此動作？」的提示訊息，在點選 [是] 之後便會完成所有選定虛擬機器的快照任務。

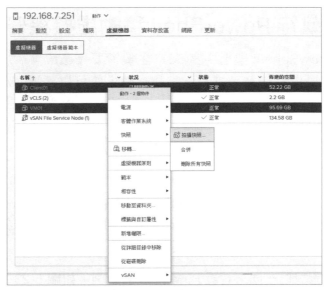

圖 5-21　批次操作管理

緊接著你也可以在 [客體作業系統] 子選單之中，針對所有選定的虛擬機器執行安裝 / 升級 VMware Tools、卸載 VMware Tools 安裝程式。在如圖 5-22 所示的 [電源] 子選單中則可以分別執行開啟電源、關閉電源、暫停、重設、關閉客體作業系統、重新啟動客體作業系統。最後你也可以對於這些選定的虛擬機器執行從詳細目錄中移除、從磁碟刪除等批次操作。

圖 5-22　虛擬機器批次電源管理

5.10 執行 PowerShell 移動虛擬機器

在 VMware vSphere 架構中當 ESXi 主機需要停機維護，或因效能不佳需要線上移動虛擬機器來維持正常運行時，便可以善用 vMotion 的移轉功能。想要使用此功能只要預先在每一台 ESXi 主機之中，設定好 VMkernel 介面卡並選擇啟用 vMotion 即可。在虛擬機器的儲存位置部分，則必須設定使用共用的資料存放區，例如：iSCSI、NFS 等等。

只要完成了上述的準備事項，管理人員便可以在 vSphere Client 的網站上，對於選定的虛擬機器執行線上移動的操作。若想要進行批次的虛擬機器線上移動任務，則可以善用 PowerCLI 相關命令參數來完成，因為它可以更具彈性的來設定移動虛擬機器的條件。

接下來就讓我們一同來看看 PowerCLI 的實例。如圖 5-23 所示首先可以透過執行以下命令參數，來查看選定叢集中現有的 ESXi 主機清單，緊接著再查看以 Windows 為主的 Guest OS 之虛擬機器有哪些。

```
Get-Cluster -Name Cluster | Get-VMHost

Get-VMHost 192.168.7.251 | Get-VM | Sort | Get-View -Property
@("Name", "Guest.GuestFullName") | Select -Property Name,
@{N="Running OS";E={$_.Guest.GuestFullName} }| Format-Table
-AutoSize
```

在確認了所選定的 ESXi 主機之中，有哪些 Windows Guest OS 的虛擬機器之後，就可以透過執行以下命令來完成將這些虛擬機器，通通移動至選定的 ESXi 主機（例如：192.168.7.252）之中。

```
Move-VM -VM (Get-Cluster 'Cluster' | Get-VM | Where-Object {$_.
Guest -like "*Windows*"}) -Destination 192.168.7.252
```

最後你可以透過執行 Get-VMHost -Name 192.168.7.252 | Get-VM 命令參數，來查看所選定的虛擬機器是否已經成功移動至此 ESXi 主機之中。

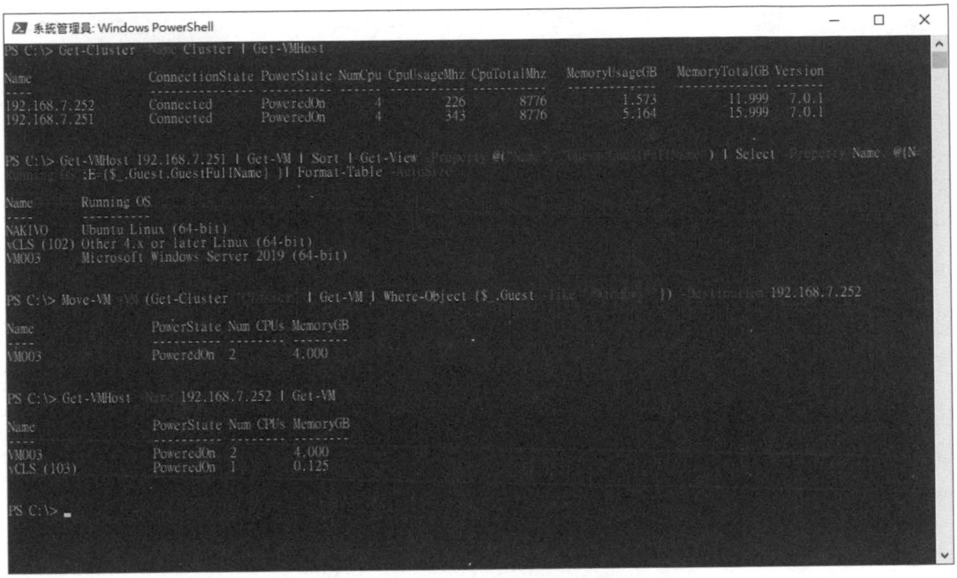

圖 5-23　PowerShell 移動虛擬機器

5.11 iOS 監管主機與虛擬機器

如今的手機與平板不再只是一般用戶或玩家的行動裝置，因為它也可以同時是 IT Pro 的行動維運裝置，舉凡網路管理、遠端連線、系統遠端診斷以及虛擬機器的管理，通通都可以透過手機或平板來進行。

以平板來遠端管理 VMware vSphere 的虛擬機器來說，筆者首推使用 iPad 的 vSphere Mobile Client，你可以在 Apple Store 找到它並完成安裝。首次開啟 vSphere Mobile Client 必須選擇要連線的類型是私有雲（ON-PREMISE）還是公共雲的 VMWARE CLOUD，在此我們點選前者選項繼續。緊接著再如圖 5-24 所示的頁面中，請輸入 vCenter Server（或 ESXi 主機）的位址以及帳密資訊，並建議將 [Remember Server] 設定勾選。點選 [LOGIN] 按鈕。

圖 5-24　登入內網 vSphere Mobile Client

執行登入的過程之中可能會出現伺服器憑證的警示訊息，只要點選 [Accept] 按鈕即可。成功登入後便可以檢視到如圖 5-25 所示的 [Dashboard] 頁面。在此除了可以查看到整體 CPU、記憶體以及儲存空間的使用量之外，還可以看到 ESXi 主機、虛擬機器以及各類資料存放區的數量。若在相同網域之中有部署多台 vCenter Server，則可以進一步看到每一台 vCenter Server 的警報與警告數量的統計。

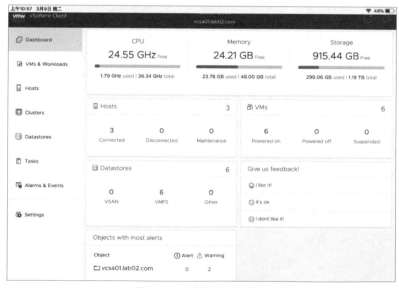

圖 5-25　儀錶板檢視頁面

在 [VMs&Workloads] 頁面中則可以檢視到目前所有虛擬機器的基本運行
狀態，你可以點選任一虛擬機器來進一步查看它所使用的叢集、網路、
資料存放區以及 IP 位址。切換到如圖 5-26 所示的 [VM Quick Actions] 頁
面中，則可以對於此虛擬機器執行電源的開 / 關、重新開機、暫停、關閉
Guest OS、重新啟動 Guest OS、快照以及還原快照等操作。另外也可以
點選至 [Virtual Machine Performance] 與 [Virtual Machine Events] 頁面，
來分別查看此虛擬機器的運行效能與事件。

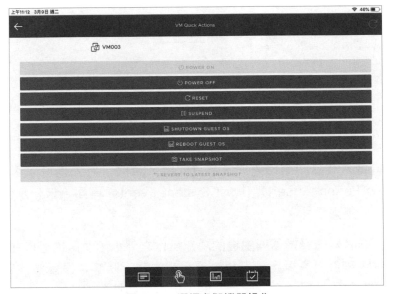

圖 5-26　選擇虛擬機器操作

在如圖 5-27 所示的 [Hosts] 頁面中，可以檢視到所有 ESXi 主機的基本運
行狀態。在點選任一主機之後則可以開啟 [Host Details] 頁面，來查看選
定主機的詳細資料，包括了虛擬機器、叢集、網路以及資料存放區的數
量。

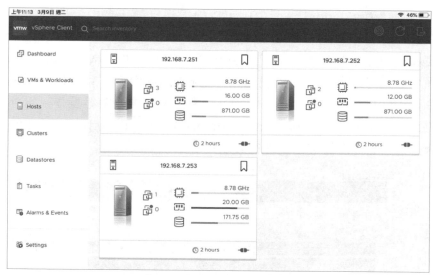

圖 5-27　檢視 ESXi 主機狀態

進一步切換到如圖 5-28 所示的 [Host Quick Actions] 頁面中，可以選擇
讓主機進入或離開維護模式、重新開機、關機。另外也可以切換至 [Host
System Performance] 與 [Host System Events] 頁面，來分別查看該主機
的運行效能與事件。

除了上述有關虛擬機器與主機的功能操作之外，管理員也可以在 [Clusters]
頁面中，來針對所選定的叢集查看目前的運行狀態以及配置。若想查看個
別資料存放區的配置以及運行狀態，則可以切換到 [Datastores] 頁面。

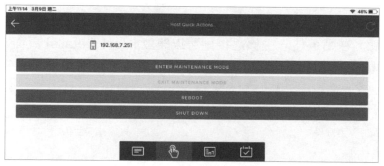

圖 5-28　ESXi 主機功能操作

針對 VMware vSphere 在 iPad 的行動管理 App 中，除了有上述介紹的
vSphere Mobile Client 之外，也可以參考第三方的 ITmanager.net 管理
工具。此款 App 不僅可以用來管理虛擬機器，還可以用來同時連線管理

Windows Server、Active Directory、Hyper-v、Exchange Server、Xen Server 等等。

如圖 5-29 所示則是針對選定的虛擬機器開啟動作選單，可以執行的操作包括了電源開關、暫停、重新開機、關閉 Guest OS、重新啟動 Guest OS、快照、還原快照、編輯設定以及線上移動。

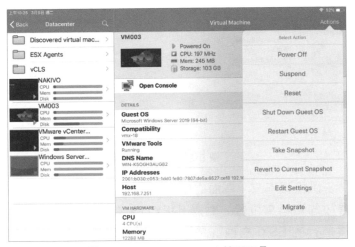

圖 5-29　ITmanager.net 管理工具

5.12 建立 Linux 虛擬機器

我們在 VMware vSphere 的平台上所建立的虛擬機器，經常都是以 Windows 的 Guest OS 來作為例子，其實以 Linux 為基礎的應用系統在企業 IT 的環境之中也是挺多的，舉凡一般的應用有 DHCP Server、DNS Server、FTP Server、VPN Server、Spam Server 以及 Mail Server，進階的應用則有像是 EIP Server、Database Server 等等。

至於在 VMware vSphere 的架構之中無論版本為何，所支援以 Linux Guest OS 為主的虛擬機器部署方法也相當完整，包括了單一台虛擬機器的新增、批次新增、透過範本新增、透過 OVF 檔案新增等等。無論選擇哪一種方式完成部署，只要 VMware Tools 有正常安裝與啟動，所有相關的虛擬機器管理功能皆可以正常使用，像是 vMotion、vSphere HA、DRS、虛擬機器加密等等。接下來就讓筆者來示範新增單一台 Linux Guest OS 虛擬機器的操作。

請在選定的叢集或 ESXi 主機節點上按下滑鼠右鍵點選 [新增虛擬機器]。
在如圖 5-30 所示的 [選取建立類型] 頁面中，選取 [建立新的虛擬機器]。
點選 [NEXT]。

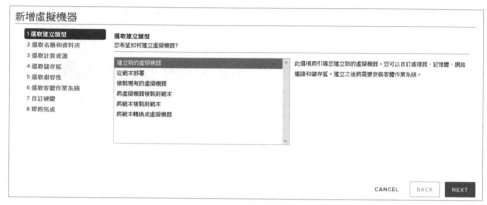

圖 5-30　新增虛擬機器

在 [選取名稱和資料夾] 頁面之中，請先輸入此虛擬機器的顯示名稱，再
選取要置放的資料夾位置。點選 [NEXT]。在 [選取計算資源] 頁面中，請
選取負責運行的 ESXi 主機或是叢集，若是選擇叢集節點則該叢集必須已
預先啟用了 DRS 功能才可以。在出現了「相容性檢查成功」的提示訊息之
後，點選 [NEXT]。在如圖 5-31 所示的 [選取儲存區] 頁面中，可以自行
選擇是否要啟用加密功能、停用 Storage DRS 以及是否要修改虛擬機器儲
存區原則。點選 [NEXT]。

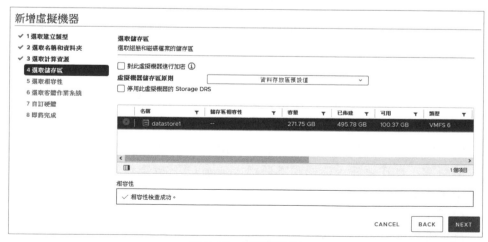

圖 5-31　選取儲存區

完成了 ESXi 主機版本的相容性選擇之後，在如圖 5-32 所示的 [選取客體作業系統] 頁面中，筆者在 [客體作業系統系列] 的欄位中選取了 [Linux]，並在 [客體作業系統版本] 的欄位中選取了 [Ubuntu Linux（64 位元）]。目前相容於 vSphere 7.0 的 Linux 客體作業系統系列與版本皆相當多，幾乎 IT 人員可能會使用到的版本通通都有。點選 [NEXT]。

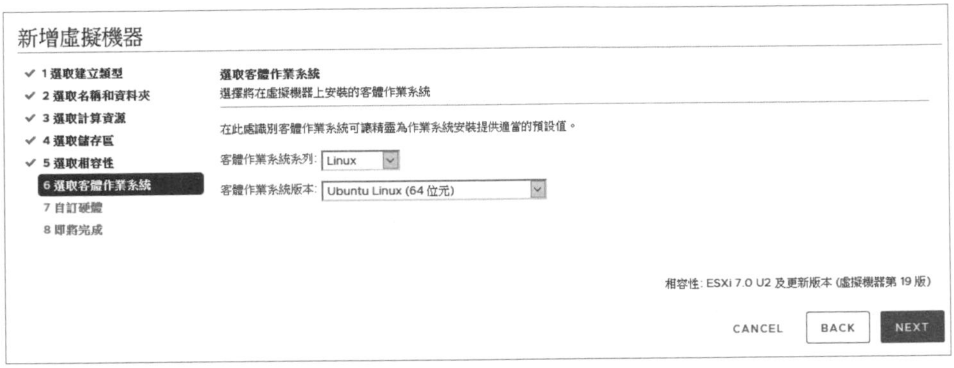

新增虛擬機器

✓ 1 選取建立類型	**選取客體作業系統**
✓ 2 選取名稱和資料夾	選擇將在虛擬機器上安裝的客體作業系統
✓ 3 選取計算資源	
✓ 4 選取儲存區	在此處識別客體作業系統可讓精靈為作業系統安裝提供適當的預設值。
✓ 5 選取相容性	客體作業系統系列： Linux
6 選取客體作業系統	客體作業系統版本： Ubuntu Linux (64 位元)
7 自訂硬體	
8 即將完成	

相容性: ESXi 7.0 U2 及更新版本 (虛擬機器第 19 版)

CANCEL　BACK　NEXT

圖 5-32　選取客體作業系統

在 [自訂硬體] 的頁面之中，請在 [新增 CD/DVD 光碟機] 的欄位中選取 [資料存放區 ISO 檔案]，並勾選 [開啟電源時連線] 設定。接著在 [CD/DVD 媒體] 欄位中點選 [瀏覽] 按鈕來載入 Ubuntu 安裝映像。在確認了 CPU、記憶體、硬碟、網路等資源正確配置之後，連續點選點選 [NEXT] 完成設定即可。

關於 Ubuntu Linux 的客體作業系統安裝過程，除了可以選擇標準安裝或最小安裝之外，還可以設定在安裝過程之中自動下載最新更新程式，以及決定是否要安裝針對圖形處理、Wi-Fi 硬體以額外多媒體檔案類型的第三方支援程式。在如圖 5-33 所示的 [Installation type] 頁面中，請選取 [Erase disk and install Ubuntu] 設定，並點選 [Install Now] 按鈕來立即進行安裝。

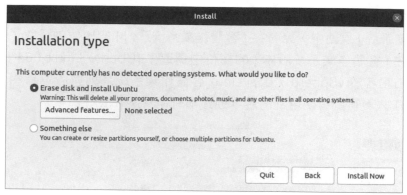

圖 5-33　選擇安裝類型

安裝過程之中除了需要選擇時區之外，還必在如圖 5-34 所示的頁面中設定帳戶名稱、電腦名稱以及登入密碼。在此還可以自行決定要使用此帳戶自動登入，還是要每一次都讓系統要求輸入密碼。點選 [Continue] 完成作業系統安裝後，請移除虛擬機器的安裝映像連接設定，並按下 [Enter] 鍵來重新啟動即可。

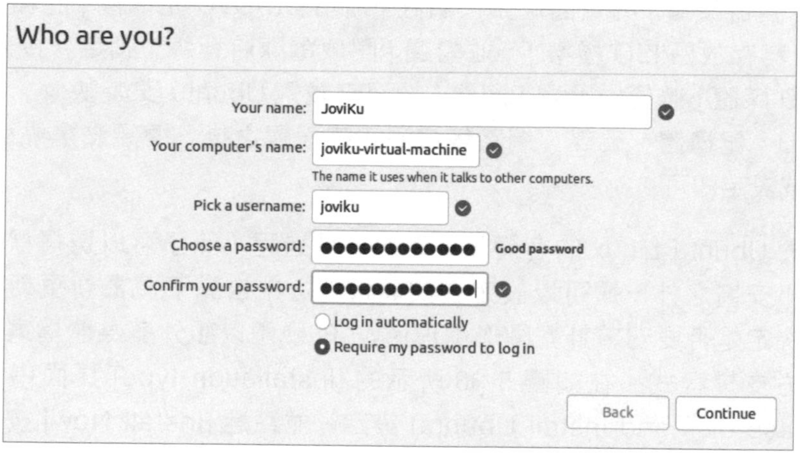

圖 5-34　帳號與電腦名稱設定

重新啟動虛擬機器之後便可以登入 Ubuntu 作業系統。在成功登入之後可以開啟如圖 5-35 所示的 [Ubuntu Software] 介面，來開始進行軟體的瀏覽、搜尋以及安裝，甚至於進行已安裝軟體的更新。若想要進行登出或是電源的操作，只要透過桌面右上方的電源圖示來完成即可。

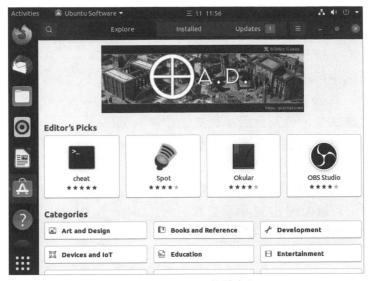

圖 5-35　Ubuntu 軟體中心

5.13 Android 監管主機與虛擬機器

前面筆者介紹過 iOS 版 的 vSphere
Mobile Client，如 果 你 使 用 的 是
Android 的行動裝置，實際上也可以
在 [Play 商店] 之中如圖 5-36 所示找
到 vSphere Mobile Client 的 App，不
過，在本書撰寫期間，android 版是
處於開發階段的「搶先體驗」版本。

圖 5-36　安裝 vSphere Mobile Client

完成下載與安裝之後就可以在 [On-prem vCenter] 頁面中，完成 vCenter Server 位址以及帳密的輸入來進行登入。過程中可能會出現關於憑證的警示訊息，點選 [Continue] 即可。另外值得注意的是，目前此版本也支援結合指紋辨識或人臉辨識來進行登入。在登入後的首頁中可以檢視到 CPU、Memory、Storage 資源的使用狀態，進一步則可以如圖 5-37 所示查看到主機、虛擬機器的數量與運行狀態。

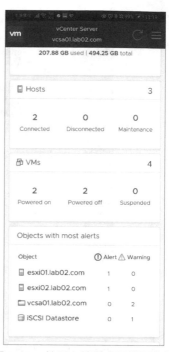

圖 5-37　檢視主機與虛擬機器狀態

如圖 5-38 所示則是針對選定虛擬機器的詳細狀態檢視。在此將可以查看到它對於各項資源的用量，以及所連接的叢集、網路、vCenter Server、資料存放區等資訊。進一步則可以檢視到所使用的 Guest OS 版本資訊、IP 配置。

圖 5-38　虛擬機器詳細狀態

如圖 5-39 所示若切換到效能的頁面
中，則可以根據實際需要來檢視即時
或是一日、一週、一個月、一年的效
能表現。對於此虛擬機器所有發生過
的事件記錄，則可以切換到事件的頁
面來進行查看。

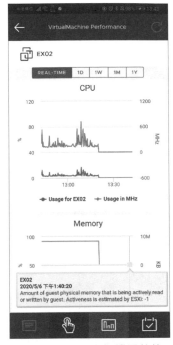

圖 5-39　檢視虛擬機器效能

從本文的實戰介紹中對於 IT 管理人員而言，相信都可以感受到 VMware
vSphere 在各項管理工具設計上的用心，這包括了 vSphere Client 友善
且直覺化的操作介面、易於上手的 PowerShell 參數命令以及極簡版的
vSphere Mobile Client 行動 App。

想想看如果我們只是擁有一個號稱功能非常強大的虛擬化平台，卻沒有一
組相對強大的管理工具，IT 人員在面對伺服端各項功能的複雜配置以及系
統整合時，如何能夠有效率的做好平日的維運任務，以及解決各種的突發
狀況呢？換言之，若你正在評估一套用適用的虛擬化平台來建構私有雲環
境，請同時站在 IT 維運者的角度來評估該平台所提供的各項管理工具。

vSphere 7.x 虛擬機器 複製與範本管理技巧

當你的企業完成了 vSphere 7.x 基礎虛擬化平台架構的部署之後,是否已經開始進一步善用虛擬機器快速部署的特性,來為企業 IT 整體運行的需求,規劃出正式區、測試區以及依不同部門需求的使用環境。然而想要實作出如此盡善盡美的虛擬化環境,除了需要豐沛的硬體資源之外,你還得懂得如何根據不同情境來有效率地快速產出大量的虛擬機器。現在就讓我們透過本章節的實戰講解,來學習關於虛擬機器複製與範本的活用技巧吧!

6.1 簡介

前一陣子有企業客戶和我討論到有關於 EIP（Enterprise Information Portal）部署的議題，他們希望能夠將 EIP 的前端應用程式網站，分不同階段依序部署在各個事業群，以及兩岸三地的分公司網路之中，並藉由 VPN 同時連接總公司的資料庫服務，以分散單一網站節點發生故障的風險。此外在總公司的網路之中還需要部署 EIP 測試區，以便讓各項模組的功能在發佈新的版本之時，可以優先更新至 EIP 測試區來進行測試，等待各項異動的功能設計確認無誤之後，再安排離峰時間更新至 EIP 正式區。

針對上述 IT 情境的部署需求，若是有虛擬化平台和實體主機兩個選項，你會如何選擇，原因又是為何呢？其實選擇採用虛擬化平台和傳統實體主機相比之下，在架構運行方式與效益上皆有著許多不同之處，其中最令大家關注的莫過於以下兩個重點。

首先是虛擬化平台可以充分利用實體的主機運算資源，讓每一分資源的使用都不浪費，換句話說，一台虛擬伺服器就可以同時運行多個完全獨立運行的應用系統。其二則是讓企業 IT 應用系統的整體運行規劃能夠分拆得更細，也就是讓過去需要一台實體主機乘載多個應用系統的部署方式，全面改由多個虛擬機器來分擔運行，這樣的好處除了可以達到負載平衡之外，也可以做到分散運行風險的目的。

明白了虛擬化平台的兩大優勢之後，我們勢必會產生許多的虛擬機器來滿足企業 IT 應用的各項需求。然而面對大量虛擬機器的管理，是否會造成 IT 部門管理上的負擔呢？其實虛擬機器數量的多寡是否會造成管理上的複雜度，關鍵便是在管理工具的設計，幸好 VMware vSphere 在這方面分別提供了 vSphere Client、PowerCLI 等工具，讓各種基礎、進階以及批量的管理需求都能夠輕鬆達成。

以虛擬機器批量的管理需求而言，除了虛擬機器批量的配置修改之外，管理人員最關心的就是虛擬機器的快速新增，以便能夠隨時在短時間之內，完成大量虛擬機器的建立，而在 vSphere 架構中想要達成這項任務，便可以分別透過虛擬機器的快速複製功能、結合範本的管理機制以及 PowerCLI 的命令參數。接下來就讓筆者來一一實戰講解這方面的操作技巧。

6.2 完整複製虛擬機器

關於虛擬機器的複製方式，大致可以區分為以下三種：

- **完整複製（Full Clone）**：由於是完整複製了原始虛擬機器來使用，因此沒有與原始虛擬機器的相依關係，若原始虛擬機器刪除也不會影響所有已複製的虛擬機器運行，但相對的缺點是複製的時間會較常，且也會占用同來源虛擬機器大小的磁碟空間。

- **連結複製（Linked Clone）**：由於其運行方式是需要持續參照父虛擬機器，因此只會占用掉少許的磁碟空間，一旦完成連結複製之後，當你對父虛擬機的虛擬磁碟進行更改時，並不會影響連結複製的虛擬機器。同樣地，若對複製連結的虛擬磁碟內容進行更改，也不會影響父虛擬機。不過這種做法的缺點是當父虛擬機器不能正常存取時，它也將無法運作。此做法適用於同時有多台虛擬機器，需要使用相同的已安裝軟體。

- **即時複製（Instant Clone）**：筆者曾在 vSphere 6.x 版本時期實戰講解過此功能，這種做法是藉由複製（copy-on-write）父虛擬機器中的記憶體資料來維持子虛擬機器的運行。若子虛擬機器的資料發生異動時，它便會將差異性資料分開寫入處理，而不影響父虛擬機器內的原始資料。

  不過當時主要結合還在實驗室階段的 PowerCLI 擴充模組來進行示範，而打從 vSphere 6.7 版本開始對於此功能的使用，就必須透過程式設計中結合 API 的呼叫來完成，相關開發資訊可以參考 vSphere Web Services SDK。

接下來就讓我們實際演練一下完整複製虛擬機器的操作。請在開啟並登入 vSphere Client 網站之後，如圖 6-1 所示針對所要複製的虛擬機器，點選位在 [動作] 選單下的 [複製]\[複製到虛擬機器] 繼續。

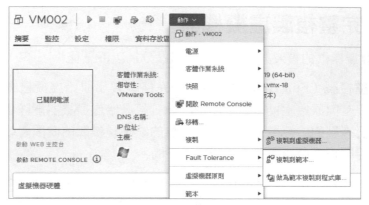

圖 6-1　虛擬機器動作選單

緊接著在 [選取名稱和資料夾] 頁面中,請輸入新虛擬機器的名稱並選擇要置放的資料夾。點選 [NEXT]。在 [選取計算資源] 頁面,請選擇負責運算的 ESXi 主機或叢集,在出現了「相容性檢查成功」的訊息之後,點選 [NEXT]。

在如圖 6-2 所示的 [選取儲存區] 頁面中,請選取新虛擬機器檔案要存放的儲存區,若發現所選取的儲存區空間不足時,將會出現錯誤訊息而無法繼續。此外你還可以進一步針對每一個虛擬磁碟檔案設定對應的儲存區,以及可以修改虛擬磁碟格式而不必與來源虛擬機器相同。點選 [NEXT]。

圖 6-2　選取儲存區

在 [選取複製選項] 頁面中,可以決定是否要勾選自訂作業系統、自訂此虛擬機器的硬體、建立之後開啟虛擬機器電源。點選 [NEXT] 完成設定。

6.3 虛擬機器連結複製

善用虛擬機器連結複製的功能，除了可以讓我們快速產生新的虛擬機器之外，還可以節省掉大量的儲存區空間，甚至於可以對於選定虛擬機器的快照，來產生連結複製的新虛擬機器。值得注意的是在 VMware Workstation 管理中，如圖 6-3 所示也支援複製選定快照來產生新虛擬機器的功能。

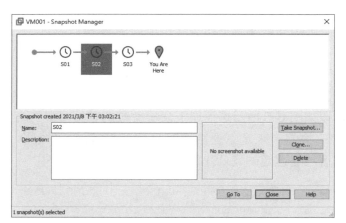

圖 6-3　VMware Workstation 快照管理

不過 VMware Workstation 所提供的這項功能，僅能使用在本機虛擬機器的操作，若針對所連接的 ESXi 主機或 vCenter Server 的虛擬機器進行複製，將會出現如圖 6-4 所示的錯誤訊息而無法繼續。

圖 6-4　無法複製虛擬機器

奇怪的是即便開啟 vSphere Client 網站,卻也找不到虛擬機器連結複製的功能,因此現階段在 vSphere 的管理架構之中,對於虛擬機器連結複製功能的使用,只能透過 PowerCLI 的命令介面來完成。

首先請開啟 Windows PowerShell 命令介面,然後執行 Connect-VIServer vcsa01.lab02.com 命令參數,來連線登入選定的 vCenter Server。

緊接著可以透過執行以下命令參數,先取得目前的所有虛擬機器清單,再針對選定的虛擬機器來進一步查看可用的快照。

```
Get-VM
```

```
Get-VM VM002 | Get-Snapshot
```

最後便可以如圖 6-5 所示透過以下命令參數的執行,針對選定 VM002 虛擬機器的 S02 快照,來產生連結複製的 VM003 新虛擬機器,並將此虛擬機器的檔案置放在選定的 iSCSI Datastore 資料存放區之中。

```
New-VM -Name VM003 -VM VM002 -Datastore "iSCSI Datastore" -VMHost
192.168.7.251 -LinkedClone -ReferenceSnapshot "S02"
```

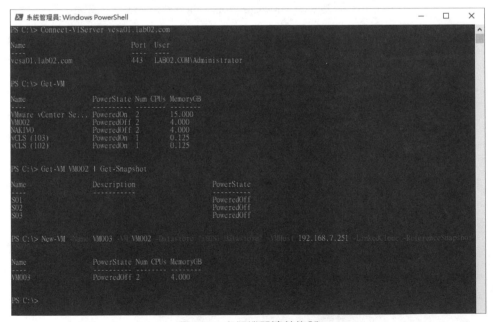

圖 6-5 虛擬機器連結複製

在完成連結複製所產生的 VM003 新虛擬機器後，我們可以開啟 vSphere
Client 網站來開啟它的電源，並如圖 6-6 所示查看虛擬硬碟的資訊。在此
可以發現該虛擬硬碟檔案，確實就是存放在所選定的 iSCSI Datastore 資
料存放區之中，那就讓我們進一步開啟此資料存放區來查看吧！

圖 6-6　查看新虛擬機器資訊

如圖 6-7 所示在 iSCSI Datastore 資料存放區之中，可以發現 VM003 的虛
擬硬碟檔案僅有 300MB 左右，這表示它主要的檔案資料通通是參照上層
的 VM002 虛擬機器，所以才不需要和父虛擬硬碟同樣的檔案大小。

圖 6-7　查看虛擬機器檔案清單

接著讓我們改開啟上層 VM002 虛擬機器檔案所在的 iSCSI Datastore2 資料存放區。如圖 6-8 所示在此可以發現此父虛擬硬碟的檔案大小超過了90GB。當我們想嘗試刪除它時，便會出現「無法刪除檔案」的錯誤訊息，原因是它正被一個以上的子虛擬機器所共用，因此若想要刪除父虛擬硬碟，就必須先刪除所有相依的虛擬機器。

圖 6-8 　 無法刪除來源虛擬磁碟

6.4 ESXi 手動複製虛擬機器

針對虛擬機器的完整複製，在 vSphere Client 操作中可以透過 [複製到虛擬機器] 的功能，而在 VMware Host Client 中則可以透過 [匯出] 與 [部署 OVF] 功能來解決。然而有些情況下你可能會希望使用手動複製檔案的方式，來將獨立 ESXi 主機中的虛擬機器，複製到另一台獨立的 ESXi 主機之中來運行，例如來源虛擬機器的虛擬硬碟檔案數量又多又大時，而你需要複製的卻可能只是其中的一兩個虛擬硬碟檔案。

當面對上述的情境需求時你該怎麼做呢？很簡單，首先請在來源虛擬機器的 VMware Host Client 網站上，如圖 6-9 所示點選位在 [動作] 選單中的[編輯設定] 繼續。

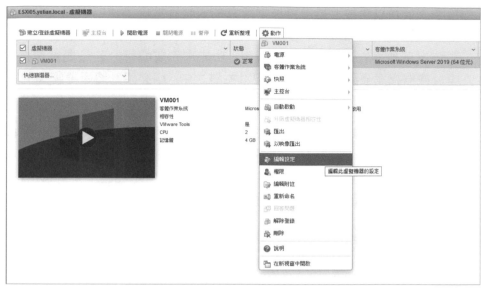

圖 6-9　虛擬機器動作選單

緊接著請如圖 6-10 所示點選至 [虛擬機器選項] 的頁面中，查看虛擬機器
檔案的存放位置，以及得知目前所使用的客體作業系統版本，是否在目標
ESXi 主機中可以被支援。如果來源與目標的 ESXi 版本皆相同，則可以忽
略這部分的檢查。

圖 6-10　虛擬機器選項

接下來便可以開啟上述虛擬機器所在的資料存放區瀏覽器頁面。在此如果你只是要在同一台 ESXi 主機之中進行虛擬機器檔案的完整複製，只要針對該虛擬機器的資料夾點選 [複製] 功能來完成即可。若是要複製選定的虛擬機器檔案至另一台獨立的 ESXi 主機之中，則必須針將所要複製的 .vmx 與 .vmdk 檔案來個別完成下載才行。

完成來源虛擬機器相關檔案的下載之後，便可以到目標 ESXi 主機的 VMware Host Client 網站上，開啟資料存放區瀏覽器頁面並將這些檔案完成上傳。待成功上傳檔案之後，請如圖 6-11 所示在已上傳的 .vmx 檔案上，按下滑鼠右鍵並點選 [登錄虛擬機器] 即可。

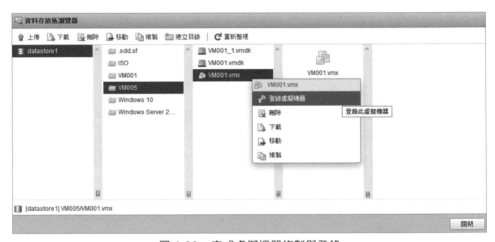

圖 6-11　完成虛擬機器複製與登錄

完成登錄虛擬機器的操作之後，你就可以在目標的 VMware Host Client 網站上來將此虛擬機器開啟電源，執行後將會出現如圖 6-12 所示的 [回答問題] 頁面，請選取 [我已將其複製] 並點選 [回答] 按鈕，便可以開始正式使用此虛擬機器。

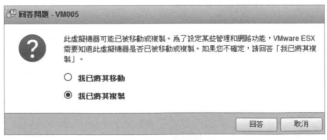

圖 6-12　回答問題

6.5 自訂 Windows 虛擬機器規格 ─────────

想要在 vSphere 架構中快速部署虛擬機器，最佳的做法肯定是透過範本功能來進行。然而虛擬機器範本的部署方式，通常會搭配虛擬機器的自訂規格來完成，因為無論你要部署的是 Windows 還是 Linux 的 Guest OS，肯定會有各自的電腦名稱、網路、管理員密碼等配置需要設定，進一步可能需要設定授權、時區、群組、網域、首次登入時要執行的 Script 等等，這些都可以預先在自訂規格來完成設定。

不過關於虛擬機器自訂規格的建立，必須注意若是在多台 vCenter Server 的 vSphere 架構下，必須先正確選擇相對應的 vCenter Server 再開建立，因為只有在所選擇的 vCenter Server 下，來進行以範本部署虛擬機器的操作過程中，才能夠檢視到所建立的範本。虛擬機器自訂規格一旦完成建立，便無法經由編輯來修改所屬的 vCenter Server 以及客體作業系統的類型。

接下來要實際動手建立所需要的規格。請在 [vSphere Client] 網站上點選開啟 [原則和設定檔]。在如圖 6-13 所示的 [虛擬機器自訂規格] 頁面中，點選 [新增] 超連結繼續。

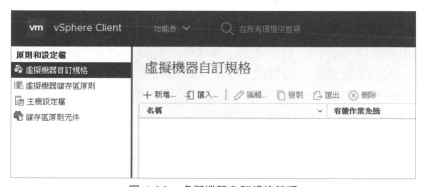

圖 6-13　虛擬機器自訂規格管理

接著在如圖 6-14 所示的 [名稱和目標作業系統] 頁面中，可以先決定目標客體作業系統（Guest OS）是 Windows 還是 Linux，再依序完成自訂規格名稱、說明的輸入以及 vCenter Server 的選擇，在此筆者以 Windows 為例。值得注意的是，對於 Windows 客體作業系統的規格配置，通常會一併勾選 [產生新的安全性身分識別（SID）] 選項，以避免往後的部署與現

行網域中的主機 SID 發生衝突。若部署的 Windows 客體作業系統版本非常舊（例如：Windows 2003 Server）才需要改勾選 [使用自訂 SysPrep 回應檔案]。點選 [NEXT]。

圖 6-14　新增虛擬機器自訂規格

在 [登錄資訊] 頁面中請輸入擁有者名稱以及擁有者組織。點選 [NEXT]。在如圖 6-15 所示的 [電腦名稱] 頁面中，可以決定電腦名稱的產生方式，其中最常見的便是採用預設的 [使用虛擬機器名稱] 選項，這也是筆者建議的做法。其次則是選擇 [在「複製 / 部署」精靈中輸入名稱] 或是直接在此 [輸入名稱]。進一步還可以決定是否要啟用 [附加唯一數值] 功能。最後在進階的選項部分，則可以選擇 [使用透過 vCenter Server 設定的自訂應用程式產生名稱] 的選項，不過這種做法會比較複雜一些，不建議採用此選項。點選 [NEXT]。

圖 6-15　電腦名稱設定

在如圖 6-16 所示的 [Windows 授權] 頁面中，可以讓我們預先輸入好產品金鑰，如此一來就不用在完成部署之後，還得自行到每一台 Windows 虛擬機器的 [設定] 頁面中來輸入。若需要進一步設定伺服器授權模式是 [按基座] 或 [按伺服器]，也同樣可以在此完成。點選 [NEXT]。

圖 6-16　Windows 授權設定

在如圖 6-17 所示的 [管理員密碼] 設定頁面中，請設定系統預設管理員帳號 Administrator 的密碼，並且可以自訂在完成作業系統啟動之後，自動以系統管理員帳號登入的次數（預設 =1 次）。點選 [NEXT]。

圖 6-17　管理員密碼設定

在 [時區] 頁面中請選取符合你所在的時區。點選 [NEXT]。在 [要立即執行的命令] 頁面中，可以選擇性的新增多筆要執行的命令，並且可以對於這些命令設定排列的執行順序。點選 [NEXT]。在如圖 6-18 所示的 [網路] 頁面中，可以選擇使用客體作業系統的標準網路設定，也就是在所有網路介面卡上皆啟用 DHCP。若要自訂每一張網卡的配置，可以先選取 [手動選取自訂設定] 選項，再來為每一張選定的網卡點選 [編輯] 超連結繼續。

圖 6-18　網路配置

在如圖 6-19 所示的 [編輯網路] 頁面中，如果針對的是伺服器作業系統，那麼肯定要將預設的 [使用 DHCP 自動取得 IPv4 位址] 選項，改為 [使用該規格時，提示使用者輸入 IPv4 位址]，如此一來便可以方便管理人員，在搭配範本與此規格進行新虛擬機器部署時，能夠一併完成客體作業系統的靜態 IPv4 位址配置。至於 IPv6、DNS 以及 WINS 的配置請根據實際的需求完成設定即可。請在回到上一頁之後點選 [NEXT] 繼續。

圖 6-19　編輯網路

在如圖 6-20 所示的 [工作群組或網域] 頁面中，若是要讓所安裝的 Windows 客體作業系統獨立運行，請選擇預設的 [工作群組] 即可。相反的若要加入現行的 Active Directory 之中，則必須在選取 [Windows 伺服器網域] 選項並輸入網域名稱之後，再輸入管理員的使用者名稱以及密碼。點選 [NEXT]。

圖 6-20　工作群組或網域設定

最後在 [即將完成] 頁面中確認了上述步驟設定無誤之後，點選 [FINISH] 按鈕。回到如圖 6-21 所示的 [虛擬機器自訂規格] 頁面中，可以看見筆者預先建立好的兩個 Windows 客體作業系統專用的自訂規格，後續便可以隨時結合 Windows 相關虛擬機器的範本，來完成新虛擬機器快速部署的任務。

圖 6-21　完成虛擬機器規格建立

6.6 將虛擬機器複製到範本

準備好了 Windows 虛擬機器相關規格之後，接下來就是要著手建立相對的虛擬機器範本。做法很簡單，首先必須建立好所有需要使用到的 Windows 虛擬機器，例如 Windows 10、Windows Server 2019 等等，並完成相關的配置與系統更新。接著再針對這些準備好的虛擬機器，如圖 6-22 所示點選位在 [動作] 選單之中的 [複製]\[複製到範本] 繼續。

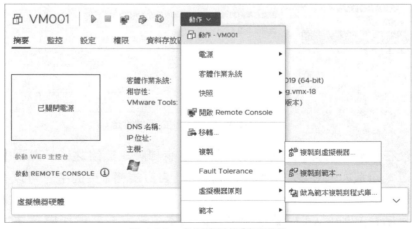

圖 6-22　虛擬機器複製子選單

在如圖 6-23 所示的 [選取名稱和資料夾] 頁面中，請輸入新虛擬機器範本
名稱並選取資料夾位置。點選 [NEXT]。在 [選取計算資源] 頁面中，請選
擇用以運行虛擬機器範本的 ESXi 主機。點選 [NEXT]。

圖 6-23　選取名稱和資料夾

在如圖 6-24 所示的 [選取儲存區] 頁面中，可以先選擇虛擬機器範本的儲
存區，再決定要採用的虛擬磁碟格式，在此建議選擇 [精簡佈建] 即可。
點選 [NEXT]。最後在 [即將完成] 頁面中，確認上述步驟設定無誤之後點
選 [FINISH] 即可。

圖 6-24　選取儲存區

6.7 將虛擬機器轉換成範本

關於前面所介紹的做法是將虛擬機器複製到範本，也就是還保留原有的虛擬機器。然而如果你所備好的虛擬機器，只是為了建立範本而無其他用途需求，那麼建議你可以改採用如圖 6-25 所示的做法。請點選位在虛擬機器 [動作] 選單中的 [範本]\[轉換成範本]。

圖 6-25　虛擬機器範本子選單

在將虛擬機器直接轉換成範本之後，便可以開啟所屬 vCenter Server 節點中的 [虛擬機器]\[虛擬機器範本] 頁面。如圖 6-26 所示在此便可以看見筆者剛完成轉換的 [Client01] 虛擬機器範本。為了方便後續管理上易於識別，建議你可以在選定此範本之後，按下滑鼠右鍵並點選 [重新命名]。

圖 6-26　虛擬機器範本管理

最後在如圖 6-27 所示的 [重新命名] 頁面之中，輸入一個全新的範本名稱，例如：Windows 10 Template。點選 [確定]。

圖 6-27　範本重新命名

6.8 從範本新增虛擬機器

明白了前面所介紹的兩種建立虛擬機器範本的方法之後，接下來就可以透過這些虛擬機器範本，來完成新虛擬機器的快速部署，並且在部署過程之中選擇相對的虛擬機器規格。請在 vSphere Client 網站開啟 vCenter Server 節點，然後點選至 [虛擬機器]\[虛擬機器範本] 子頁面。接著如圖 6-28 所示針對所要部署的虛擬機器範本，按下滑鼠右鍵點選 [從這個範本新增虛擬機器] 繼續。

圖 6-28　虛擬機器範本

在如圖 6-29 所示的 [選取名稱和資料夾] 頁面中，請先輸入新虛擬機器的名稱，再選擇新虛擬機器的部署位置，在此建議選擇與範本相同 vCenter Server 下的位置。確認出現了「相容性檢查成功」的訊息後點選 [NEXT]。

圖 6-29　從範本部署虛擬機器

在 [選取計算資源] 頁面中，請選擇準備用以運行此虛擬機器的 ESXi 主機或叢集。在此如果是選取叢集節點，則該叢集必須已經預先啟用 DRS 功能才可以。點選 [NEXT]。在如圖 6-30 所示的 [選取儲存區] 頁面中，請選擇準備用以存放此虛擬機器檔案的資料存放區，在獨立運行的 ESXi 主機中可選擇本機資料存放區，若是選擇叢集則請務必選擇共用的資料存放區。至於虛擬磁碟的格式，請根據虛擬機器的實際運行需要來選擇即可。確認出現了「相容性檢查成功」的訊息後點選 [NEXT]。

圖 6-30　選取儲存區

在如圖 6-31 所示的 [選取複製選項] 頁面中，請勾選 [自訂作業系統] 選項，以便後續可以選擇要使用的虛擬機器自訂規格。至於是否要勾選 [自訂此虛擬機器的硬體]，則必須根據此虛擬機器後續所要運行的應用程式服務與資源需求而定。若想要完成部署設定後立即運行此虛擬機器，可以勾選 [建立之後開啟虛擬機器電源] 設定。點選 [NEXT]。

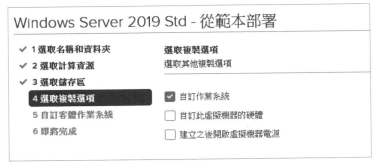

圖 6-31　選取複製選項

在如圖 6-32 所示的 [自訂客體作業系統] 頁面中，請正確選取所要使用的虛擬機器自訂規格。關於此步驟的設定，目前系統並不會自動篩選出僅符合虛擬機器範本的規格清單，因此在選擇時務必特別留意，期待未來的更新版本能夠加入自動篩選功能。點選 [NEXT]。

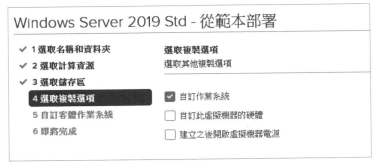

圖 6-32　自訂客體作業系統

最後在 [即將完成] 的頁面中，確認上述步驟的設定皆無誤之後，點選 [FINISH]。接著如圖 6-33 所示回到虛擬機器的檢視頁面中，便可以看到已經完成部署的新虛擬機器，你將可以繼續開啟電源並完成相關軟體的安裝與配置。

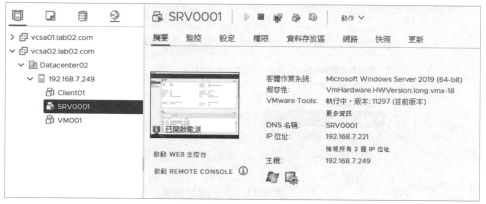

圖 6-33　完成虛擬機器部署

針對已經準備好虛擬機器規格與範本的 vSphere 環境來說，不僅可以透過 vSphere Client 來部署新虛擬機器，也可以透過 PowerCLI 命令參數的執行來快速完成部署。以下範例便是先完成虛擬機器規格與範本的變數設定，再透過 New-VM 命令參數的執行，來完成新虛擬機器的部署。

```
$Specs = Get-OSCustomizationSpec -Name 'Windows Server2019 規格 '

$Template = Get-Template -Name ' Windows 2019 Std'

New-VM -Name 'SRV0001' -Template $Template -OSCustomizationSpec
$Spec -VMHost '192.168.7.249' -Datastore 'datastore1'
```

6.9 匯出虛擬機器 OVF 範本

如果虛擬機器已經有事先複製到範本，而你想將這個範本複製到另一個 vSphere 架構中來建立虛擬機器，該怎麼做呢？很簡單，你只要如圖 6-34 所示針對來源的虛擬機器，點選位在 [動作] 選單下的 [範本]\[匯出 OVF 範本] 繼續。

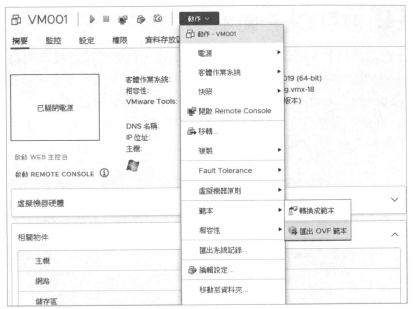

圖 6-34　虛擬機器範本子選單

接著在如圖 6-35 所示的 [匯出 OVF 範本] 頁面中，請輸入要匯出的範本名稱，並在 [進階] 選項中決定是否要啟用進階選項、包含 BIOS UUID、包含 MAC 位址、包含額外組態。點選 [確定] 完成匯出操作。

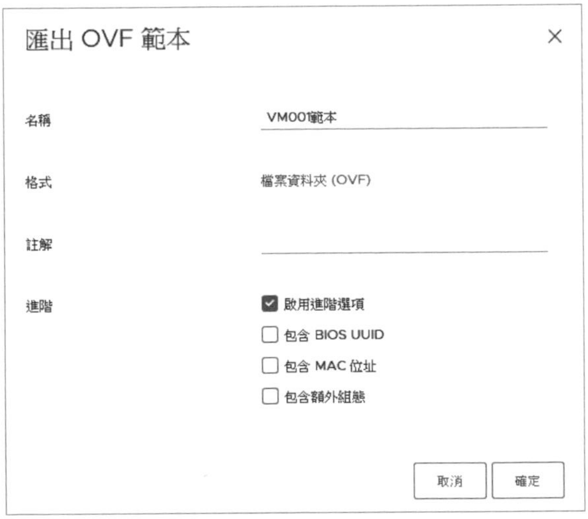

圖 6-35　匯出 OVF 範本

6.10 部署 OVF 範本

有了虛擬機器範本所匯出的 OVF 檔案之後，我們就可以任意地將此檔案拿到其他 vSphere 架構或獨立的 ESXi 主機之中，來進行新虛擬機器的部署。以 vSphere Client 網站操作為例，你只要在選定的叢集或 ESXi 主機，如圖 6-36 所示點選位在 [動作] 選單中的 [部署 OVF 範本] 繼續。

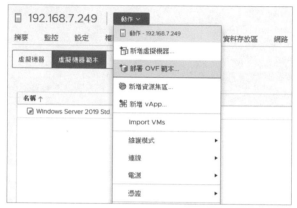

圖 6-36　ESXi 主機動作選單

接下來在 [選取 OVF 範本] 頁面中，點選 [上傳檔案] 按鈕將 OVF 相關檔案通通完成上傳。點選 [下一頁]。在如圖 6-37 所示的 [選取名稱和資料夾] 頁面中，請輸入新虛擬機器的名稱並選取目標位置。點選 [下一頁]。

圖 6-37　選取名稱和資料夾

在 [選取計算資源] 頁面中，請選擇將負責運行新虛擬機器的 ESXi 主機或叢集，若選擇叢集則必須確認已預先啟用了 DRS 功能。在出現了「相容性檢查成功」的訊息之後，點選 [下一頁]。來到如圖 6-38 所示的 [選取儲

存區] 頁面中，請選擇準備用以存放此虛擬機器檔案的資料存放區，在獨立運行的 ESXi 主機中可選擇本機資料存放區，若是選擇叢集則請務必選擇共用的資料存放區。至於虛擬磁碟的格式，請根據虛擬機器的實際運行需要來選擇即可。點選 [下一頁]。

圖 6-38　選取儲存區

在 [選取網路] 頁面中請確認已正確選擇所要使用的虛擬機器網路，以便讓完成部署的新虛擬機器可以正常與其他虛擬機器通訊。點選 [下一頁]。最後在 [即將完成] 的頁面中，確認上述步驟的設定皆無誤之後。點選 [完成] 即可。

6.11 VMware Host Client 部署虛擬機器

針對前面有關於虛擬機器 OVF 範本的部署介紹，我們是以部署在 vCenter Server 架構下的 ESXi 主機為例。如果你是打算將 OVF 範本部署在獨立的 ESXi 主機之中，該怎麼做呢？其實做法也很簡單，首先請在登入 VMware Host Client 之後，點選至 [虛擬機器] 節點頁面，再點選 [建立 / 登錄虛擬機器] 超連結來開啟 [新增虛擬機器] 的設定精靈。在如圖 6-39 所示的 [選取建立類型] 頁面中，請選取 [從 OVF 或 OVA 檔案部署虛擬機器] 並點選 [下一頁]。

圖 6-39　新增虛擬機器

在如圖 6-40 所示的 [選取 OVF 和 VMDK 檔案] 頁面中，請輸入新虛擬機器的名稱並完成 OVF 範本相關檔案的上傳。點選 [下一頁]。

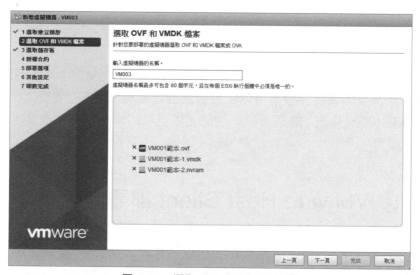

圖 6-40　選取 OVF 和 VMDK 檔案

在 [選取儲存區] 的頁面中，請選擇準備用來儲存此新虛擬機器檔案的本機資料存放區。點選 [下一頁]。在如圖 6-41 所示的 [部署選項] 頁面中，請選擇所要連接使用的虛擬機器網路，並選擇虛擬機器磁碟的佈建類型。至於 [自動開啟電源] 選項可以自行決定是否勾選。點選 [下一頁]。

圖 6-41　部署選項

最後在 [即將完成] 頁面中確認上述步驟設定皆無誤之後，點選 [完成]
即可開始執行新虛擬機器的部署。請注意！在部署虛擬機器的過程之中請
勿重新整理網頁瀏覽器。如圖 6-42 所示便是在完成新虛擬機器部署與開
機後，所呈現的管理介面。接下來你可能需要進行 Guest OS 中 VMware
Tools 的更新以及 IP 位址的配置，即可開始正常上線運行。

圖 6-42　成功部署虛擬機器

6.12 自訂 Linux 虛擬機器規格

學會了有關於 Windows 虛擬機器從自訂規格、範本以及部署技巧之後。
接下來也應該繼續了解一下有關於 Linux 虛擬機器的相關做法。首先請同
樣在 [原則和設定檔]\[虛擬機器自訂規格] 頁面中,點選 [新增] 來開啟
如圖 6-43 所示的 [名稱和目標作業系統] 頁面。在此除了必須選取 [Linux]
為 [目標客體作業系統] 之外,還必須完成自訂規格名稱的輸入以及所屬
vCenter Server 的選擇。點選 [NEXT]。

圖 6-43　新增虛擬機器自訂規格

在如圖 6-44 所示的 [電腦名稱] 頁面中,可以選擇自訂 Linux 電腦名稱的
方法,一般來說會選擇 [使用虛擬機器名稱] 或 [在「複製 / 部署」精靈中
輸入名稱]。在完成輸入 [網域名稱] 之後點選 [NEXT]。

新增虛擬機器自訂規格

✓ **1 名稱和目標作業系統**	**電腦名稱**
2 電腦名稱	指定電腦名稱，此名稱將在網路上識別這台虛擬機器。
3 時區	
4 自訂指令碼	● 使用虛擬機器名稱 ⓘ
5 網路	○ 在「複製/部署」精靈中輸入名稱
6 DNS 設定	
7 即將完成	○ 輸入名稱

　　　　☐ 附加唯一數值。 ⓘ

　　　○ 使用透過 vCenter Server 設定的自訂應用程式產生名稱

　　　引數

網域名稱　lab02.com

圖 6-44　電腦名稱設定

在 [時區] 頁面中請先選擇正確區域，再挑選自己所在的國家位置。至於硬體時鐘建議設定為 [UTC]。點選 [NEXT]。在如圖 6-45 所示的 [自訂指令碼] 頁面中，可以選擇性設定首次啟動 Linux 虛擬機器後所要執行的指令碼。點選 [NEXT]。

新增虛擬機器自訂規格

✓ **1 名稱和目標作業系統**	**自訂指令碼**
✓ **2 電腦名稱**	指定要上傳的指令碼檔案或直接編輯文字方塊
✓ **3 時區**	
4 自訂指令碼	**指令碼檔案**
5 網路	瀏覽...　未載入任何檔案
6 DNS 設定	
7 即將完成	**指令碼** ⓘ

```
# Linux 殼層指令檔範例
#!/bin/sh
if [ x$1 == x"precustomization" ], then
echo 執行自訂前工作
elif [ x$1 == x"postcustomization" ], then
echo 執行自訂後工作
fi
```

指令碼大小上限: 1500 個字元

　　　　　　　　　　　　CANCEL　　BACK　　NEXT

圖 6-45　自訂指令碼

在 [網路] 的頁面中可以選擇要採用預設的 DHCP 配置，還是手動選取自訂設定。如圖 6-46 所示便是以手動方式來自訂網卡的 IPv4 與 IPv6 的靜態位址設定。點選 [確定] 回到上一頁面再點選 [NEXT]。

圖 6-46　編輯網路

在如圖 6-47 所示的 [DNS] 設定頁面中，請根據實際的需要完成主要 DNS 伺服器、次要 DNS 伺服器以及 DNS 搜尋路徑的設定。結合上述所有步驟的正確配置，在後續新虛擬機器完成部署之後，管理人員便無須再自行手動來修改電腦名稱以及 TCP/IP 等設定。點選 [NEXT]。再確認上述步驟設定皆無誤之後，點選 [FINISH] 即可。

圖 6-47　DNS 設定

6.13 從範本部署 Linux 虛擬機器

在陸續完成了各種 Linux 虛擬機器部署時所需要的規格之後，接下來我們同樣必須先建立好相對的虛擬機器範本。如圖 6-48 所示只要在已準備好的 Linux 虛擬機器頁面中，點選位在 [動作] 選單中的 [範本]\[轉換成範本] 即可。

圖 6-48　虛擬機器動作選單

有了虛擬機器的規格與範本之後，我們便可以隨時迅速的以範本來完成新虛擬機器的部署。請在準備運行新虛擬機器的主機或叢集節點上，點選位在 [動作] 選單中的 [新增虛擬機器]。接著在如圖 6-49 所示 [選取建立類型] 的頁面中，請選取 [從範本部署] 並點選 [NEXT]。

圖 6-49　從範本部署

在如圖 6-50 所示的 [選取範本] 頁面中，請點選至 [資料中心] 子頁面中便可以找到先前所建立好的 Linux 虛擬機器範本（例如：Ubuntu）。請在正確選取之後點選 [NEXT]。

圖 6-50　選取範本

在 [選取名稱和資料夾] 頁面中，請輸入新虛擬機器的名稱以及選擇位置。[NEXT]。在 [選取計算資源] 頁面中，請選擇負責運行的 ESXi 主機或叢集。在出現「相容性檢查成功」的訊息後，點選 [NEXT]。在如圖 6-51 所示的 [選取儲存區] 頁面中，請分別選擇適用的虛擬磁碟格式、虛擬機器儲存區規則以及資料存放區，在出現「相容性檢查成功」的訊息後，點選 [NEXT]。

圖 6-51　選取儲存區

在 [選取複製選項] 頁面中請務必勾選 [自訂作業系統]，至於其他選項是否要勾選可依實際需求來決定。點選 [NEXT]。在如圖 6-52 所示的 [自訂客體作業系統] 頁面中，請正確選擇先前所建立的 Linux 規格。點選 [NEXT]。最後在 [即將完成] 頁面中，確認上述步驟設定皆無誤之後，點選 [FINISH] 即可。

圖 6-52　自訂客體作業系統

在完成了新虛擬機器的部署與開啟電源之後，就能在 [摘要] 頁面中察看到此虛擬機器的基本配置資訊。如圖 6-53 所示其中在 [VMware Tools] 的狀態中顯示了「不在執行中」，主要是 Ubuntu Linux 系統預設所安裝的是開源的 VMware Tools 所致，你可以考慮自行手動安裝最新的 VMware Tools 來取而代之。

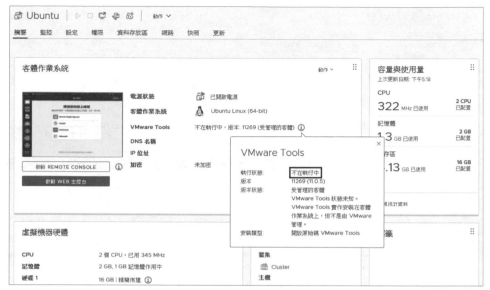

圖 6-53　完成 Linux 虛擬機器部署

如圖 6-54 所示則是透過 vSphere Client 的 [啟動 WEB 主控台] 功能，
所開啟的 Linux 客體作業系統操作頁面，當然你也可以選擇使用 [啟動
REMOTE CONSOLE] 方式來進行操作。

圖 6-54　Web 主控台

閱讀完本文的實戰講解，不知道你是否有同筆者一樣，感受到 vSphere 7.x
在範本功能的設計上已經相當完整，可以說是中大型企業 IT 環境之中，
管理虛擬機器的一大利器。反觀虛擬機器的複製功能，筆者倒是覺得有兩
項功能的設計稍嫌不足。首先是即時複製（Instant Clone）的功能雖然強
大，但現階段卻沒有直接提供在 vSphere Client 與 PowerCLI 的內建模組
之中。

其次則是關於虛擬機器的連結複製功能以及快照複製功能，皆僅能夠透過
PowerCLI 命令參數的執行來完成，而無法在 vSphere Client 的網站操作
介面中來完成，這對於不擅於 PowerCLI 命令介面的 IT 人員來說，肯定會
覺得有些不方便。在此只能期待在未來的版本更新之中，VMware 官方能
夠陸續將上述這兩項功能需要的設計補足。

第 7 章

vSphere 7.x 儲存
管理技巧實戰

VMware vSphere 7 除了支援傳統儲
存區之外，例如：iSCSI SAN、FC
SAN、NFS 等等，也支援了更為先進的
軟體定義儲存區技術，例如：vSAN、
vVol，來結合以儲存區原則為基礎的管
理（SPBM）方式。無論你打算採用何
種儲存方式於虛擬化架構之中，vSphere
皆提供了完善的管理工具來協助部署與
日後的維運任務。本章將透過不同 IT 情
境的描繪，實戰講解如何配置所需要的
儲存環境，以及解決可能面臨的儲存管
理難題。

7.1 簡介

一切虛擬化架構技術的基礎都離不開主機、網路、儲存設備。若單以一台主機的基本構造來對應人類身體的主要器官，首先一定要有骨骼來做為身體的基本架構，接著 CPU 肯定就是人類的大腦內層，負責進行各種運算、判斷以及命令的發佈。RAM 則是神經系統，在主機中便是用以暫時存放各種待運算的數據，並與所連接的儲存設備隨時進行資料的交互存取。

至於身體的心臟對應的應該就是電源供應器，一旦它因故障而停止供電，整台主機便完全無法運行。最後是儲存設備，無論是採內接、外接還是遠端連接的方式，由於它是用來存放各類的程式、資料、檔案、影音等等，因此大家可能會聯想到，儲存設備相對人類的器官是否就是「胃」呢？感覺起來似乎有點道理，不過嚴格來說它更像是人類大腦的皮層，因為它不僅得用來存放資料，還必須與大腦內層協同記憶、讀寫以及運算。

試想如果人類的大腦皮層故障時會發生什麼事，據了解輕者會發生大小便失禁和嚴重的記憶缺損，重者可能就直接變成了植物人。換句話說，如果主機所連接的儲存設備無法被正常存取時，輕者會讓應用系統的運行變慢或失敗，重者可能連本身的作業系統都無法正常啟動了。

既然儲存區的正常與否對於一個虛擬化架構的運行如此重要，那麼在 VMware vSphere 7.x 的架構之中，所支援的儲存類型又有哪些？易於連接與管理嗎？以及維運過程之中常遭遇的問題又有哪些呢？

首先是它所支援的儲存類型，在傳統儲存區包括了 iSCSI SAN、FC SAN、NFS 等等，在軟體定義儲存區部分則有 vSAN、vVol，可以說是軟硬通吃。在儲存區的連接與管理部分，則可以透過 vSphere Client 或 PowerCLI 等工具來輕鬆管理，甚至於可以透過 API 的整合方式，讓第三方的管理功能嵌入至管理介面之中。至於在平日維運過程之中常會遭遇的問題，接下來會以實戰的方式進行說明。

7.2 解決 vCenter Server Appliance 儲存空間不足問題

還記得早期的 vCenter Server 版本可以選擇安裝在實體的 Windows Server 主機之中來運行，但後來為了簡化部署以及效能方面的考量，才僅提供 vCenter Server Appliance 的版本，讓 IT 人員可以直接部署在獨立的 ESXi 主機中來運行。

然而如果發生了 vCenter Server 系統的儲存空間不足時，可能將會導致此系統無法正常啟動或運行，在早期版本的實體主機部署架構中，只要立即擴增主機硬碟的空間即可恢復正常，如今面對部署在 ESXi 主機中的 vCenter Server，同樣的問題要如何解決呢？

首先讓我們來看看當 vCenter Server Appliance 儲存空間不足時，你將會在開啟此虛擬機器電源時，看見出現如圖 7-1 所示的警示訊息，即便你點選 [重試] 按鈕也是無法恢復正常運行的。

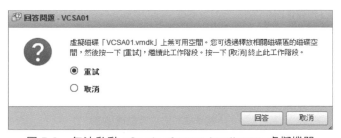

圖 7-1　無法啟動 vCenter Server Appliance 虛擬機器

解決步驟首先必須先確認實體主機的磁碟空間是否足夠，若是發現空間不足了，便需要立即先完成實體磁碟的新增與 RAID 配置。若是所在的 ESXi 主機並非實體主機，而是採用像筆者一樣的 VMware Workstation Pro，則只要開啟虛擬機器的編輯設定，便可以如圖 7-2 所示針對此虛擬磁碟執行 [Expand Disk Capacity] 的功能，來決定要擴增的磁碟空間。

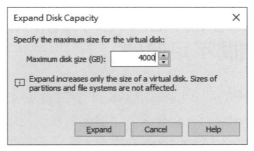

圖 7-2　擴增磁碟容量

完成 ESXi 主機的擴增磁碟容量設定之後，接下來就可以開啟 VMware Host Client 網站，並點選至 vCenter Server Appliance 所在的資料存放區頁面，然後如圖 7-3 所示點選 [增加容量] 選項繼續。

圖 7-3　資料存放區管理

緊接著在 [選取建立類型] 的頁面中，請選取 [擴充現有 VMFS 資料存放區範圍] 並點選 [下一頁]。在 [選取裝置] 頁面中，便可以查看到目前此裝置的可用空間以及最新的總容量大小。點選 [下一頁]。最後在如圖 7-4 所示的 [選取磁碟分割選項] 頁面中，便可以開始自由調整要擴增的磁碟空間大小。

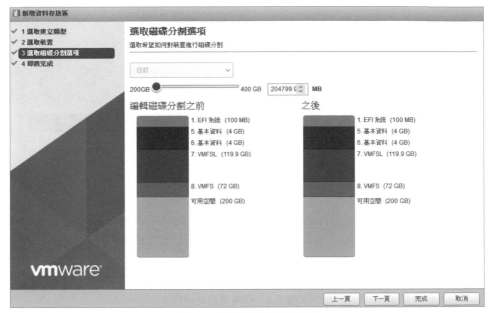

圖 7-4　選取磁碟分割選項

7.3 如何擴增 Ubuntu 虛擬機器磁碟空間 ───

Linux 作業系統如今已經被廣泛使用在伺服器應用服務，以及部分用戶端的部署之中，其中 Ubuntu 更是許多 IT 人員心目中的熱門選項，主要原因除了是它只需要極小的硬體資源即可維持運作之外，更有易於管理的命令工具與視窗介面，讓原本僅熟悉 Windows 的用戶也能夠快速上手。

就在前些日子有 Ubuntu 的用戶詢問筆者，對於部署在 vSphere 架構下的Ubuntu 虛擬機器，如果用以存放資料的磁碟空間不足時要如何進行擴充呢？其實解法很簡單，首先筆者在 vSphere Client 網站之中，開啟一個名為 UClient 的虛擬機器設定頁面（關機狀態），然後如圖 7-5 所示將現行的硬碟 1 大小從 16GB 修改為 24GB。儲存並離開。

圖 7-5　編輯虛擬機器設定

接著開啟 UClient 虛擬機器的電源。完成啟動之後請開啟 Terminal 命令視窗，透過執行 sudo apt-get install gparted 命令來安裝 GParted 工具，它是一款磁碟分割區的管理工具，你可以透過執行 sudo gparted 來開啟它。如圖 7-6 所示在此可以檢視到目前的磁碟大小已是 24GB（原 16GB），因此會有 8GB 的剩餘空間尚未配置。

圖 7-6　磁碟右鍵選單

在上一個步驟的範例中可以發現 UClient 虛擬機器的資料存放磁碟，便是 /dev/sda5 的分割區，因此我們必須優先調整上層 /dev/sda2 的可用空間。

請在 /dev/sda2 選項上按下滑鼠右鍵並點選 [調整大小 / 移動]。接著便可以在如圖 7-7 所示的頁面中，來擴增未配置的 8GB 空間。

圖 7-7　調整磁碟大小

剛完成的磁碟大小調整後，系統並不會立即套用此設定，而是必須進一步點選 [編輯]\[套用所有操作] 才算完成。緊接著你必須同樣對 /dev/sda2 下的 /dev/sda5 磁碟分割區，執行相同的 [調整大小 / 移動] 操作，以及執行 [套用所有操作]。在如圖 7-8 所示的 [正在套用等候中的操作] 頁面中，便可以看到在 [詳細資料] 的訊息列之中出現了「將 /dev/sda5 由 15.50GB 增大為 23.50GB」的訊息提示。點選 [關閉]。

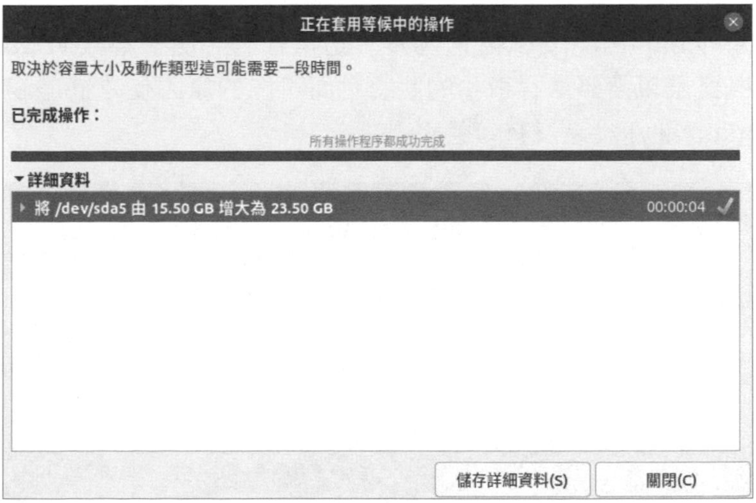

圖 7-8　套用所有操作

7.4 解決虛擬機器無法存取問題

vSphere 虛擬機器在正常運行的狀態下，若發生無法存取的狀況，除了可能是 ESXi 主機或網路層面的問題之外，最有可能的原因就是虛擬機器所連接的資料存放區發生了問題所致。接下來就讓我們一同來了解一個實際案例的解法。

在如圖 7-9 所示的 vSphere Client 頁面中，可以發現有一台名為 Server01 的虛擬機器出現了「無法存取」的狀態。想確認此狀態造成的原因是否為 ESXi 主機或網路層面所引起的方法很簡單，只要先查看在該虛擬機器所屬的 ESXi 主機之中，是否所有虛擬機器皆是出現同樣狀態即可判別。

圖 7-9　主機與虛擬機器管理

如果發現僅有少數幾個虛擬機器有此狀況，便可以進一步檢查這些虛擬機器共同連接的儲存區，是否已經無法連線存取。若是採用 iSCSI 儲存區則請先檢查 iSCSI 所繫結的網路是否連線正常，接著再去檢查儲存設備中的 iSCSI 服務即可。在此筆者以如圖 7-10 所示的 TrueNAS 為例，如果發生了 [Services] 中的 [iSCSI] 服務沒有正常啟動，便會導致 vSphere 相關的虛擬機器出現「無法存取」的狀態，而可能的原因便是此服務中的 [Start Automatically] 設定沒有勾選。

圖 7-10　TrueNAS 服務管理

確認儲存設備的 iSCSI 服務啟動之後，請開啟 vSphere Client 主機節點的 [儲存區]\[儲存裝置介面卡] 頁面，再點選 [重新掃描儲存區] 按鈕來開啟如圖 7-11 所示的頁面。點選 [確定]。

圖 7-11　重新掃描儲存區

完成上述的操作之後，若虛擬機器仍出現「無法存取」的狀態，請先將此虛擬機器從詳細目錄之中移除，然後再開啟它所在的資料存放區，如圖 7-12 所示找到此虛擬機器的 .vmx 檔案，再點選 [登錄虛擬機器] 超連結繼續。

圖 7-12　虛擬機器檔案管理

最後將會開啟登錄虛擬機器的設定頁面，請先在 [選取名稱和資料夾] 的頁面中，選取虛擬機器要置放的位置，再到如圖 7-13 所示的 [選取計算資源] 頁面中，挑選負責運行的 ESXi 主機即可。點選 [下一頁] 完成設定。

圖 7-13　登錄虛擬機器

7.5 建立 Windows NFS 儲存區

說到遠端儲存區的應用，NFS（Network File System）肯定是 Linux 網路世界中不可或缺的重要角色，即便是來到以 Windows 為主的網路環境，關於與 NFS 相關整合的應用仍是不少。也因為 NFS 的應用需求相當廣泛，迫使 Windows Server 從過去到現在的最新版都必須支援它，來讓自己成為網路中的 NFS Client 或是擔任 NFS Server。

當我們在部署 VMware vSphere 的過程之中，想要使用 NFS 來做為叢集的共用儲存區時，除了可以選擇一般 NAS 儲存設備來提供 NFS 服務之外，也可以透過 Windows Server 來提供相同的儲存服務，其優點便在於易於安裝、維護以及管理。首先在安裝部分，如圖 7-14 所示請在 [Server Manager] 介面之中點選位在 [Manage] 選單中的 [Add Roles and Features] 繼續。

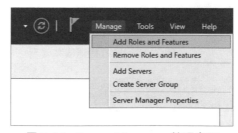

圖 7-14　Server Manager 管理介面

緊接著在 [Select installation type] 頁面中，請選取 [Role-based or feature-based installation]。點選 [Next]。在 [Server Selection] 頁面中，請選取準備安裝角色與功能的 Windows Server。點選 [Next]。在如圖 7-15 所示的 [Server Roles] 頁面中，請勾選位在 [File and Storage Services] 選項之下的 [Server for NFS]。點選 [Next]

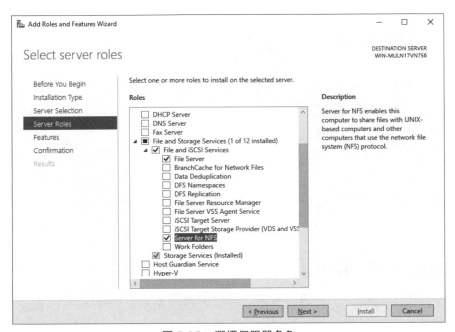

圖 7-15　選擇伺服器角色

在 [Features] 頁面中可以發現還有一個 [Client for NFS] 的選用安裝，此功能選項可以讓此 Windows Server，來連線存取已啟用原生 NFS 共用的 vSAN。連續點選 [Next]。最後在如圖 7-16 所示的 [Results] 頁面中點選 [Close] 完成安裝即可。

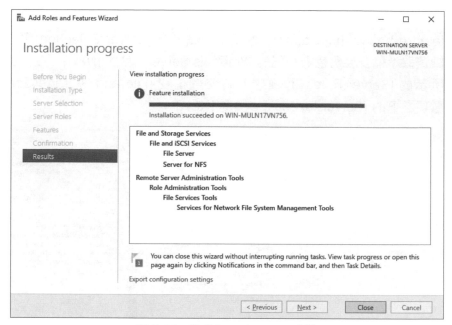

圖 7-16　完成 Server for NFS 安裝

7.6 共享 Windows NFS 儲存區

完成 Server for NFS 安裝之後，就可以開始來配置關於 NFS 的網路共用位置。在此請先回到 [Server Manager] 操作介面之中，然後點選至 [File and Storage Services]\[Shares] 頁面。再如圖 7-17 所示點選位在 [SHARES] 區域中的 [TASKS]\[New Share] 選項繼續。

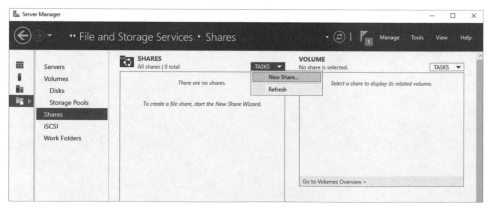

圖 7-17　檔案和儲存服務管理

在如圖 7-18 所示的 [Select Profile] 頁面中，可以發現關於 NFS Share 的
類型就有兩種，分別是 Quick 與 Advanced。其中 [Advanced] 是針對需
要整合檔案資源管理員（FSRM, File Server Resource Manager）來進行
像是儲存配額（Quota）的管理才需要。在此只需要選擇 Quick 類型來進
行配置即可。點選 [Next]。

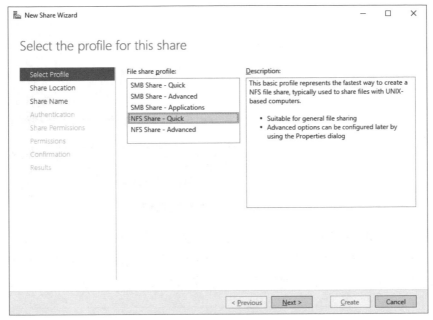

圖 7-18　選擇共用設定

在如圖 7-19 所示的 [Share Location] 頁面中，可以選取現行的磁碟來做為
共享的 NFS 儲存區，或是透過 [Type a custom path] 選項並點選 [Browse]
按鈕，來自訂 NFS 儲存區的資料夾路徑。點選 [Next]。

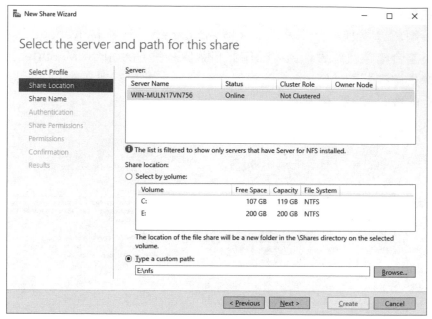

圖 7-19　共用位置設定

在如圖 7-20 所示的 [Share Name] 頁面中，可以進一步設定 NFS 的共用名稱，輸入後便會自動產生遠端共用的路徑，之後網路中的其他主機便可以透過這個共用路徑來進行存取。點選 [Next]。

圖 7-20　共用名稱設定

在如圖 7-21 所示的 [Authentication] 頁面中，請勾選位在 [No server authentication] 區域中的 [No server authentication (AUTH_SYS)] 選項，並進一步勾選 [Enable unmapped user access] 以及選取 [Allow unmapped user access by UID/GID] 設定。點選 [Next]。

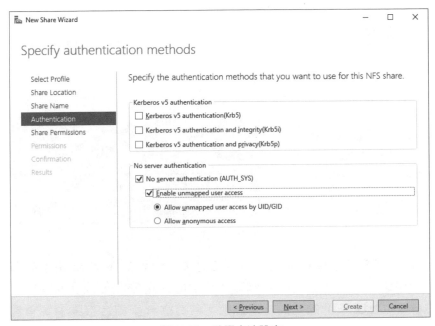

圖 7-21　驗證方法設定

在如圖 7-22 所示 [Share Permissions] 頁面中，可以自訂共用權限的配置清單。請將所有準備要存取此 NFS 共用儲存區的 ESXi 主機一一加入，並且記住在權限（Permission）部分必須設定為 [Read/Write]，以及設定允許 root 帳號存取。點選 [Next]。在 [Permission] 頁面中，則可以決定是否要修改此 NFS 資料夾的權限，讓不同的本機帳號有不同的存取權限。連續點選 [Next] 完成設定。

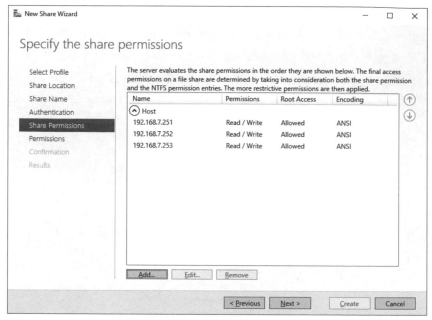

圖 7-22　共用權限設定

完成了 NFS 共用資料夾的新增設定之後，回到如圖 7-23 所示的 [Shares] 頁面中之後，便可以查看到剛剛所新增的共用設定，以及此共用位置所在磁碟（VOLUME）的空間使用狀態。若有進一步結合檔案資源管理員的配額設定功能，則還可以查看到相關的配額（QUOTA）資訊。

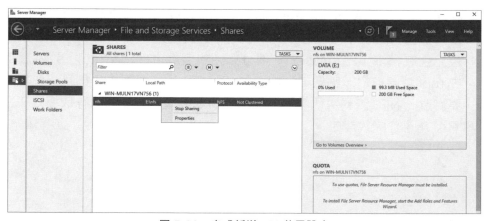

圖 7-23　完成新增 NFS 共用設定

7.7 vSphere 連接 Windows NFS 儲存區 ───

在完成了 Windows Server 的 NFS 伺服器角色安裝與共用設定之後，接下來就可以來讓所有被允許的 NFS Client 來進行連線存取，而在 vSphere 環境之中我們所說的 NFS Client 就是 ESXi 主機。

請開啟任一被授權的 ESXi 主機節點頁面，並點選位在 [動作]\[儲存區]\[新增資料存放區] 繼續。在 [類型] 頁面中請選取 [NFS] 設定並點選 [下一頁]。在如圖 7-24 所示的 [選取 NFS 版本] 頁面中，可以發現有兩個 NFS 版本可以選擇，必須注意的是 NFS 4.1 可支援多重路徑的連線存取，NFS 3 則不支援多重路徑，換句話說，你可以在 ESXi 主機配置中，使用多個 IP 位址來存取單一 NFS 4.1 的磁碟。點選 [下一頁]。

小提示　在 vSphere 架構中，NFS 3 和 NFS 4.1 皆支援 IPv6 網路連線。

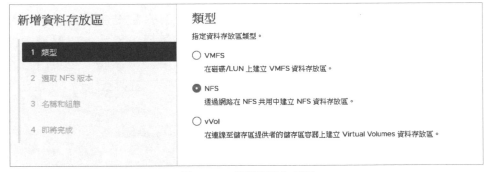

圖 7-24　新增資料存放區

在如圖 7-25 所示的 [名稱和組態] 頁面中，請先輸入一個新的 NFS 共用名稱，再輸入所要連線的共用資料夾路徑、伺服器名稱並點選 [新增] 按鈕即可。點選 [下一頁]。

圖 7-25　名稱和組態

接著在如圖 7-26 所示的 [設定 Kerberos 驗證] 頁面中，可以決定是否要採用 Kerberos 安全驗證機制來進行連線，在此我們選取 [請勿使用 Kerberos 驗證] 即可。值得一提的是在 NFS 3 版本僅支援 AUTH_SYS 安全機制，而這個機制儲存區流量將會以未加密的格式進行資料的傳輸。至於 NFS 4.1 版本則增加支援了 Kerberos 驗證通訊協定，以保證主機與 NFS 伺服器之間的安全通訊。使用 Kerberos 驗證機制時，也可讓非 root 的授權用戶可以存取檔案。連續點選 [下一頁] 完成設定。

圖 7-26　設定 Kerberos 驗證

回到 vSphere Client 的資料存放區管理頁面，便可以如圖 7-27 所示開啟剛剛所新增的 [Windows NFS] 資料存放區，當這個資料存放區有在 vSphere Client 上傳檔案時，Windows Server 的本機用戶將可以在相對的磁碟路徑中，查看到所有已上傳的檔案。反之在 Windows 的網路之中，若有用戶上傳任何檔案進來此資料夾時，我們也可以從 vSphere Client 的資料存放區管理頁面中查看到。

圖 7-27　存取 NFS 共用資料夾

7.8 vSphere 連接 TrueNAS NFS 儲存區 ───

vSphere ESXi 主機支援連接任何 NFS 3 與 NFS 4.1 的儲存區，因此開源儲存方案 TrueNAS，當然也可以自建 NFS 共用儲存區來讓 ESXi 主機進行連線存取。怎麼做呢？很簡單，首先只要在登入 TrueNAS 管理網站之後，如圖 7-28 所示點選至 [Sharing]\[Unix Shares (NFS)] 頁面。接著設定本機儲存區所要做為 NFS 共用的資料夾路徑，以及將其中的 [All dirs] 與 [Enabled] 選項勾選。必須注意的是如果你像筆者一樣，忘了將預設沒有勾選的 [All dirs] 選項打勾，則在後續的 ESXi 主機連線過程之中將會發生錯誤。

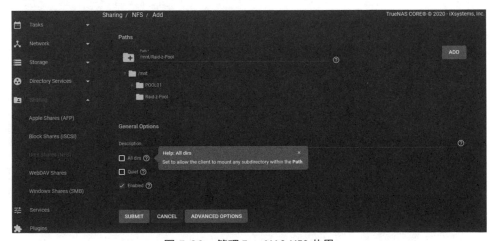

圖 7-28　管理 TrueNAS NFS 共用

進一步如果你有點選 [ADVANCED OPTIONS] 按鈕，將會展開如圖 7-29 所示的 [Access] 進階配置頁面。在此除了可以自訂對應的使用者與群組之外，更重要的是還可以設定授權存取的網路、主機以及 IP 位址。點選 [SUBMIT] 完成設定。

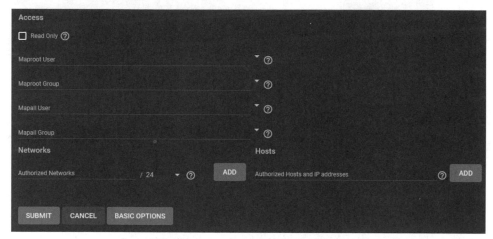

圖 7-29　TrueNAS NFS 共用進階設定

完成了 TrueNAS 的 NFS 共用設定之後，接下來就可以回到 vSphere Client 網站來設定資料存放區的連線。請在叢集或 ESXi 主機節點的頁面中，點選位在 [動作] 選單中的 [儲存區]\[新增資料存放區]。接著在 [類型] 的頁面中請選取 [NFS]。點選 [下一頁]。在 [選取 NFS] 版本的頁面中筆者以選擇 [NFS 3] 為例。點選 [下一頁]。

值得注意的是，雖然 NFS 3 版本同時也支援了 vSphere 6.0 之前的 ESX/ ESXi 的存取，不過在多台 ESXi 主機連線的設定部分，必須確認它們所連線的伺服器名稱和資料夾名稱皆相同，否則將會導致 vMotion 等功能執行失敗，例如你將第一台 ESXi 主機設定連線 fileserver.domain.com，而第二台 ESXi 主機卻是設定連線 fileserver，如此便會導致移轉失敗。同樣的情境若是在 NFS 4.1 版本中則不會有此問題。

此外你也不能夠在不同的 ESXi 主機上，以不同的 NFS 版本來掛接相同的資料存放區，因為如此一來由於不同版本的 NFS 連線方式，使用了不相同的鎖定通訊協定，將可能會造成在存取相同的虛擬磁碟時發生失敗，甚至導致資料毀損。

緊接著在如圖 7-30 所示的 [名稱和組態] 的頁面之中，筆者先輸入「NFS Datastore」來做為此資料存放區的命名，再輸入 TrueNAS 的 NFS 共用資料夾路徑以及伺服器名稱。點選 [下一頁]。

圖 7-30　新增資料存放區

在如圖 7-31 所示的 [主機可存取性] 頁面中，請勾選允許存取此 NFS 資料存放區的 ESXi 主機。必須注意的是此設定頁面，只有當我們在叢集節點上來新增資料存放區時才會出現。點選 [下一頁]。

圖 7-31　主機可存取性設定

如圖 7-32 所示便可以在 vSphere Client 資料存放區的清單之中，看到剛剛我們所新增的 NFS Datastore 資料存放區。你可以開始對於此資料存放區進行各種存取，例如上傳檔案、上傳資料夾、新增資料夾或是在新增虛擬機器的步驟中，選擇它來做為資料存放區。

圖 7-32　完成 TrueNAS NFS 共用連接

7.9 如何重新登錄虛擬機器

前一陣子有讀者詢問筆者關於虛擬機器的移機，如果是在不同 vSphere 的架構下，或是各自獨立的 ESXi 主機情境之下，除了可以採用匯出 / 匯入 OVF 範本的方式來完成之外，還有沒有其他可行的做法？

我的回答是如果兩台主機的基本規格一致，也可以試試先手動從來源 ESXi 主機的資料存放區中，將虛擬機器資料夾中的所有檔案下載。接著再上傳至目標 ESXi 主機的資料存放區之中，最後再如圖 7-33 所示選取此虛擬機器的 .vmx 檔案，並點選 [登錄虛擬機器] 繼續。

圖 7-33　虛擬機器檔案管理

在如圖 7-34 所示的 [登錄虛擬機器] 頁面中，請輸入新虛擬機器的名稱並選取資料夾位置。點選 [NEXT]。在 [選取計算資源] 的頁面中選擇負責運行的 ESXi 主機。點選 [NEXT] 完成設定即可。

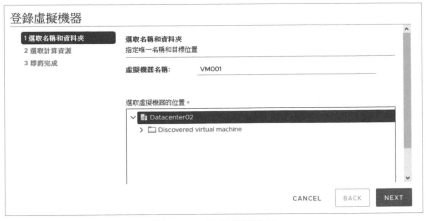

圖 7-34　登錄虛擬機器

如圖 7-35 所示回到主機與虛擬機器的管理頁面中，便可以查看到已經成功登錄的虛擬機器，你可以繼續開啟此虛擬機器的電源來恢復運行。上述所介紹的設定方法，皆可以使用在 VMware Host Client 或 vSphere Client 管理網站之中。

圖 7-35　完成登錄虛擬機器

7.10 如何變更虛擬磁碟類型

在 vSphere 虛擬機器的配置中，虛擬磁碟的配置是相當重要的一個環節，因為它會影響到虛擬機器的運行性能與安全問題，甚至於也會關係到 vSphere 整體架構的儲存規劃。

將虛擬硬碟的存放位置，選擇在傳統 HDD 還是快閃的 SSD 儲存設備之中，是必須根據虛擬機器 Guest OS 中所運行的應用系統來決定。除此之外在部署虛擬機器的配置過程中，還必須正確選擇適合的虛擬磁碟。

以下是關於三種虛擬磁碟類型說明：

- **完整佈建消極式歸零**（Thick Provision Lazy Zeroed）：以預設的完整格式建立虛擬磁碟。虛擬磁碟所需的空間會在建立時就直接給足。不過它對於儲存空間的處理方式，是採用需要使用到多少資料空間時，才對於這些空間進行初始化，而對於還沒有沒使用到的空間部份則是不予處理。此類型的虛擬磁碟的運行效率，剛好位居其他兩者之間。

- **完整佈建積極式歸零**（Thick Provision Eager Zeroed）：它與完整佈建消極式歸零格式不同的地方，在於不僅是虛擬磁碟所需的空間會在建立時就直接給足，還會進一步完整所有空間的初始化。因此建立此類格式的磁碟所需的時間，便會比其他兩種類型的虛擬磁碟要來得久，不過相對也會讓使用此虛擬磁碟的應用系統運行速度更快。

- **精簡佈建**（Thin Provision）：使用精簡佈建格式會讓一開始的虛擬磁碟大小，僅使用該磁碟最初所需的資料存放區空間，也就是資料有多少虛擬磁碟的檔案就會自動成長多大。如果精簡佈建磁碟日後需要更多空間，則可以擴充到所配置的容量上限。相較於其他兩種虛擬磁碟類型，精簡佈建最為節省存放空間，但相對的也會讓虛擬機器的 I/O 讀寫效率變差。

無論你在最初新增虛擬機器的過程之中，是選擇精簡佈建還是完整佈建類型，之後仍然是可以根據虛擬機器的運行需求的改變，來進行虛擬磁碟類型的轉換。接下來首先讓我們來看看，如何將精簡佈建轉換成完整佈建積極式歸零。很簡單！只要開啟虛擬機器所在的資料存放區，再如圖 7-36 所示選取要進行轉換的精簡佈建虛擬磁碟檔案，並點選 [擴充] 功能即可。

圖 7-36　虛擬磁碟檔案管理

初步完成了虛擬磁碟檔案的類型轉換，並不會立即生效，你還必須將虛擬機器從詳細目錄中刪除並重新載入才可以真正生效。除此之外，你也可以選擇透過執行以下的 ESXCLI 命令，如圖 7-37 所示來查詢虛擬機器的VMID，並將選定的虛擬機器執行重新整理即可。

```
vim-cmd vmsvc/getallvms

vim-cmd vmsvc/reload 7
```

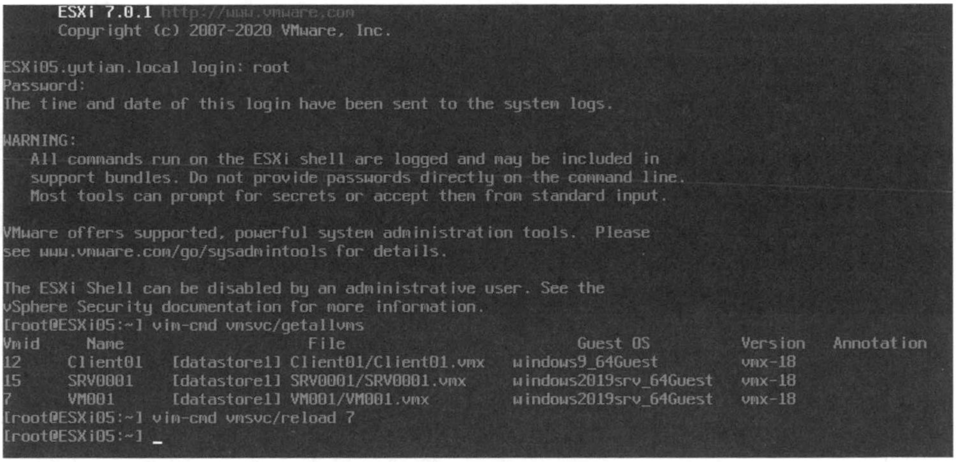

圖 7-37　重新載入虛擬機器

接下來學習一下如何改將完整佈建積極式歸零轉換成精簡佈建的虛擬磁碟類型。請在 vSphere Client 中針對選定的虛擬機器，按下滑鼠右鍵並選擇 [移轉]。接著在 [選取移轉類型] 頁面中選取 [僅變更儲存區]。點選 [NEXT]。在如圖 7-38 所示的 [選取儲存區] 頁面中請在選定儲存區之後，再從 [選取虛擬磁碟格式] 下拉選單中選取 [精簡佈建]。點選 [NEXT] 完成設定即可。

圖 7-38　移轉虛擬機器設定

關於將完整佈建積極式歸零轉換成精簡佈建虛擬磁碟的方法，也可以透過執行 ESXCLI 命令來完成。如圖 7-39 所示首先請切換到此虛擬機器的路徑下並執行 ls 命令，來查看此虛擬機器的所有檔案。在確認所要修改的虛擬磁碟檔案之後，透過執行以下命令格式即可。

vmkfstools -I 來源 vmdk 檔案 -d thin 新 vmdk 檔案

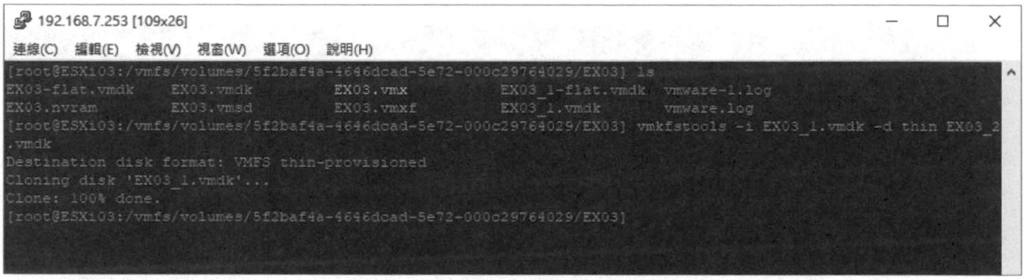

圖 7-39　完整佈建轉精簡佈建

在完成虛擬磁碟格式的移轉至新的 vmdk 檔案之後，只要回到 vSphere Client 操作介面，然後開啟此虛擬機器的資料存放區並將舊的虛擬磁碟刪除。最後再如圖 7-40 所示，把轉換後的新虛擬磁碟檔案更名成原檔案名稱即可。

圖 7-40　重新命名虛擬磁碟檔案名稱

7.11 共用虛擬磁碟配置

所謂共用虛擬磁碟就是讓多台虛擬機器同時掛載相同一個虛擬磁碟，並且同時上線連接使用，然而這樣的應用情境通常是發生在叢集的架構之中，像是常見的 Oracle RAC 或 MSCS（Microsoft Cluster Service）等等，其中 MSCS 便是 Active Directory 網路環境之中最為普遍的應用。如今若想在 vSphere 架構下使用 Windows Server 的 MSCS 功能，共用虛擬磁碟是一個相當棒的解決方案。

vSphere 針對虛擬機器所提供的多重寫入器（Multi-Writer）技術，使用上必須注意以下幾點限制：

- 無法針對已啟用共用虛擬磁碟設定的虛擬機器進行線上移轉，也就是 vMotion 或 Storage vMotion。若需要進行移轉則得先將虛擬機器關機。

- 不適合用來作為一般多台虛擬機器之間的共用磁碟用途，而是必須使用在諸如前面所提到的 MSCS 應用需求，否則在同時上線的情況之下，各自虛擬機器的 Guest OS 只能看見自己所建立的檔案、資料夾。

- 無法對於共用磁碟在線上進行容量的擴增，否則將會出現錯誤訊息。

- 無法建立快照，執行後將會出現「儲存快照時發生錯誤：無法為共用磁碟建立快照」的錯誤訊息。

- 虛擬磁碟在設定為多重寫入器的狀態下，無法連接在虛擬 NVMe 控制器。

接下來就讓我們動手實戰一下共用虛擬磁碟的配置。請開啟虛擬機器的 [編輯設定] 頁面。接著點選位在 [新增裝置] 選單下的 [控制器]\[SCSI 控制器]。在如圖 7-41 所示的 [變更類型] 欄位中確定已經選取 [LSI Logic SAS]。而在 [SCSI 匯流排共用] 的設定部分，若你是在同一台的 ESXi 主機之中，有多台虛擬機器要共用相同的虛擬磁碟請選擇 [虛擬]，如果是要橫跨多台 ESXi 主機間的共用虛擬磁碟，則必須選擇 [實體] 繼續。

圖 7-41　新增 SCSI 控制器設定

緊接著請繼續在上述的 SCSI 控制器新增 [硬碟]。在如圖 7-42 所示的 [共用] 欄位中請選取 [多重寫入器]。在 [磁碟模式] 欄位中請選取 [相依]。點選 [確定]。

圖 7-42　新增硬碟設定

完成了共用虛擬磁碟的設定之後，接下來就可以在其他虛擬機器的 [編輯設定] 頁面之中，如圖 7-43 所示點選位在 [新增裝置] 選單中的 [磁碟、磁碟機和儲存區]\[現有硬碟]，然後在 [磁碟檔案] 的欄位之中，選取上一個步驟虛擬機器的共用虛擬磁碟檔案即可。點選 [確定]。

圖 7-43　第二台 VM 新增硬碟設定

最後只要開啟第一台虛擬機器電源並進入到 Guest OS 之中，即可從 Windows Server 的 [磁碟管理員] 操作介面，如圖 7-44 所示來依序完成磁碟的連線、初始化以及新增簡單磁碟區，即可開始建立 MSCS 的叢集服務配置。

圖 7-44　Windows 初始化磁碟

7.12 vmkfstools 命令工具活用實例

在前面的實戰講解中，筆者已經示範過如何透過 vmkfstools 命令工具，來
將完整佈建積極式歸零的虛擬磁碟，轉換成精簡佈建虛擬磁碟的方法。然
而針對虛擬磁碟的管理，vmkfstools 還有許多的實用技巧。首先你可以如
圖 7-45 所示透過以下命令參數，來查看選定的 datastore1 資料存放區的
完整資訊，包括了它的容量、可用空間、最大支援的檔案大小、Block 大
小、UUID 等等。

```
vmkfstools -P /vmfs/volumes/datastore1
```

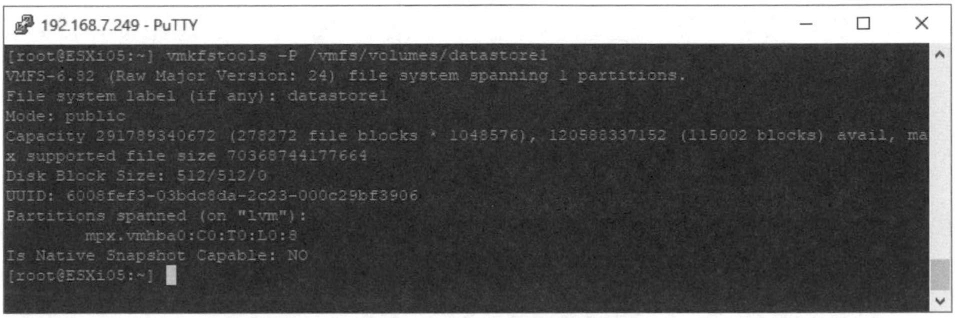

圖 7-45　查看資料存放區資訊

接著你可以透過以下命令參數，如圖 7-46 所示在選定的路徑下建立一個名
為 disk02.vmdk 的虛擬磁碟檔案，並將檔案設定為 10240MB。完成虛擬
磁碟檔案的建立之後，你就可以在編輯虛擬機器的設定中，選擇新增一個
現有的硬碟來將它加入即可開始使用。

```
vmkfstools -c 10240m "/vmfs/volumes/datastore1/VM001/disk02.vmdk"
```

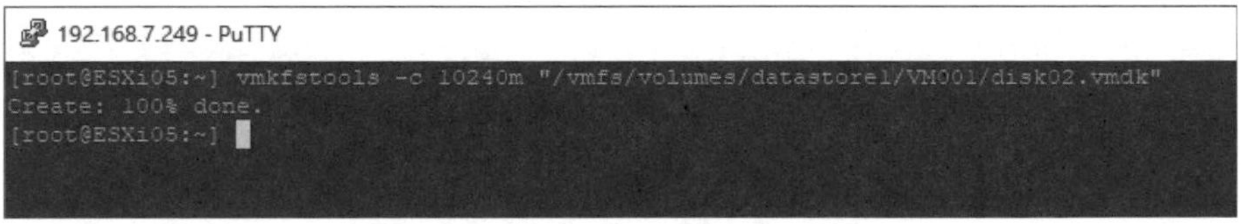

圖 7-46　建立虛擬磁碟

除了可以建立虛擬磁碟檔案之外，當然也能夠進行刪除。如圖 7-47 所示只
要透過以下命令參數，便可以從選定的路徑中刪除一個名為 disk02.vmdk
的虛擬磁碟檔案。

```
vmkfstools -U "/vmfs/volumes/datastore1/VM001/disk02.vmdk"
```

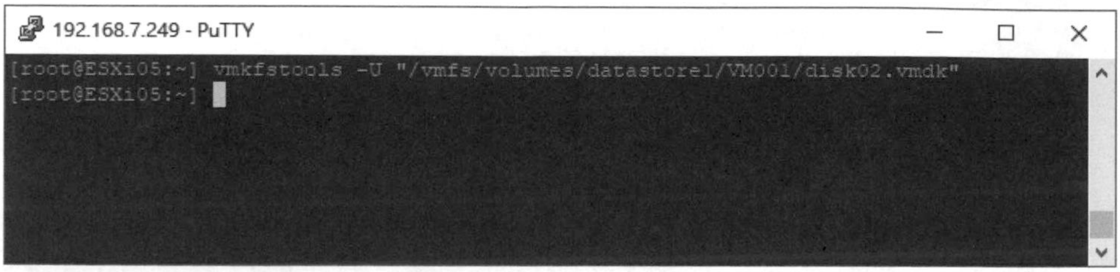

圖 7-47　刪除虛擬磁碟

當現行一個名為 VM001.vmdk 虛擬磁碟的空間快要用盡時，你還可以如圖 7-48 所示透過以下命令參數來將它進行擴增，例如直接擴增至 120GB。等到完成擴增之後，在進入到此虛擬機器的 Guest OS 之中來完成新磁碟空間的合併即可。

```
vmkfstools -X 120g /vmfs/volumes/datastore1/VM001/VM001.vmdk
```

圖 7-48　擴增虛擬磁碟空間

如果你有使用過 VMware Workstation Pro，應該會發現它對於虛擬磁碟的管理所提供的工具相當好用，例如你可以在虛擬機器關機狀態下，設定虛擬磁碟與本機磁碟代號的對應，以方便直接進行虛擬磁碟中檔案與資料夾的存取。或是你也可以對於選定的虛擬磁碟進行重整（Defragment）、擴增（Expand）、壓縮（Compact），而且這些好用的功能全部皆設計在同一操作介面之中。

反觀 vSphere Client 在這部分的設計似乎不太理想，儘管可能是因為 vSphere 有三種虛擬磁碟類型以及支援多種儲存架構所致，但筆者認為在管理介面的設計上，應該盡可能做到一致性的友善體驗，並且只讓需要做到批量或進階的管理，才必須使用到 ESXCLI 或 PowerCLI 命令工具。

第 8 章

vSphere 7.x 實戰 vSAN 與 SMB 檔案服務共用

早期的 VMware vSAN 只能用來作為運行 vSphere 虛擬機器的儲存區，如今隨著新版本的不斷推進，它已經可以同時作為 iSCSI Target，來提供其他應用系統建立叢集架構時的需要。除此之外，它還能成為一個擁有高性能運行的檔案伺服器，提供廣泛 NFS 與 SMB 用戶端的連線存取，讓組織中的所有知識工作者一起享用同時具備高性能、高可靠度以及高可用性的共用儲存區。

8.1 簡介

採用傳統檔案伺服器與儲存設備的架構方式，來作為企業 IT 資料中心的規劃方式早已過時，它已無法滿足龐量的資料存取需要，更無法提升人員的生產力與協同合作的效率，全都只因為它儲存容量不夠大、擴充不易、速度不過快、容錯保護不夠強、管理太複雜。

綜合上述因素企業 IT 對於資料中心的儲存規劃，應該改選擇超融合基礎架構（HCI, Hyper-Converged Infrastructure），尤其是在以虛擬化運算的 IT 環境之中更是首選，因為它採用了軟體定義儲存的技術，讓運算、儲存、網路三者結合成單一系統，來運行任何需要的應用系統、檔案服務、虛擬機器、容器。

VMware vSphere 的虛擬化平台不僅始終是全球企業 IT 的首選，它所推出的 vSAN 超融合基礎架構，更是持續衛冕 HCI 市佔率的龍頭寶座。vSAN 的運行基礎是 vSphere 叢集，因此對於 VMware vSphere 7.x 的用戶來說只要先取得 vSAN 授權，並滿足儲存設備與網路連線的基本需求，便可以開始動手部署 vSAN。

然而在大型的企業 IT 環境之中，不僅在伺服端虛擬機器與容器的需求較大，相對的在用戶端連線數量也遠比中小型企業大上許多。為此僅建立一組 vSAN 叢集肯定不敷使用，可是若建立多組的 vSAN 叢集，雖然解決了儲存容量的使用需求，但在實質效益上似乎又無法凸顯出 vSAN 叢集的應用價值，畢竟想要建立一組 vSAN 叢集需要投入的 IT 成本是相當可觀的。

還好打從 vSAN 7.0 Update 1 版本更新之後，由於推出了 HCI Mesh 架構功能，使得多組 vSAN 叢集能夠做到彼此間儲存資源的相互共享。如此一來不僅解決了資源共享的需求，更重要的是還能夠讓其上運行的虛擬機器以及容器，可以在多個 vSAN 叢集之中無礙移轉。

一旦部署了 vSAN 的 HCI Mesh 架構之後，若想讓它的應用價值發揮的淋漓盡致，建議不妨啟用 iSCSI Target 功能，讓其他應用系統或資料庫服務，可以透過 vSAN 的儲存區來建立叢集所需的共用儲存區。接著若 vSAN 的儲存區空間相當充沛，還可以進一步啟用 NFS 與 SMB 的檔案服務功能，讓用戶可以存放重要的文件。

過去筆者在 vSAN 7.0 的初版發行時曾實戰介紹過關於 NFS 的檔案服務共用。在接下來的實戰內容中，就讓我們來實戰學習一下關於 SMB 的檔案服務共用功能，以提供廣泛企業 Windows 用戶端的直接存取需求。

8.2 準備 vSAN 網路與磁碟

在實務上 vSAN 的部署除了需要有三台 ESXi 主機以及叢集的環境之外，在網路連接的規劃上，理論上在混合（Hybrid）儲存架構下的使用，可以只選擇 1GB 的網路，但是筆者的建議是無論要採用混合（Hybrid），還是全閃存（All-Flash）的儲存架構，最好都有一個專屬的 10GbE 網路，以因應容錯備援時的運行速度需要。進一步若考量到單一網卡的故障問題，可透過 NIC Teaming 功能來設定好備援的網卡。

接下來，我們要在叢集的每一台主機中，建立一個 vSAN 檔案服務共用的網路。首先請在現行的標準 vSwitch 頁面中，點選 [新增網路]。接著在如圖 8-1 所示的 [選取連線類型] 頁面中，選取 [標準交換器的虛擬機器連接埠群組]。點選 [NEXT]。

圖 8-1　新增網路

 小提示　如果你 vSAN 叢集的主機超過 3 台，建議你採用 vDS（vSphere Distributed Switch）的配置方式，以便透過集中式的管理和監視功能來簡化各主機的網路管理。

在如圖 8-2 所示的 [選取目標裝置] 頁面中，筆者選擇了一個現行的 vSwitch2 標準交換器。當然你也可以根據實際需要，來選取 [新增標準交換器]。點選 [NEXT]。

圖 8-2　選取目標裝置

在如圖 8-3 所示的 [連線設定] 頁面中，請輸入一個 [網路標籤] 以作為後續在配置 vSAN 檔案服務時可以識別與選取。至於 VLAN 識別碼請根據實際管理需要來定義即可。點選 [NEXT]。

圖 8-3　連線設定

最後在 [即將完成] 頁面中，確認上述設定無誤之後點選 [FINISH] 即可。回到如圖 8-4 所示的 [標準交換器：vSwitch2] 頁面中，便可以看到剛剛筆者所建立的 vShare 網路。請繼續完成其他 vSAN 主機的相同網路建立，後續我們將使用此網路來作為檔案服務的連線。

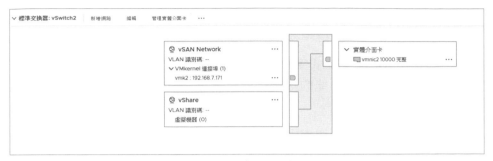

圖 8-4　標準交換器檢視

完成了專用的網路的準備之後，接下來還必須確認已在每一台 ESXi 主機之中，至少要有一個快取磁碟以及一個容量磁碟，來做為 vSAN 架構的專用磁碟，其中前者可以用來規劃快取層（cache tier），後者則可以用來規劃容量層（capacity tier）。如圖 8-5 所示在此筆者分別準備了一顆 60GB 的 HDD 與一顆 60GB 的 Flash，三台主機剛好有三顆 HDD 與三顆 Flash 來做為 vSAN 的儲存磁碟。

圖 8-5　vSAN 主機磁碟準備

8.3 啟用叢集 vSAN 功能

完成了叢集中各主機網路與磁碟的準備之後，請在叢集頁面的 [動作] 選單之中點選 [vSAN]\[設定]。

在如圖 8-6 所示的 [組態類型] 頁面中，分別有五個選項説明如下：

- **單一站台叢集**：當所有主機位於同一個站台並且要共用見證功能時可以選擇此類型，而每台主機也會被視為存放於自己的容錯網域中。本範例的操作將選擇此類型。

- **具有自訂容錯網域的單一站台叢集**：針對自定義且不含見證主機的單一站台叢集配置。此選項在 vSAN 7.0 第一版尚未提供。

- **雙節點 vSAN 叢集**：讓兩部提供儲存功能的主機位在相同站台之中，而讓僅擔任見證功能的主機在另一個站台中來運行，它將只會負責存放見證用的中繼資料。

- **延伸叢集**：提供兩個作用中的資料站台，其中每個站台都有偶數台主機和儲存裝置，並且將見證主機位於第三個站台之中。

- **vSAN HCI 網路運算叢集**：此選項就是我們前面介紹中所提到的 vSAN HCI Mesh 架構，透過此選項的配置可以讓位在相同資料中心的 vSAN 叢集之間，可以互相掛接其他 vSAN 叢集的儲存區來使用。此選項在 vSAN 7.0 第一版尚未提供。

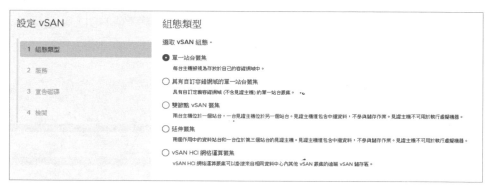

圖 8-6　設定 vSAN 組態類型

在如圖 8-7 所示的 [服務] 頁面中，可以決定是否要在 vSAN 的儲存區的 [空間效率] 設定中，啟用 [僅壓縮] 或 [重複資料刪除和壓縮] 功能。必須注意的是，後者功能得在全快閃磁碟群組（All Flash）配置下才能夠正常使用，因為目前尚未支援混合磁碟群組配置的架構下使用。

接著對於 [靜態資料加密] 功能的使用，則必須預先設定好 KMS 叢集的連線才可以啟用，然後在此頁面中選定並決定使用前是否要抹除剩餘資料。至於 [允許減少的冗餘] 選項，用途在於當有變更重複資料刪除和壓縮或是加密狀態時，vSAN 將可以視需要降低虛擬機器的保護層級。在 [資料傳輸加密] 選項部分，一經啟用後 vSAN 將會使用 AES-256 位元加密主機之間的所有資料和中繼資料流量，包括了後續檔案服務主機之間連線的加密，以確保整個運行過程中所有資料的傳輸安全。

小提示 關於 vSAN[資料傳輸加密] 功能與 [靜態資料加密] 功能無關,你可以單獨啟用或停用任一個加密選項。

在 [大型叢集支援] 的功能啟用部分,主要是因為在預設的狀態下 vSAN 叢集只能夠擴充至 32 個節點,若需要擴充至 64 個節點便需要啟用此選項。不過必須注意的是如果此選項在設定叢集之前變更將會立即生效,反之則需要在所有節點主機重新開機之後功能啟用才會真正生效。

最後你還可以決定是否要啟用 [RMDA 支援] 功能,不過啟用此功能的前提條件是所有裝置都需要在每個 vSAN 上行和 RoCEv2 通訊協定的支援配置上,皆有配對的 vmrdma 裝置才可以。一旦此功能成功啟用,將可以有效提升 vSAN 的 I/O 讀寫效率以及降低使用 CPU 的運算資源。點選 [下一步]。

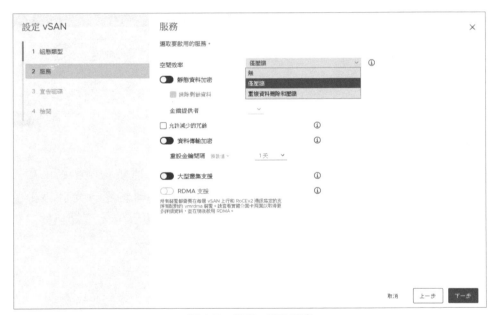

圖 8-7 設定 vSAN 服務

在如圖 8-8 所示的 [宣告磁碟] 頁面中,請為每一個磁碟選擇宣告為快取層或是容量層,即便在每一台主機上所安裝的磁碟機類型皆是快閃,也同樣必須至少配置一個快取層與一個容量層,且最終宣告的快取層磁碟數量不能更大於容量層磁碟。

若是暫時不加入 vSAN 儲存區中，則選取 [不宣告]。在此可以發現筆者的
每一台主機皆配置了一顆快閃（快取層）與一顆 HDD（容量層），且每一
顆磁碟的容量皆為 60GB，因此總儲存容量與總快取容量皆是 180GB。點
選 [下一步]。

圖 8-8　宣告磁碟

最後在如圖 8-9 所示的 [檢閱] 頁面中，請確認上述步驟中的每一項設定
是否正確，包括了組態類型、空間效率、靜態資料加密、允許減少的冗
餘、資料傳輸加密、大型叢集支援以及 RDMA 支援等等。確認無誤之後點
選 [完成]。

圖 8-9　檢閱 vSAN 配置

完成了 vSAN 的啟用設定之後，可以點選至叢集的 [設定]\[vSAN]\[磁碟管理] 頁面中，如圖 8-10 所示來查看剛剛所建立的磁碟群組配置。往後主機若有新的磁碟添加進來，可以在此點選 [宣告未使用的磁碟] 來加入至 vSAN 叢集之中來使用。你也可以依需求在此點選 [建立磁碟群組] 或 [執行預先檢查]。

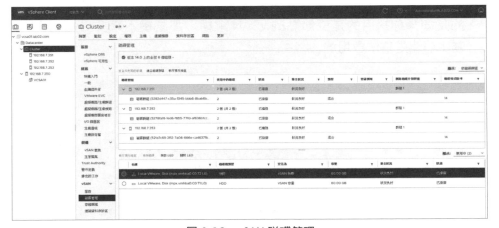

圖 8-10　vSAN 磁碟管理

在如圖 8-11 所示的 [vSAN]\[容錯網域] 頁面中，對於大型的組織而言可以根據實際的需求，建立多個容錯網域（Fault Domain）不僅可以預防單一主機的故障問題，就連單一機櫃整個損毀都能夠即時的進行熱備援。目

前在單一站台的組態類型中，容許的容錯網域故障數目是 1，已足夠中小型 vSAN 環境運行的需要。

圖 8-11　容錯網域資訊

在如圖 8-12 所示的 [服務] 頁面中，將可以查看到所有與 vSAN 服務相關的功能之啟用狀態，這包括了 Support Insight、重複資料刪除和壓縮、加密、效能服務、vSAN iSCSI 目標服務、檔案服務以及進階選項。必須注意的是如果你採用的是雙節點的 vSAN 架構，那麼接下來要介紹的 [檔案服務] 功能是無法啟用的。

圖 8-12　vSAN 服務狀態

8.4 啟用 vSAN 原生檔案服務

想要在 vSAN 叢集中啟用檔案服務功能，以便讓 NFS 或 SMB 的用戶端可以來連線存取旗下的共用資料夾，除了在 vSAN 叢集中至少有三台主機之外，還必須為每一台主機的檔案服務，配置專屬的靜態 IP 位址、子網路遮罩以及閘道，並且每一個 IP 位址都要有對應的 DNS 名稱，以及設定好反向 DNS 查閱，如此才能成功完成檔案服務的啟用。

首先請在 vSAN 叢集的 [設定]\[vSAN]\[服務] 頁面中，展開 [檔案服務]並點選 [啟用]。接著在 [檔案服務代理程式] 頁面中，可以自行選擇自動方法或手動方法來部署 vSAN File Services Appliance，在此建議採用前者方式並勾選 [信任憑證] 來完成快速部署即可。如果曾經停用過 vSAN 檔案服務，當再次對於相同 vSAN 叢集主機啟用檔案服務時，便無需再次設定檔案服務代理程式，因為它將會直接顯示目前已安裝的檔案服務代理程式版本資訊。點選 [下一步]。

在如圖 8-13 所示的 [網域] 頁面中，必須先為新的檔案服務網域命名，再設定 DNS 伺服器的 IP 位址以及 DNS 尾碼，必須注意的是在所選定的DNS 伺服器中，已經完成了前面所提到的各主機名稱正向與反向的解析設定。

在整合 Active Directory 的配置部分，請先勾選位在 [目錄服務] 的 [Active Directory] 選項，再依序輸入 AD 網域名稱、組織單位（選用）、AD 使用者名稱、密碼。必須注意只要是要使用 Kerberos 驗證的 SMB 共用或 NFS共用，皆需要設定 Active Directory 配置，如果沒有此配置則檔案服務的網域便僅能使用 NFS 共用來搭配 AUTH_SYS。另外一旦完成了此檔案服務的設定，有關 AD 網域的所有配置便無法再進行修改。點選 [下一步]。

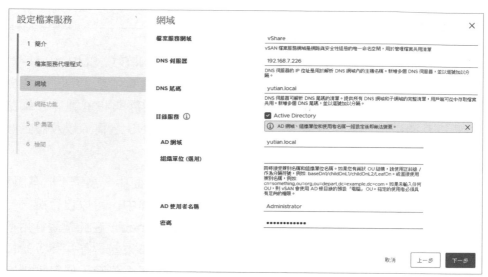

圖 8-13　設定檔案服務網域

在如圖 8-14 所示的 [網路功能] 頁面中，請先挑選前面已建立的 vSAN 檔案服務專用網路（例如：vShare），再選擇通訊協定並輸入子網路遮罩、閘道 IP 位址。點選 [下一步]。

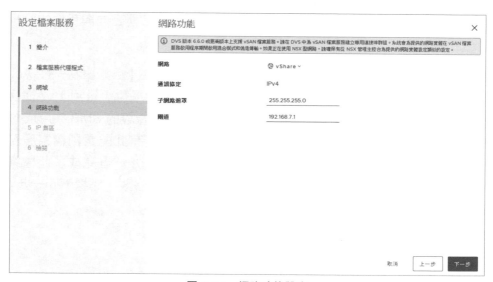

圖 8-14　網路功能設定

在如圖 8-15 所示的 [IP 集區] 頁面中，只要先輸入第一台要做為檔案服務的 vSAN 主機 IP 位址，再接著點選 [查詢 DNS] 超連結便可自動完成名稱

的輸入。最後即可透過點選 [自動填充] 連結，來迅速完成其他兩台主機資訊的輸入。點選 [下一步]。

圖 8-15　IP 集區設定

在如圖 8-16 所示的 [檢閱] 頁面中，請確認上述每個步驟的配置，包括了網域以及網路功能的各項設定。確認無誤後點選 [完成]。

圖 8-16　檢閱檔案服務配置

在檔案服務正在進行設定的過程之中，我們可以從如圖 8-17 所示的 [最近的工作] 區域中，察看到系統除了需要進行相關必要的 OVF 範本部署之外，同時也必須對於 vSAN 叢集下的每一台 ESXi 主機安裝代理程式。

最近的工作　警示					
工作名稱	對象	狀態	詳細資料	啟動器	行列時間
驗證叢集規格	Cluster	✓ 已完成		com.vmware.vsan.health	4 毫秒
部署 OVF 範本	Cluster	69 % ✗	正在複製虛擬磁碟組態	com.vmware.vim.eam	4 毫秒
安裝代理程式	192.168.7.253	20 % ✗	正在佈建代理程式虛擬機器 (com.v mware.vsan.health)	com.vmware.vim.eam	13 毫秒
安裝代理程式	192.168.7.252	20 % ✗	正在佈建代理程式虛擬機器 (com.v mware.vsan.health)	com.vmware.vim.eam	12 毫秒
全部　∨　更多工作					

圖 8-17　檔案服務正在設定中

成功啟用檔案服務並回到 [vSAN]\[服務] 頁面中，便可以從如圖 8-18 所示的 [檔案服務] 展開後完整檢視該服務的網域、DNS 伺服器、DNS 尾碼、AD 網域、組織單位、AD 使用者名稱、共用數目、網路、子網路遮罩、閘道、IP 位址以及版本資訊。若想要完整查看這三台主機的 IP 位址以及對應的 DNS 名稱，只要點選 [查看全部] 超連結即可。

∨ 檔案服務		已啟用
網域	vShare	
DNS 伺服器	192.168.7.226	
DNS 尾碼	yutian.local	
AD 網域	yutian.local	
組織單位		
AD 使用者名稱	Administrator	
共用數目	0	
網路	⊗ vShare	
子網路遮罩	255.255.255.0	
閘道	192.168.7.1	
IP 位址	查看全部	
版本	上次升級時間: 2021/04/13 下午12:08:20；OVF 檔案版本: 7.0.2.1000-17692909	
停用　檢查升級　編輯		

圖 8-18　檢視檔案服務狀態

回到如圖 8-19 所示 vSAN 叢集的 [摘要] 頁面中，可以查看到過去 2 小時內有關 vSAN 的 IOPS、輸送量以及延遲的統計圖表，方便管理人員能夠隨時掌握 vSAN 基本的效能表現。

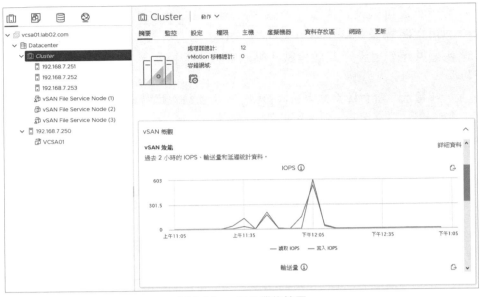

圖 8-19 vSAN 叢集摘要

小提示 你也可以在 PoweCLI 命令視窗之中，透過執行 Get-VsanFileService Domain 命令來得知檔案服務網域的資訊。

8.5 建立 SMB 檔案共用

在 vSAN 檔案服務的成功啟用之後，就可以開始來新增檔案共用，以便讓授權的用戶端或伺服器可以進行連線存取。請在 vSAN 叢集的 [設定]\ [vSAN]\[檔案服務共用] 頁面中點選 [新增] 超連結，來開啟如圖 8-20 所示的 [一般] 頁面。

在此首先可以選擇通訊協定要採用 NFS 還是 SMB，由於過去筆者已示範過 NFS 的配置方法，因此這回改選取 SMB 以及決定是否要使用通訊協定加密功能。緊接著請完成共用名稱的輸入並選擇適合的儲存區原則，接著再自訂警告臨界值的配額大小以及固定配額的大小，以控管有限的共用儲存空間。

進一步還可以設定標籤，來做為當有大量檔案共用時的快速識別與篩選，你可以將標籤連結至每一個檔案共用設定，目前 vSAN 檔案服務最多可為每個共用新增設定 5 個標籤。點選 [下一步]。

> **小提示**　針對檔案共用名稱的設定，不能輸入超過 80 個字元（可以包含英文字元、數字和連字號）。

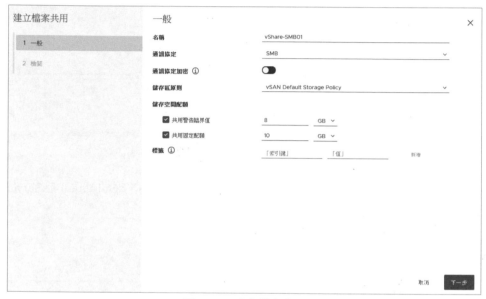

圖 8-20　建立檔案共用

最後在 [檢閱] 的頁面中，請再次確認上述步驟中的通訊協定、儲存區原則、共用警告臨界值、共用固定配額的設定是否正確。確認無誤之後點選 [完成]。回到如圖 8-21 所示的 [檔案共用] 頁面，可以檢視到目前已建立的所有檔案共用設定，並且能夠隨時進行新增、編輯、刪除等操作。

請注意！你無法透過 [編輯] 來變更 SMB 和 NFS 之間的檔案共用通訊協定設定。

圖 8-21 檔案共用管理

對於已建立好的檔案共用，用戶端要如何進行連線存取呢？很簡單，管理員只要在 [檔案共用] 頁面中點選 [複製路徑]，然後將該共用路徑張貼至 Email 或任何傳訊軟體（例如：Skype）給用戶即可。用戶在收到共用路徑超連結之後，只要點選開啟便可以從如圖 8-22 所示的 Windows 檔案總管介面中，來開始進行檔案的存取、資料夾的建立、修改、刪除等操作。

小提示　用戶也可以透過開啟 Windows 的本機管理介面，然後點選位在上方功能列的 [新增一個網路位置] 選項，再設定所要連線的共用路徑即可。

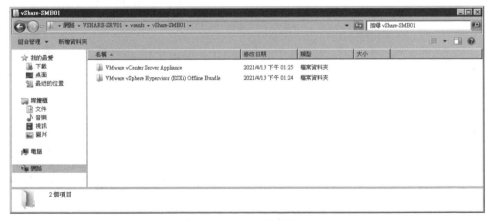

圖 8-22 存取檔案共用

截至目前為止在 vSphere Client 網站中，管理人員是無法直接查看用戶端
對於 SMB 共用的存取資訊，這包括了哪些網域使用者正在連線當中，哪
些共用的檔案正在被開啟當中，在這個情況下就必須藉由 Windows 的共
用資料夾管理員介面來連線查看。

執行的方法很簡單，只要先確認目前所登入 vSAN 檔案服務的使用者也
已連線了 Active Directory 網域，便可以開啟命令視窗然後執行 fsmgmt.
msc /computer:\\vshare-srv01.yutian.local，其中所連線的檔案服務位址
（FQDN），必須是你在設定檔案服務步驟中所建立的 IP 集區位址。想要
快速獲得此執行命令與參數，只要在前面介紹中的 [檔案共用] 頁面，點
選 [複製 MMC 命令] 即可。

如圖 8-23 所示便是 Windows 的共用資料夾管理員介面，在此首先你可以
從 [共用] 頁面中查看到目前所有的共用設定名稱，並且可以針對現行的
共用名稱修改其屬性或刪除，當然也可以繼續新增更多的共用設定。

圖 8-23　檢視共用資料夾

在如圖 8-24 所示的 [工作階段] 頁面中，可以檢視到目前正在連線中的所
有用戶工作階段（Session）。若需要中斷某一個用戶的連線，只要在選取
該用戶之後按下滑鼠右鍵並點選 [關閉工作階段] 即可。

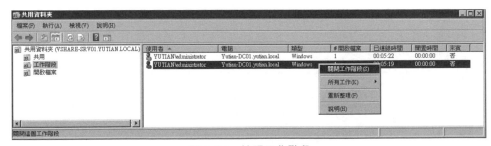

圖 8-24　檢視工作階段

在如圖 8-25 所示的 [開啟檔案] 頁面中，則可以檢視到目前正被用戶開啟中的檔案，同樣的你也可以強制關中斷開啟中的檔案，只要在選取該檔案之後按下滑鼠右鍵並點選 [關閉開啟的檔案] 即可。

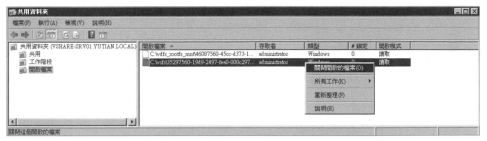

圖 8-25　檢視開啟中的檔案

小提示　在 PoweCLI 命令視窗之中，你也可以透過執行 Get-VsanFileShare 命令來得知所有檔案服務共用的配置資訊。

關於 vSAN 檔案服務的各項管理，除了可以透過 vSphere Client 來完成之外，也能利用表 8-1 的 PowerCLI 命令來完成，至於要如何得知選定命令的用法？其實很簡單，以查詢 New-VsanFileShare 命令用法為例，只要執行 Get-Help New-VsanFileShare -Detailed 即可完整得知各參數的說明與範例。

表 8-1　vSAN 檔案服務命令一覽

命令	說明
Get-VsanFileServiceDomain	查詢檔案服務網域資訊
New-VsanFileServiceDomain	新增檔案服務網域
Set-VsanFileServiceDomain	設定現行檔案服務網域
Remove-VsanFileServiceDomain	移除選定的檔案服務網域
New-VsanFileServiceIpConfig	新增檔案服務 IP 配置設定
Get-VsanFileShare	查詢檔案服務共用的配置資訊
New-VsanFileShare	新增檔案服務共用配置
Set-VsanFileShare	設定現行檔案服務共用配置
Remove-VsanFileShare	移除選定的檔案服務共用配置
New-VsanFileShareNetworkPermission	新增檔案服務共用網路的權限配置
Add-VsanFileServiceOvf	新增檔案服務的 OVF 檔案
Get-VsanFileServiceOvfInf	查詢檔案服務的 OVF 檔案版本資訊以及更新的日期與時間

8.6 檢查檔案服務健全狀況

針對 vSAN 運行的整體健康狀態，管理人員除了可以從各節點主機的 [摘要] 頁面中。來發現系統所主動提示的警示訊息之外，也可以定期主動到 vSAN 叢集的 [監控]\[vSAN]\[Skyline 健全狀況] 頁面中，來完整檢視檔案服務整體的健康報告。

首先在 [檔案服務]\[基礎結構健全狀況] 頁面中，可以分別檢視到各主機在 vSAN 檔案服務節點、VDFS 精靈、根檔案系統以及工作負載平衡的健康狀況。接著在如圖 8-26 所示的 [檔案伺服器執行階段] 頁面中，可以檢視到每一個共用網域主機在 NFS 精靈、SMB 精靈、SMB 連線、根檔案系統可存取性的健康狀況。

> **小提示**
>
> 如果在 vSAN 叢集下任一主機的 [摘要] 之中，出現了：「主機無法與已啟用 vSAN 之叢集中的多個其他節點通訊」，即表示有相關的主機已經停機或是斷網，此時就必須趕緊進行檢查並排除故障問題。

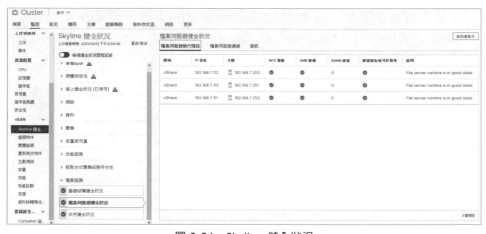

圖 8-26　Skyline 健全狀況

在如圖 8-27 所示的 [共用健全狀況] 頁面中，可以檢視目前所有共用設定的健康狀況，若有一任項共用設定的健全狀況出現錯誤，即表示用戶端也將無法對於此共用路徑進行連線存取，此時便需要回到共用設定的配置頁面中，來查看相對的共用設定是否有問題。

圖 8-27　共用健全狀況

針對檔案共用運行的效能表現部分，可以如圖 8-28 所示到 [vSAN]\[效能]\
[檔案共用] 頁面中來進行檢視。在此除了可以設定檔案共用效能的時間範
圍之外，還可以自由核取 [SMB 通訊協定層效能] 與 [檔案系統效能] 的選
項，而所能夠檢視的效能度量圖分別有 IOPS、輸送量以及延遲時間。

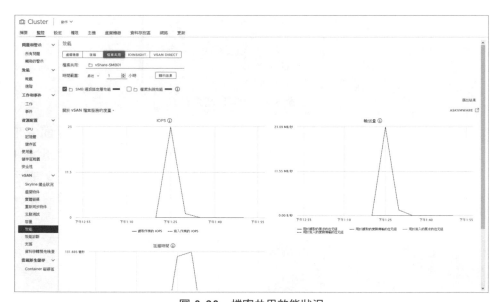

圖 8-28　檔案共用效能狀況

上述的操作講解只是針對 vSAN 檔案服務與共用的健康診斷，若你想要對於 vSAN 整體健康進行更細部的檢測，可以點選至 [監控]\[vSAN] 節點下的虛擬物件、實體磁碟、重新同步物件、主動測試、容量、效能、效能診斷、支援以及資料移轉預先檢查等頁面。

8.7 解決代理程式網路無法建立問題 —————

如果你在啟用 vSAN 檔案服務之後，在叢集的節點上出現了如圖 8-29 所示的紅色標記，即表示檔案服務功能已經啟用失敗，可能的原因雖然有資源不足、儲存空間以及網路連線問題等等，但根據筆者的經驗，若 ESXi 主機採用標準 vSwitch 的配置，通常會是因為連接埠群組的網路配置不正確，才會導致 vSAN 檔案服務的啟用失敗。

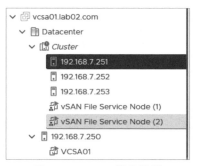

圖 8-29　vSAN 叢集狀態

此時我們可以開啟至各主機的 [監控]\[工作和事件]\[事件] 頁面中來查看，便可能找到如圖 8-30 所示的錯誤事件的資訊。在此可以發現此事件顯示了「代理程式網路 vShare 在主機 192.168.7.252 上無法使用」，表示這是因為在 vSAN 叢集下的這台 192.168.7.252 主機，並沒有正確設定一個名為 vShare 的連接埠群組所致。

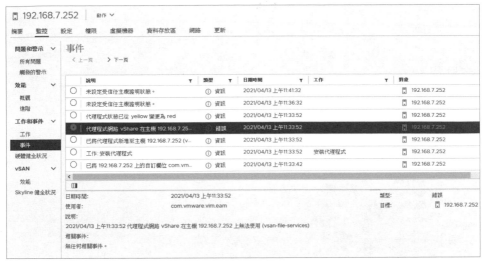

圖 8-30　事件檢視

根據上述的問題只要回頭正確調整好該主機的連接埠群組配置，便可以立即解決此問題。以此問題例子而言，當系統偵測到此主機的 vShare 網路已正確建立好之後，將會如圖 8-31 所示自動繼續完成檔案服務代理程式的安裝與複製虛擬機器的任務。一旦這兩項任務皆完成之後，vSAN 的檔案服務便可以開始正常運行。

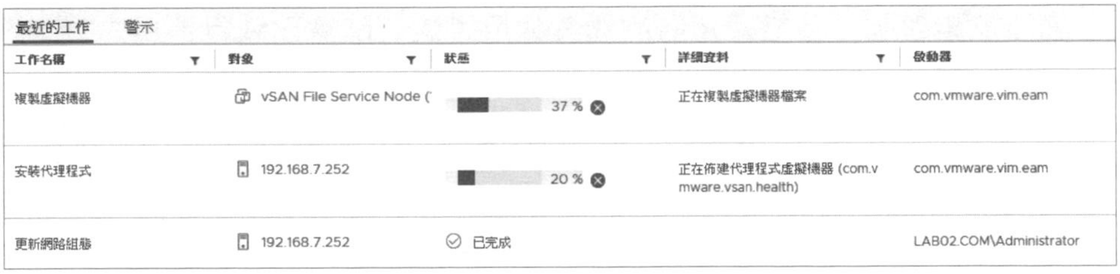

最近的工作	警示				
工作名稱 ▼	對象 ▼	狀態 ▼	詳細資料 ▼	啟動器	
複製虛擬機器	vSAN File Service Node (	37 % ✕	正在複製虛擬機器檔案	com.vmware.vim.eam	
安裝代理程式	192.168.7.252	20 % ✕	正在佈建代理程式虛擬機器 (com.vmware.vsan.health)	com.vmware.vim.eam	
更新網路組態	192.168.7.252	⊘ 已完成		LAB02.COM\Administrator	

圖 8-31　繼續完成設定任務

8.8 停用 vSAN 檔案服務

你可能會因為檔案服務設定的配置不當，導致啟用過程中發生失敗。在如圖 8-32 所示的 [vSAN]\[服務] 頁面之中，可以看到目前檔案服務組態未完成，因為檔案服務網域未成功建立，為此你可以點選 [編輯] 超連結，再次建立檔案服務網域的配置。

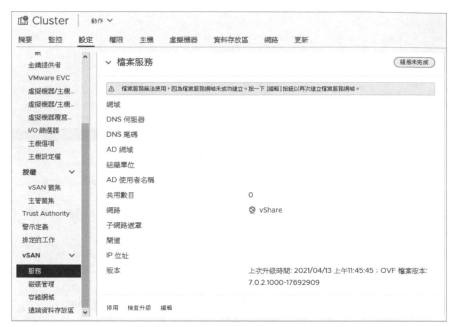

圖 8-32 vSAN 檔案服務狀態

不過筆者的建議是直接點選頁面中的 [停用] 超連結，以開啟如圖 8-33 所示的 [停用檔案服務]，點選 [停用] 按鈕之後它將會清除檔案服務網域的配置，此舉不會移除 vSAN 資料存放區的檔案共用，但會中斷所有相關的通訊協定服務，包括了所有的檔案共用設定。確認已執行停用之後，你可以再次嘗試重新啟用檔案服務。

圖 8-33 停用檔案服務

8.9 解決 vSAN 評估授權到期問題

相信很多企業 IT 部門無論是否已經正在使用 VMware vSphere，對於功能強大無比的超融合 vSAN 架構，即便相當吸引 IT 部門的使用，由於軟體授權費用加上硬體的採購成本並不低，因此在正式環境部署 vSAN 之前，通常會先建立一個測試環境來進行 vSAN 的功能評估。

當然你也可以選擇將 vSAN 測試環境，直接部署在正式的 vSphere 架構之中，若發現運行效能與功能皆符合預期，就可以將已經部署好的 vSAN 轉換為正式版本來使用，而不需要再大費周章地重新部署。如圖 8-34 所示當 vSAN 的評估版過期之時，在 vSphere Client 網站頁面的最上方將會出現「詳細目錄中有已到期或即將到期的授權」的訊息，而在 vSAN 叢集的 [摘要] 頁面中，也會有「vSAN 授權已到期」的提示訊息。

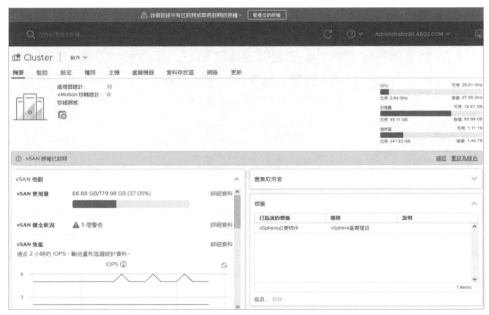

圖 8-34　vSAN 授權已到期

請在上一個步驟頁面中點選 [管理你的授權]。來到如圖 8-35 所示的 [系統管理]\[授權] 頁面中，可以發現在 [資產]\[VSAN 叢集] 子頁面中顯示了評估模式的產品授權已到期。可以透過點選 [指派授權] 超連結，來指派一個已建立的 vSAN 授權。

圖 8-35　授權管理

若尚未建立過 vSAN 的正式授權設定，可以到 [授權] 管理的頁面中來進行管理。在此可以檢視到目前所有產品的授權清單，而每一個授權都會顯示相對應的授權金鑰、產品名稱與版本類型、使用率、容量、狀態以及到期資訊等等。當點選 [新增] 超連結，便會開啟如圖 8-36 所示的 [新增授權] 設定頁面，來讓我們新增一筆授權金鑰以及設定授權名稱。

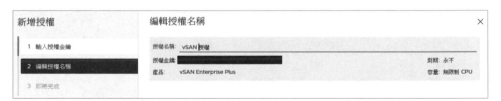

圖 8-36　新增授權

完成了新增授權的設定之後，你便可以隨時到如圖 8-37 所示的 [叢集]\ [授權]\[vSAN 叢集] 頁面中，點選 [指派授權] 按鈕。

圖 8-37　vSAN 授權檢視

最後在如圖 8-38 所示的 [指派授權] 頁面中，便可以從 [現有授權] 的清單之中，挑選要指派的 vSAN 授權即可。一旦完成指派授權並回到 [vSAN 叢集授權] 頁面之後，便可以發現授權到期的訊息已變成了「永不」。至於授權的功能清單，則會根據實際的授權版本類型而有所不同。

圖 8-38　指派授權

VMware vSAN 7.0 Update 1 之後的更新版本，不僅達到了全方位內外通吃的儲存服務，對於 IT 人員來說在平日的維運管理需求上，同樣也提供了面面俱到的工具，這包括了 vSphere Client、PowerCLI、ESXCLI 以及連行動間都能夠持續進行監管的 vSAN Live App，你可以在 iOS 或 Android 的行動裝置中來免費下載與使用。

接下來仔細想想還有什麼樣的功能，值得添加在 vSAN 的應用之中呢？筆者在此分享兩個觀點。第一是可提供更具完善的共用資料夾管理頁面，而不須要仰賴 Windows 的共用資料夾管理工具，並支援帳號與群組的配額設定功能。第二則是讓 vSAN 的儲存區加入雲端硬碟功能，讓所有被授權的用戶能夠直接透過行動 App 來進行存取。

第 9 章

vSphere 7.x 實戰虛擬機器原生金鑰加密保護

在享受雲端技術帶來的便利時，也可能必須面對隨即而來的風險，而這個風險就是資訊安全。對於資訊安全的防護措施，首當其衝就是防禦外來的入侵以及防止敏感資訊的外洩。在擁有全球最多 IT 部門選用的 VMware vSphere 7.x 架構之中，如何有效做到虛擬機器的完整安全防護，讓裝載著各種機密資訊與數據的虛擬機器高枕無憂呢？答案就是善用內建的原生金鑰提供者，一次做好虛擬機器的加密保護。

9.1 簡介

虛擬化平台不僅解決了 IT 部門在實體主機管理上的各種難題，同時也為用戶端所需的各項應用服務，提供了更快速、更可靠以及更穩定的存取體驗，但是不可否認的是它同時也帶來資訊安全風險的隱憂，其中最令 IT 部門擔心的就是敏感資訊外洩的防護問題。

曾經有某企業的 IT 人員詢問過筆者提到：「虛擬磁碟畢竟是一個檔案，萬一存放敏感資料的虛擬磁碟檔案遭到非法複製，這樣一來不就等同整台主機被偷走？」上述這個問題聽起來似乎有些誇張，但不表示不會在實務中發生，畢竟要非法複製一台虛擬機器，肯定比偷走一台實體主機來得快速且容易。

確實對於一台沒有受到任何加密保護的虛擬機器而言，無論整個虛擬機器或單一個虛擬磁碟遭到非法複製，惡意人士只要簡單的在相同虛擬化平台的版本之中，來啟動這個虛擬機器或掛接這個虛擬磁碟，即可完整存取到整個虛擬機器中的所有資訊與數據。為避免這樣的憾事發生，IT 部門需要透過以金鑰服務為演算基礎的加密技術，來預先做好虛擬機器的加密保護。

VMware 在 vSphere 7.0 Update 2 或更新版本之中已提供了原生金鑰提供者（vSphere Native Key Provide）的功能。原生金鑰提供者支援了虛擬機器加密的相關功能，而不需要額外部署外部金鑰伺服器（KMS, Key Management System），當然你也可以繼續同過去的版本一樣，選擇整合現行外部金鑰伺服器（標準金鑰提供者）來使用。無論如何，有了原生的金鑰提供者，確實讓 vSphere 虛擬機器的加密保護的架構與管理變得更加簡單了！

另外值得注意的是，在 vSphere 7.0 Update 2 及更新版本之中，除了有增加原生金鑰提供者的功能之外，對於金鑰伺服器暫時斷線或無法使用的狀態下時，所有已被加密的虛擬機器和使用 vTPM 功能的虛擬機器仍然是可以繼續運作，若是使用較舊版本的 vSphere，在虛擬機器所在 ESXi 主機的 [摘要] 頁面之中，則可能會出現如圖 9-1 所示的「主機需要啟用加密模式警示」錯誤訊息，導致虛擬機器無法進行開機。

圖 9-1　舊版 vSphere 錯誤訊息

小提示　從 vSphere 7.0 Update 3 開始，即使 ESXi 主機發生與金鑰提供者
服務的連線中斷，已加密的 vSAN 叢集依舊可以正常運作。

接下來筆者將以實戰方式，來依序講解有關於 vSphere 7.0 Update 2 的更
新方法，以及原生金鑰提供者的建立、虛擬機器加密原則的使用、虛擬機
器 vTPM 加密功能的使用。

9.2 vCenter Server 更新

在前面的介紹中，我們知道若想透過 vSphere 原生金鑰提供者，來進行
虛擬機器的加密保護，必須確認整個 vSphere 架構中的 vCenter Server
與 ESXi 主機，皆已經升級至 Update 2 以上版本。當確認目前的 vCenter
Server 7.0 與 ESXi 7.0 的版本尚未更新至 Update 2 以上版本時，便可以
如圖 9-2 所示到 my.vmware.com 官網搜尋並手動下載選定版本的更新映
像。

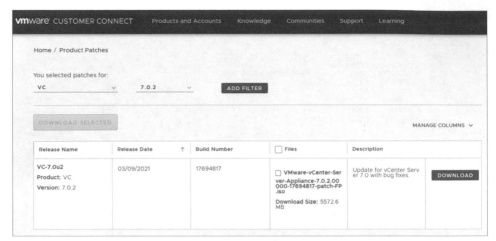

圖 9-2　下載 vCenter Server 7.0 Update 2 更新映像

為此首先我們必須來完成現行 vCenter Server7.0 的版本確認與更新。你可以在 vSphere Client 網站中點選至 vCenter Server 節點的 [摘要] 頁面中，查看到關於版本的完整資訊。若發現目前的版本較舊時，通常也會在網站頁面的上方位置中看到「有新的 vCenter Server 更新可用」提示訊息，一旦點選了 [檢視更新] 按鈕便會進一步開啟 vCenter Server 的 [更新] 頁面。在此你將可以檢視最新版本的發行日期、版本編號、組件編號、類型、嚴重性、是否需要重新開機以及版本説超連結等欄位。

進一步當你點選了位在 [版本説明] 欄位的 [連結] 時，將會開啟官網的版本線上説明文件。若是點選位在 [產生報告] 下的 [互通性] 檢查功能，則可以得知目前所有已部署的 VMware 相關解決方案的相容性清單。

緊接著建議可點選位在 [產生報告] 下的 [更新前檢查] 功能，將可以得知目前是否有潛在的問題會導致系統更新失敗，如果執行結果出現了「找不到任何問題。已通過更新前檢查」訊息，即表示你可以點選 [開啟應用裝置管理] 的按鈕，來自動開啟並登入 [vCenter Server 管理網站] 的 [更新] 頁面。最後你便可以點選 [暫存和安裝] 超連結，來執行最新版本的下載與更新任務。

關於 vCenter Server 的更新你不一定非得透過 vCenter Server 管理網站的操作來完成，其實也可以透過 SSH 遠端連線的方式，來以命令參數的執行方式來完成更新任務。在開始之前請開啟 vCenter Server 虛擬機器的

[編輯設定] 頁面，然後如圖 9-3 所示在 [虛擬硬體] 的子頁面之中，完成
vCenter Server 更新映像的掛載。

圖 9-3   編輯 vCenter Server 設定

接下來在成功以 SSH 工具連線登入 vCenter Server 之後，便可以如圖 9-4
所示在 Command 命令提示下執行 software-packages stage –iso 命令，
來掛載最新 vCenter Server Appliance 7.0 Update 2 的更新映像。

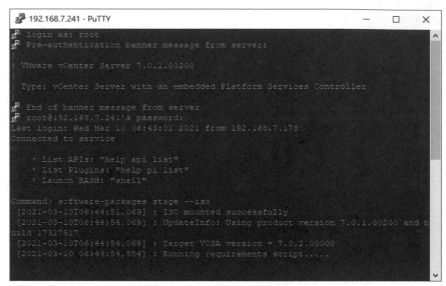

圖 9-4　檢視更新版本資訊

掛載之後若要檢視其內容，可以如圖 9-5 所示執行 software-packages list --staged 命令來查看其 Bug 修正的說明網址、升級支援的版本清單、更新檔案的大小、下載網址、重要等級、發布日期等資訊。

圖 9-5　檢視映像資訊

接著在確認要進行更新安裝之後，請如圖 9-6 所示執行 software-packages install –staged 命令即可。最後在成功完成更新任務之後，你便可以在命令執行結果中看到「Installation process completed successfully」訊息提示。

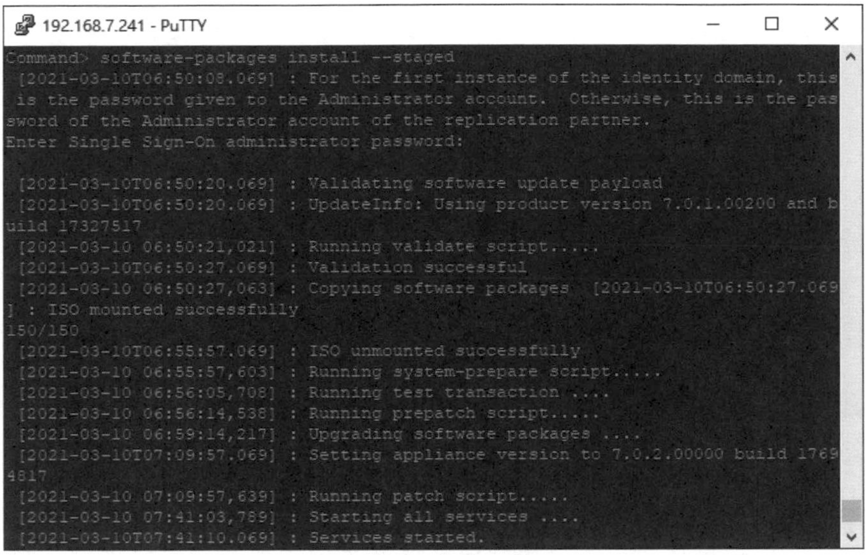

圖 9-6　開始安裝更新

在成功完成了 vCenter Server 7.0 Update 2 的版本更新之後，當回到 vSphere Client 的 vCenter Server 摘要頁面中，將可以如圖 9-7 所示看到目前版本已顯示為 7.0.2。當然你也可以選擇直接安裝 Update 3 或更新的版本，也可以選擇登入至 vCenter Server Appliance 網站檢視版本資訊。

圖 9-7　檢視 vCenter Server 版本資訊

9.3 ESXi 主機更新

當完成了 vCenter Server 7.0 的版本更新之後，緊接著就可以將 vSphere 架構中的每一台 ESXi 7.0 主機，同樣逐一更新至 Update 2 以上的版本。在執行更新任務之前，只要將目前於此主機中運行的虛擬機器，透過 [移轉] 功能線上移動至其他運行中的 ESXi 7.0 主機，或是選擇將這些虛擬機器關機。

在完成了 ESXi 主機上虛擬機器的移轉以及關機之後。接下來請使用 ESXi 7.0 Update 2 以上版本的安裝光碟或 USB 磁碟，來啟動就地更新的安裝操作。首先在完成 ESXi 安裝啟動之後，便會列出目前本機所有連接的磁碟清單，你只要選取目前 ESXi 的系統磁碟，即可開啟如圖 9-8 所示的 [ESXi and VMFS Found] 頁面。

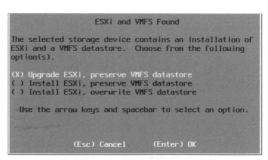

圖 9-8　使用開機映像更新

接著會開啟如圖 9-9 所示 [Confirm Upgrade] 確認頁面,內容中已清楚描述到將把現行的 ESXi 7.0.1 升級至 ESXi 7.0.2。請按下 [F11] 鍵開始進行更新作業。過程中如果出現了「The CPU in this host may not be supported in future ESXi releases」提示訊息,表示此主機所使用的 CPU 在未來的 ESXi 新版本之中,可能將不再受到支援。目前可以不必理會,按下 [Enter] 鍵繼續。

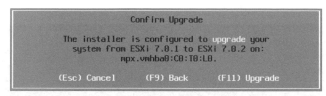

圖 9-9　安裝更新確認

在成功完成了整個 ESXi 的更新任務之後,將會看到 [Upgrade Complete] 的訊息頁面。請先移除安裝媒體之後,再按下 [Enter] 鍵來重新啟動系統。在完成 ESXi 系統的重新啟動之後,便可以如圖 9-10 所示在 ESXi 的 DCUI 主控台頁面之中,看到目前的版本已是 VMware ESXi 7.0.2。

```
VMware ESXi 7.0.2 (VMKernel Release Build 17630552)

VMware, Inc. VMware7,1

2 x Intel(R) Core(TM) i7-4702MQ CPU @ 2.20GHz
12 GiB Memory
```

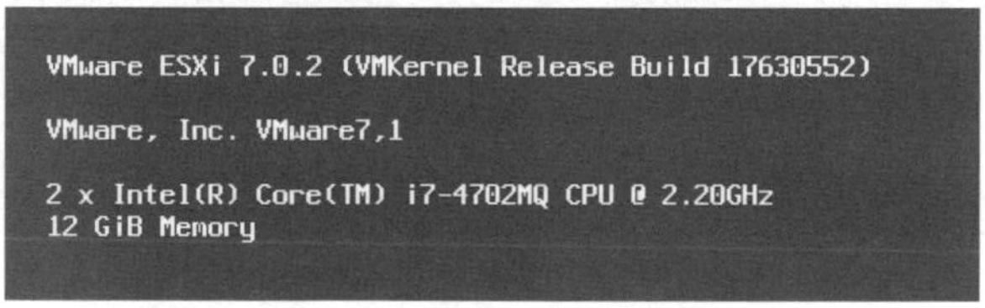

圖 9-10　成功完成 ESXi 主機更新

關於在 ESXi 主機的更新方法中,只要能夠透過 SSH 遠端連線至準備更新的 ESXi 主機,就可以在不停機的狀況下完成 ESXi 的更新安裝,然後再自行找離峰時間完成重新開機即可。

更新步驟首先請執行以下命令參數,來查看目前這個 depot 檔案的封裝內容,其中資料夾的所在路徑,必須輸入 depot 檔案實際的存放路徑。內容中可以發現有兩個檔案,其中 ESXi-7.0.2-17630552-standard 就是我們接下來會使用到的檔案。接著請執行以下命令參數,以完成 ESXi 主機系統的更新任務,操作也會把更新結果輸出到一個名為 output.txt 的檔案中。

```
esxcli software profile update -d="/vmfs/volumes/iSCSI Datastore/
VMware-ESXi-7.0U2-17630552-depot.zip" -p=ESXi-7.0.2-17630552-
standard --no-hardware-warning > /tmp/output.txt
```

最後如圖 9-11 所示在執行 cat /tmp/output.txt | more 命令參數之後，如果有發現「The update completed successfully」與「Reboot Required:true」訊息即表示已更新成功，請執行 reboot 命令讓它重新啟動即可生效。

圖 9-11　使用命令更新 ESXi 主機

9.4 虛擬機器（VM）更新

當我們剛完成 ESXi 主機的更新之後，在 vSphere Client 的網站上就可以發現在此主機上運行的虛擬機器，皆出現了「此虛擬機器可使用較新版本的 VMware Tools」的訊息，如圖 9-12 所示若要立即進行更新任務可以點選 [升級 VMware Tools] 超連結繼續。

圖 9-12　虛擬機器摘要

緊接著會出現如圖 9-13 所示的 [升級 VMware Tools] 頁面。在此你可以選擇採用 [互動式升級] 或是 [自動升級]。前者需要進入到客體作業系統中來執行安裝操作，而後者則會自動於背景完成安裝，需要的話還可以自行加入進階選項設定。必須注意的是無論你選擇哪一種升級方式，安裝後通常都是需要重新啟動虛擬機器才能完成更新。

圖 9-13　升級 VMware Tools 選項

關於更新虛擬機器 VMware Tools 的方式，除了可以對於個別的虛擬機器來執行之外，對於擁有較多虛擬機器的運行環境，可以透過資料中心節點

頁面，來查看位在 [更新] 頁面中各叢集下的虛擬機器 VMware Tools 版本狀態，而最新更新狀態只要在選定叢集並點選 [檢查狀態] 即可得知。在此凡是出現「有升級可用」的狀態，便可以在批次勾選之後點選 [升級以符合主機] 超連結，來完成大量虛擬機器的更新。

9.5 新增原生金鑰提供者

關於 vSphere 7.0 以上版本的金鑰提供者的管理，只要開啟並登入 vSphere Client 網站之後，如圖 9-14 所示點選至 vCenter Server 節點下的 [安全性]\[金鑰提供者] 頁面即可。在 [新增] 的選單之中可以發現有 [新增原生金鑰提供者] 與 [新增標準金鑰提供者] 兩個選項，接下來的示範將會以前者的選項來做講解，如果你採用的是第三方的標準金鑰提供者，則可以參考筆者的前一本著作：《實戰 VMware vSphere 7 部署與管理》。

圖 9-14　金鑰提供者管理

在如圖 9-15 所示的 [新增原生金鑰提供者] 頁面中，請輸入一個全新的命名即可，至於是否要將 [僅對受 TPM 保護的 ESXi 主機使用金鑰提供者] 的選項勾選，則可以視實際的安全需求來決定，如果你是在巢狀的虛擬化環境中進行測試，請勿勾選此設定。在實務的運行環境之中，雖然 ESXi 主機不需要 TPM 2.0 裝置，也可以使用原生金鑰提供者來對於虛擬機器進行加密保護，但是若多了一層 TPM 2.0 的保護肯定會讓整體的運行更加安全。

圖 9-15 新增原生金鑰提供者

剛完成原生金鑰提供者的新增之後，便可以在下方的 [詳細資料] 子頁面之中，如圖 9-16 所示看到目前金鑰管理伺服器的上線狀態，請點選 [備份] 按鈕繼續。

圖 9-16 完成新增原生金鑰提供者

在 [備份原生金鑰提供者] 的頁面中，你可以直接點選 [備份原生金鑰提供者] 按鈕，或是先勾選 [使用密碼保護原生金鑰提供者] 選項，來開啟如圖 9-17 所示的密碼設定頁面，並將 [我已將密碼儲存在安全的位置] 選項勾選，如此一來將可以得到更加安全的保護措施。

圖 9-17 備份原生金鑰提供者

請注意！你必須妥善保存所設定好的密碼，因為當發生災害重建時，唯有此密碼才能夠讓你恢復已加密的虛擬機器存取。

完成原生金鑰提供者的檔案備份之後，將可以在如圖 9-18 所示的 [金鑰管理伺服器] 子頁面中，看到已成功完成備份的圖示，並且也可以在 [金鑰提供者] 的狀態欄位之中看到顯示為 [作用中]。

圖 9-18 完成原生金鑰提供者配置

小提示　在 vSphere 資料中心叢集下的所有 ESXi 主機取得金鑰提供者，以及 vCenter Server 更新其快取大約需要五分鐘的時間。

9.6 虛擬機器儲存區原則

無論你所使用的金鑰管理伺服器是原生還是標準，只要完成了 vCenter Server 與金鑰管理伺服器的信任連線之後，那麼接下來就可以來建立虛擬機器儲存區原則，以便讓後續需要受加密保護的虛擬機器可以套用此原則，由於此做法是直接針對虛擬機器的檔案進行加密保護，因此適用在使用任何一種 Guest OS 的虛擬機器。

關於虛擬機器儲存區原則的管理，你只要在 vSphere Client 網站的首頁選單點選 [原則和設定檔] 之後，便可以在 [虛擬機器儲存區原則] 頁面清單之中，如圖 9-19 所示查看到目前預設已經有一個 [VM Encryption Policy] 可以使用，進一步也可以在它下方的各個子頁面中查看到完整的配置資訊。

圖 9-19　虛擬機器儲存區原則

你可以透過點選 [建立] 來完成自訂一個全新的原則設定，或是 [複製] 現行的任何一項原則再來進行修改，或是乾脆點選 [編輯] 來修改現行預設的原則配置。無論如何預設的 [VM Encryption Policy] 已經可以直接使用。

9.7 配置虛擬機器加密原則

確認已經完成了虛擬機器加密原則準備之後,就可以對於選定的虛擬機器,點選位在 [動作] 選單中的 [虛擬機器原則]\[編輯虛擬機器儲存區原則],來選擇所要套用的虛擬機器儲存區原則即可,進一步還可以自行決定是否要啟用 [針對每個磁碟設定] 的功能。

另一種套用虛擬機器儲存區原則的方法,則是先開啟虛擬機器的 [編輯設定] 頁面,再點選至如圖 9-20 所示的 [虛擬機器選項] 子頁面,然後從 [加密虛擬機器] 的下拉選單之中,挑選所要套用的虛擬機器儲存區原則。

圖 9-20 虛擬機器選項設定

請注意!如果針對已開啟電源的虛擬機器來配置儲存區的加密原則,在 [最近的工作] 清單之中將會立即出現錯誤而造成失敗。

無論你選擇何種操作方式完成虛擬機器加密原則的套用,一旦完成執行便可以從虛擬機器的 [編輯設定] 頁面中,如圖 9-21 所示查看到目前所有已

加密的虛擬磁碟。後續你於此虛擬機器所新增的虛擬磁碟，同樣可以受到加密原則的保護。

圖 9-21　檢視虛擬硬體配置

若是想要對於準備新增的虛擬機器設定加密原則，則只要在新增虛擬機器過程的 [選取儲存區] 頁面之中，直接從 [虛擬機器儲存區原則] 選單中來挑選虛擬機器的加密原則即可。

一旦虛擬機器成功套用了選定的虛擬機器儲存區原則之後，就可以在它的摘要頁面之中，如圖 9-22 所示查看到 [虛擬機器儲存區原則符合性] 的狀態顯示為 [符合標準]。若發現尚未呈現最新的狀態資訊，則可以點選 [檢查符合性] 超連結來進行狀態的更新。

進一步你也可以回到 [虛擬機器儲存區原則] 的管理頁面中，在選定虛擬機器加密原則之後，點選至 [虛擬機器符合性] 的子頁面，來查看目前有哪些虛擬機器已經套用此加密原則。

圖 9-22　檢視虛擬機器摘要

關於虛擬機器加密原則的套用，如果你在新增原生金鑰提供者的步驟中，有勾選 [僅對受 TPM 保護的 ESXi 主機使用金鑰提供者] 設定，將可能會在 [最近的工作] 區域中出現如圖 9-23 所示的錯誤訊息，這表示此虛擬機器所在的主機尚未啟用 BIOS 中的 TPM 功能。

圖 9-23　虛擬機器啟用加密原則錯誤

 小提示　使用 VMware Workstation 所建立的 ESXi 巢狀虛擬機器，即便添加了 TPM 的裝置，也無法使用在 [僅對受 TPM 保護的 ESXi 主機使用金鑰提供者] 的設定，並且會出現「主機 TPM 證明警示」的提示訊息。

9.8 關於 vTPM 加密功能

TPM（Trusted Platform Module）與 vTPM（Virtual Trusted Platform Module）之間有何差別呢？其實兩者都是執行相同的功能，只是前者採硬體的信賴平台模組來作為認證或金鑰儲存區，後者則是以軟體式的處理方式來完成相同的任務，也就是使用虛擬機器中的 .nvram 檔案做為安全儲存區，而該檔案便是透過虛擬機器加密功能來進行加密。

若需要在 vSphere 7.0 Update 2 以上版本的虛擬機器中，使用 vTPM 的加密功能，Guest OS 必須是 Windows Server 2016（64 bit）或 Windows 10（64 bit）以上版本，如此一來才能在 Windows 的 Guest OS 中，使用 BitLocker 功能來加密保護系統磁碟以及其他磁碟的資料安全。

想要知道虛擬機器是否已經啟用 TPM 裝置功能，可以先在 vSphere Client 網站中開啟虛擬機器的 [編輯設定] 頁面。在 [虛擬機器選項] 的子頁面中，然後如圖 9-24 所示展開 [開機選項] 並將 [在下次開機期間強制進入 EFI 設定畫面] 選項勾選，再重新啟動此虛擬機器。

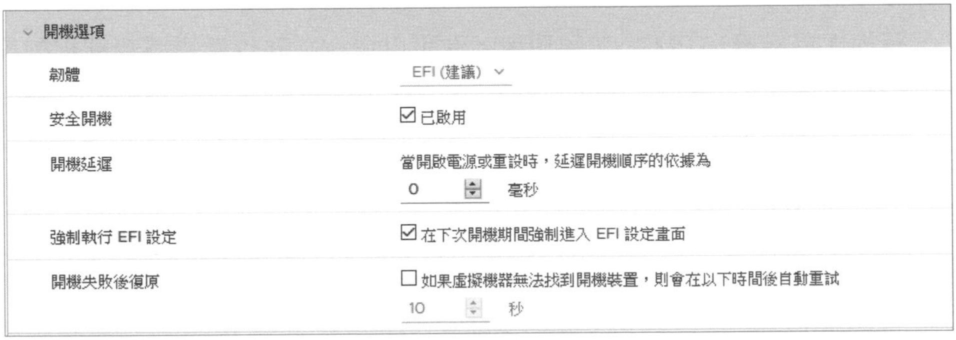

圖 9-24　虛擬機器開機選項

在虛擬機器重新啟動並且開啟 [Boot Manager] 頁面之後，請選取 [Enter Setup] 來開啟 [Boot Maintenance Manager] 頁面，再選擇進入 [TPM Configuration] 來開啟如圖 9-25 所示的 [TrEE Configuration] 頁面中，便可以查看到目前 TPM 配置的版本，以及決定是否要啟用 TPM 清除功能。

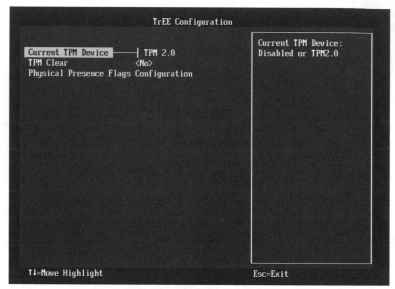

圖 9-25　虛擬機器 TPM 配置

9.9 啟用虛擬機器 vTPM 加密

關於虛擬機器 vTPM 功能的啟用，你可以選擇在執行新增虛擬機器的設定過程中從 [自訂硬體] 頁面，點選 [新增裝置] 按鈕並挑選 [信賴平台模組] 選項來完成設定，新增之後如果該欄位出現「存在」訊息，即表示此虛擬機器能夠使用 vTPM 功能。

同樣的做法也可以在關閉虛擬機器之後，開啟 [編輯設定] 頁面。接著點選至 [虛擬硬體] 子頁面中，再如圖 9-26 所示點選 [新增裝置] 按鈕並挑選 [信賴平台模組] 選項來完成即可。必須注意的是此操作只能在 vSphere Client 網站中來完成，因為在 VMware Host Client 網站中，只能從編輯虛擬機器設定中來移除虛擬 TPM 裝置，而無法進行新增。

圖 9-26　編輯虛擬機器設定

上述的操作若尚未完成原生金鑰提供者的新增，或第三方金鑰管理伺服器的部署，將會發現在 [加密]\[加密選項] 欄位設定中，出現了「需要金鑰管理伺服器」的提示訊息而無法繼續啟用加密功能設定。

如何查看虛擬機器的 vTPM 完整加密資訊？

你可以在登入 vSphere Client 網站之後，點至虛擬機器節點的 [設定]\[TPM]\[虛擬機器硬體] 頁面，便可查看到 [Virtual Trusted Platform Module] 欄位中顯示 [存在]，以及出現所使用的 SHA256 與 RSA 的加密演算法訊息。進一步若點選 [管理憑證] 的超連結，則可以查看到憑證的詳細資訊。

在確認虛擬機器已啟用 vTPM 功能之後，請開啟虛擬機器電源來進入 Guest OS 的桌面。只要是相容的 Windows 版本，便可於開啟的 [裝置管理員] 介面中，查看到在 [Security devices] 節點下，如圖 9-27 所示多了一個 [Trusted Platform Module 2.0]。

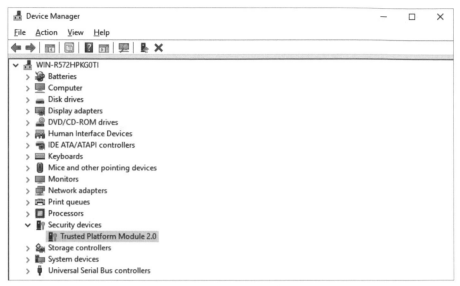

圖 9-27　Windows 裝置管理員

無 論 是 在 Windows Server 2019、Windows Server 2022 或 Windows 10、Windows 11 之中，透過傳統的 MMC 介面開啟 [Device Manager] 來檢視 TPM 裝置資訊之外，也可以選擇從 Windows 設定介面中來檢視。

操 作 方 法 很 簡 單，只 要 在 開 啟 [Windows Settings] 之 後 點 選 進 入 [Update&Security] 頁面，再點選 [Windows Security] 頁面中的 [Device security]。 接 著 在 [Device security] 頁 面 中， 點 選 位 在 [Security processor] 選項中的 [Security processor details] 超連結。最後便可以查看到有關 TPM 的版本資訊與現行狀態。

關於 Windows 在 TPM 的管理設定，除了可以透過簡易的 GUI 操作介面之外，對於進階的管理員而言也可以透過內建的 Windows PowerShell 來完成。請參閱表 9-1 說明。若想知道某一個命令的用法與範例，只要執行 Get-Help 命令名稱 -Detailed 即可。

表 9-1 TPM 管理命令一覽

命令	說明
Clear-Tpm	清除 TPM 重回預設狀態
ConvertTo-TpmOwnerAuth	從所輸入的字串建立一個 TPM 擁有者授權值

命令	說明
Disable-TpmAutoProvisioning	關閉 TPM 自動配置
Enable-TpmAutoProvisioning	啟用 TPM 自動配置
Get-Tpm	查看關於 TPM 的資訊
Get-TpmEndorsementKeyInfo	獲取有關 TPM 的認可密鑰和憑證資訊
Get-TpmSupportedFeature	檢查 TPM 是否支援所選定的功能
Import-TpmOwnerAuth	匯入 TPM 擁有者授權值至登錄檔（registry）
Initialize-Tpm	初始化 TPM 配置
Set-TpmOwnerAuth	修改 TPM 擁有者授權值
Unblock-Tpm	重置 TPM 鎖定

9.10 Guest OS 安裝 BitLocker 功能

在確認已經成功啟用了虛擬機器的 vTPM 2.0 加密防護功能之後，接下來可以準備進入到 Windows Guest OS 之中，透過 BitLocker 功能來加密系統磁碟，以及任何需要受到保護的資料磁碟。而系統對於所產生的加密以及憑證的相關資訊，也將會自動寫入至虛擬機器的 .nvram 檔案之中，並且受到 VM Encryption 安全加密機制的保護。

無論是最新的 Windows Server 2022 還是 Windows Server 2019、Windows Server 2016、Windows 10 專業版以及企業版，皆提供支援相容 VMware vSphere 7.x vTPM 的 BitLocker 功能，只是 Windows Server 預設並沒有安裝此功能，而是需要透過 [Server Manager] 操作介面或 Windows PowerShell 命令來進行安裝。

首先在 [Server Manager] 操作介面部分，請在 [Manage] 選單中點選 [Add Roles and Features]。再連續點選 [Next] 來到如圖 9-28 所示的 [Features] 頁面中，勾選 [BitLocker Drive Encryption（BitLocker 磁碟機加密）] 並點選 [Next] 完成安裝、重新開機即可。

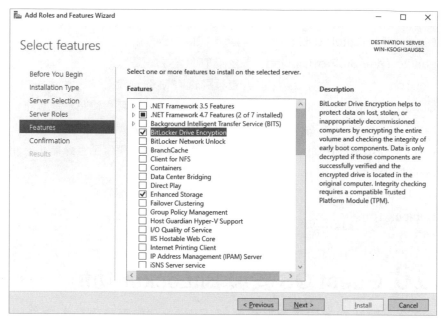

圖 9-28　Windows Server 安裝 BitLocker 功能

若是想透過 Windows PowerShell 命令來安裝 BitLocker 功能，只要以管理員的身分執行下列命令參數即可。成功安裝之後系統將會自動重新開機。

Install-WindowsFeature BitLocker -IncludeAllSubFeature -IncludeManagementTools -Restart

9.11 啟用與設定 BitLocker

在完成了 BitLocker 功能的安裝之後，就可以來加密保護選定的磁碟。至於應該要加密哪些磁碟呢？一般來說系統磁碟與資料磁碟都應該要啟用加密保護，以確保虛擬機器被非法複製之後，遭到惡意人士嘗試將作業系統的磁碟，或是將資料磁碟掛接至其他虛擬機器來進行竊取。

接下來，我們要實際使用 BitLocker 功能。首先請在準備要加密的磁碟上方，如圖 9-29 所示按下滑鼠右鍵並點選 [Turn on BitLocker] 繼續。

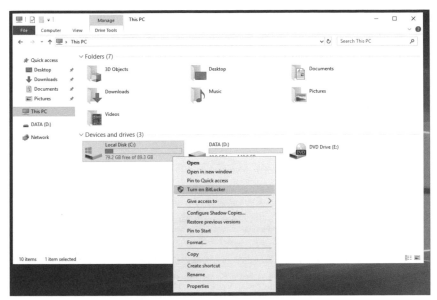

圖 9-29 磁碟右鍵選單

接著在如圖 9-30 所示的 [How do you want to back up your recovery key?] 頁面中，建議點選 [Save to a file] 的選項來選定要存放備份修復金鑰檔案的位置，必須注意的是不可以選擇準備要加密或是已經加密的磁碟路徑，而是選擇外接的 USB 磁碟機最為理想，並且最好能夠複製此檔案至更多磁碟來妥善保存，因為一旦此電腦發生故障而無法使用時，還是可以透過此修復金鑰檔案的認證，來繼續存取已加密磁碟中的所有資料。點選 [Next]。

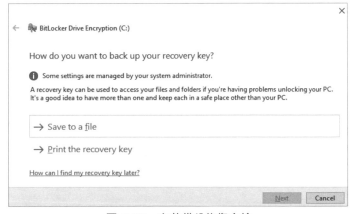

圖 9-30 存放備份修復金鑰

在如圖 9-31 所示的 [Choose how much of your drive to encrypt] 頁面中，如果是針對全新尚未存放檔案的磁碟，請選取 [Encrypt used disk space only]，如此系統後續將會自動對於新增的檔案進行加密。相反的如果是針對已經存放許多檔案的磁碟，則是建議選取 [Encrypt entire drive]，以確保整個磁碟中的檔案階完整受到加密保護。點選 [Next]。

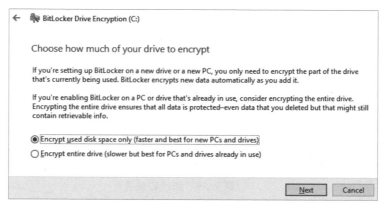

圖 9-31　加密方式選擇

在如圖 9-32 所示的 [Choose which encryption mode to use] 的頁面中，如果針對抽取式的 USB 行動磁碟要進行加密，而且這個磁碟機還會繼續在舊版的 Windows 7 或 Windows 8/8.1 作業系統中來存取，則在此就必須選取 [Compatible mode]。若是加密的是本機的固定磁碟，並且也不會將此磁碟移動至舊版的 Windows 中來存取，選取 [New encryption mode] 將可以獲得更高的安全性保護。點選 [Next]。

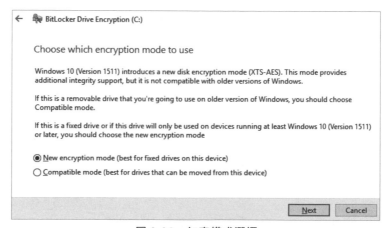

圖 9-32　加密模式選擇

在如圖 9-33 所示的 [Are you ready to encrypt this drive?] 頁面中，請確認已勾選 [Run BitLocker system check] 選項，以確保 BitLocker 能夠正確讀取修復和加密金鑰。點選 [Start encrypting] 按鈕之後，你可能會在 Windows 桌面的右下方，如圖 9-34 所示看到「重新啟動電腦之後將會開始加密」的提示訊息，請在點選此訊息後立即重新啟動電腦。一旦成功完成加密任務，在桌面的右下方一樣會出現加密完成的訊息。

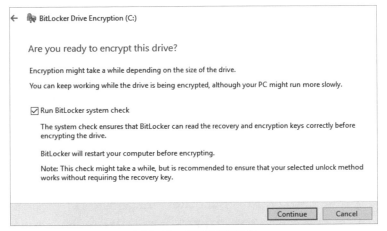

圖 9-33　準備加密磁碟

圖 9-34　磁碟加密提示

在完成了選定磁碟的 BitLocker 加密之後，往後如果需要管理 BitLocker 的所有磁碟配置，最快速的方法就是如圖 9-35 所示在選定磁碟的右鍵選單中來點選 [Manage BitLocker]。當然你也可以透過 Windows 的 [控制台] 或 [設定] 介面，來開啟 BitLocker 的管理介面。

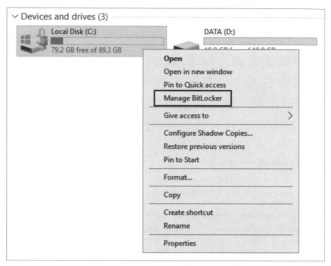

圖 9-35　Windows 磁碟右鍵選單

在如圖 9-36 所示的 [BitLocker Drive Encryption] 管理頁面中，除了可以繼續選擇加密其他磁碟之外，也能夠對於任何已經加密的磁碟執行暫停加密、備份加密金鑰以及關閉 BitLocker 加密功能等操作。如果需要管理有關於 TPM 的配置，可以點選位在左下方的 [TPM Administration] 超連結，若是一般磁碟的管理則可以點選 [Disk Management] 超連結。

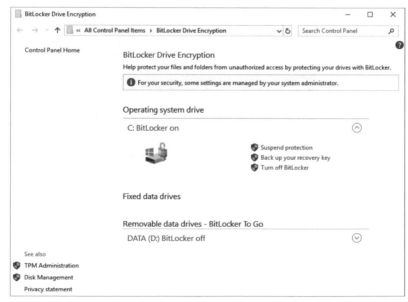

圖 9-36　BitLocker 磁碟管理

如同 TPM 的管理一樣，關於 BitLocker 的管理一樣除了可以透過簡易的 GUI 操作介面之外，對於進階的管理員而言也可以透過 Windows PowerShell 來完成。請參閱表 9-2 說明。若想知道某一個命令的用法與範例，只要執行 Get-Help 命令名稱 -Detailed 即可。

表 9-2　**BitLocker 管理命令一覽**

命令	說明
Add-BitLockerKeyProtector	針對一個 BitLocker 磁碟區增加一個金鑰保護程式
Backup-BitLockerKeyProtector	針對一個 BitLocker 磁碟區儲存一個金鑰保護程式在 AD DS 之中
Clear-BitLockerAutoUnlock	刪除 BitLocker 自動解鎖金鑰
Disable-BitLocker	針對選定的磁碟區關閉 BitLocker 加密功能
Disable-BitLockerAutoUnlock	針對一個 BitLocker 磁碟區關閉自動解鎖金鑰
Enable-BitLocker	針對選定的磁碟區啟用 BitLocker
Enable-BitLockerAutoUnlock	針對選定的磁碟區啟用 BitLocker 自動解鎖金鑰功能
Get-BitLockerVolume	獲取 BitLocker 磁碟區相關保護資訊
Lock-BitLocker	防止存取已受 BitLocker 保護的磁碟區
Remove-BitLockerKeyProtector	針對選定的 BitLocker 磁碟區刪除金鑰保護程式
Resume-BitLocker	針對選定的 BitLocker 磁碟區恢復加密保護
Suspend-BitLocker	暫停選定的 BitLocker 磁碟區加密保護
Unlock-BitLocker	針對選定的 BitLocker 磁碟區恢復資料存取

儘管 vSphere 7.0 Update 2 以上版本的更新，所提供的原生金鑰服務加密功能，可以有效防止虛擬機器遭到非法複製，但是這項安全措施的使用前提仍是要做好外部網路入侵的防禦工作，這包括了防火牆、防毒軟體以及客體作業系統更新管理，畢竟它們是資訊安全的鐵三角，至於進階的防護措施則可以搭配入侵偵測系統的使用。

有了資訊技術所建立的安全防護網之後，最後還必須做好實體主機的安全管制，這包括了門禁與人員的管理等等。總之即便來到全面虛擬化的 IT 時代，就資訊安全管理的角度而言，無論是軟體、硬體、虛擬或是實體通通都得納入管控的範圍，如此才能將資訊安全的風險降至最低。

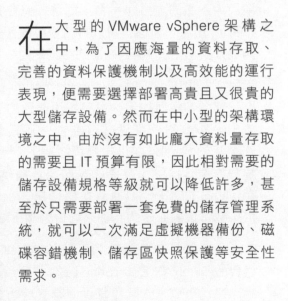

第 10 章

開源 TrueNAS 整合 vSphere 7.0 管理實戰

在大型的 VMware vSphere 架構之中，為了因應海量的資料存取、完善的資料保護機制以及高效能的運行表現，便需要選擇部署高貴且又很貴的大型儲存設備。然而在中小型的架構環境之中，由於沒有如此龐大資料量存取的需要且 IT 預算有限，因此相對需要的儲存設備規格等級就可以降低許多，甚至於只需要部署一套免費的儲存管理系統，就可以一次滿足虛擬機器備份、磁碟容錯機制、儲存區快照保護等安全性需求。

10.1 簡介

NAS（Network Attached Storage）是 IT 專有名詞，也是電腦玩家與 IT 專家皆熟悉的一項網路儲存技術，因此可以說從一般家庭到企業網路都需要使用它，因為它在基礎的功能面上就可以幫我們存放大量的文件、相片、影片、音樂以及做好分類管理與權限配置，並且可以輕易地經由手機、平板、筆電、桌機來連線存取它。

現今想要在企業網路中架設一台 NAS 設備，能夠選擇的方案實在太多了，因此必須根據實際的應用需求，來決定此主機的硬體規格與軟體功能。其中若想要從硬體設備到軟體都有原廠的完整保固與技術支援，選擇大品牌的 NAS 設備肯定是不錯的選擇，但如果已有閒置中的實體主機，或是高效能與大容量的虛擬化平台，則選擇免費開源的解決方案，不僅可以節省掉不少 IT 預算，同樣也可以持續獲得軟體更新與社群的技術支援，並且也能夠提升自己對於 NAS 系統的維護能力。

筆者曾經介紹過使用 Windows Server 的檔案服務來與 VMware vSphere 進行整合，然而如果你打算採用開源的解決方案，筆者首推 TrueNAS。關於 TrueNAS 的前身就是曾經創下下載量超過 10 億次的 FreeNAS，它是一套基於 FreeBSD 作業系統核心下，所設計的開放原始碼網路儲存設備解決方案，提供了友善的多國語言操作介面。雖然目前新版 12.x 已改採 TrueNAS CORE，但原有採用傳統 FreeNAS 核心設計的版本仍有繼續提供，你可以到原廠的官網來自由選擇下載，如圖 10-1 所示。

TrueNAS 除了有提供開源的 TrueNAS CORE 免費社群版本之外，還有提供付費的 TrueNAS Enterprise 版本。TrueNAS CORE 適用於單一主機的小型網路運行環境，它除了提供儲存管理功能之外，也可以額外加裝各種支援的 Plugins 與運行虛擬機器。

TrueNAS Enterprise 則進一步提供了雙主機節點的高可用性（HA）架構，並且可以自由選擇採用混合（hybrid）或全快閃（all-flash）的儲存系統配置，可因應大型網路環境中各類的儲存需求。此外由於它是付費的商用版本，因此官方也提供了完整的專業技術支援。

值得一提的是未來官方將會再釋出另一個新的開源版本，稱之為 TrueNAS SCALE，它將會是一個支援多台主機節點與超融合運算（Hyperconverged Compute）功能的版本，並且可以同時運行 Container 與 VM，目前此版本尚在 Alpha 的開發階段中。

存放在 TrueNAS 儲存池中的所有檔案與資料夾，都可以透過相關支援的通訊協定，來分享給已被授權的用戶，這些協定包括了 SMB/CIFS（Windows 檔案共享）、NFS（Unix 檔案共享）、iSCSI 檔案共享、FTP、WebDAV 以及 AFP（Apple 檔案共享）。

TrueNAS 下載網址：https://www.freenas.org/download/

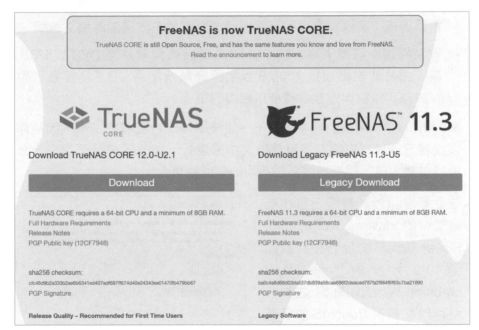

圖 10-1　下載 TrueNAS

10.2 系統需求與安裝

首先 TrueNAS 僅唯一提供 64 位元的安裝版本，並且它並不支援安裝在多重開機系統的配置之中，因此你必須準備一台專用的實體主機或是虛擬機器來運行它。至於其他系統規格需求請參考如下說明：

- **記憶體（RAM）**：8GB 是安裝的最小需求，如果你想要在 TrueNAS 系統中運行虛擬機器，或是執行許多額外加裝的插件（plugins），請務必增加更多的記憶體。

- **開機儲存磁碟**：負責用以儲存開機系統檔案的空間至少需求 8GB，如能採用 SSD 儲存設備肯定是最理想的選擇。至於採用 USB 的儲存設備雖然仍是支援但並不建議這麼做。

- **備份儲存磁碟**：由於是用來儲存各種重要檔案與 vSphere 虛擬機器的運行，因此儲存空間的大小與速度就非常重要。建議至少採用兩顆以上的大容量磁碟，一方面可以用來存放更多的資料，另一方面還可以配置具備容錯能力的磁碟陣列架構，以確保大量資料的儲存安全。

- **網路連線**：請選擇有線的網路連線，目前並不支援無線網路連線。

- **安裝媒體**：可將下載好的 TrueNAS 安裝映像寫入至 DVD 或 USB 行動碟，由於此映像超過 700MB 以上因此無法使用 CD。請注意！開機儲存磁碟不能夠與安裝媒體使用相同的磁碟。

關於 TrueNAS 系統的安裝，你不一定要準備一台實體的主機，因為你也可以很輕易的將它安裝在虛擬機器之中來運行，如此一來就可以讓一台高效能的實體主機，同時扮演多個不同的伺服器角色。

在此筆者以設計最輕巧且功能最簡單的 VMware Workstation Player 為例。當我們在開啟如圖 10-2 所 示 的 [New Virtual Machine Wizard] 頁面之後，便可以在載入 TrueNAS 的安裝映像時，發現系統已經偵測到此映像是屬於 FreeBSD 10 的 64 位元版本，這樣一來我們就可以不必再自行挑選客體作業系統的版本了。

完成 TrueNAS 虛擬機器的新增之後，建議你先不要急著啟動

圖 10-2　使用 VMware Workstation Player 安裝 TrueNAS

它，而是先開啟他的編輯設定頁面，如圖 10-3 所示來調整一下所需要的記憶體、處理器、硬碟、網路的配置，以因應實際的運行需求。其中在處理器（Processors）的配置部分，若你準備在 TrueNAS 系統中來運行虛擬機器，則必須將 [Virtualize Intel VT-x/EPT or AMD-V/RVI] 選項勾選，如此才能夠運行所謂的巢狀虛擬機器。點選 [OK]。

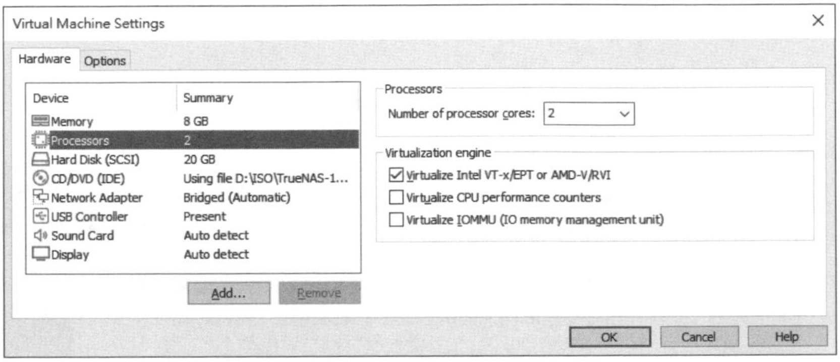

圖 10-3　TrueNAS 虛擬機器設定

在完成虛擬機器的準備之後便可以啟動它。如圖 10-4 所示便是 TrueNAS 系統啟動時的選單，在預設的狀態下你若沒有輸入選項號碼，將會自動進入選項 1 的安裝設定。

圖 10-4　啟動 TrueNAS 安裝媒體

緊接著會開啟 TrueNAS 的 Console Setup 設定步驟。你若直接點選 [OK]
將會自動進入系統的安裝（Install）/升級（Upgrade）選項，因此這個選
項也可以作為未來新版本發行時的升級操作。在如圖 10-5 所示的 [Choose
destination media] 頁面中，請選擇準備用來安裝 TrueNAS 系統的本機磁
碟。至於存放資料與文件專用的磁碟，則可以等到系統完成安裝之後再來
隨時添加即可。當點選 [OK] 之時系統將會提示你磁碟中的所有資料將會
被全部清除，確認無誤後可以進一步點選 [Yes]。

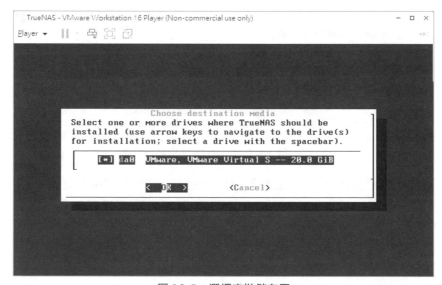

圖 10-5　選擇安裝儲存區

接下必須設定預設管理員 root 帳號的密碼，這項設定也是我們之後要用來
登入 TrueNAS 網站的帳號與密碼。點選 [OK]。在 [TrueNAS Boot Mode]
頁面中，可以自行選擇要採用 [Boot via UEFI] 還是 [Boot via BIOS] 的
開機方式。在完成系統安裝之後，可以回到如圖 10-6 所示的 [Console
Setup] 頁面，點選 [Reboot System] 來重新啟動系統即可。

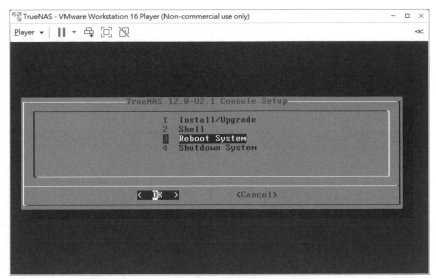

圖 10-6　完成安裝

重新啟動系統之後將會開啟如圖 10-7 所示的 [Console setup] 文字選單頁面。在此你可以隨時依照實際的管理需要輸入相對數字，來配置網卡介面、VLAN 介面、預設路由、DNS、root 帳號密碼、重置回預設配置、開啟 Shell、重新啟動、關機等等。此外，在文字選單的下方也會出現 TrueNAS 管理網站的連線網址。

10

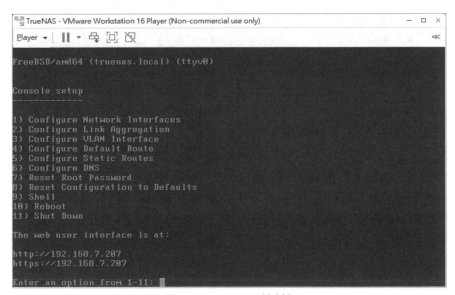

圖 10-7　TrueNAS 控制台

在以網頁瀏覽器開啟 TrueNAS 管理網站的連線網址時，將會出現如圖
10-8 所示的 TrueNAS 登入頁面，請根據安裝時所設定的 root 帳號密碼來
輸入並點選 [LOGIN] 按鈕。登入後的預設首頁會停留在 [Dashboard] 頁
面，在此將可以協助管理人員在往後的維運中，迅速檢視到關鍵的系統資
訊、CPU、Memory、儲存池（Pool）、網卡的運行狀態。

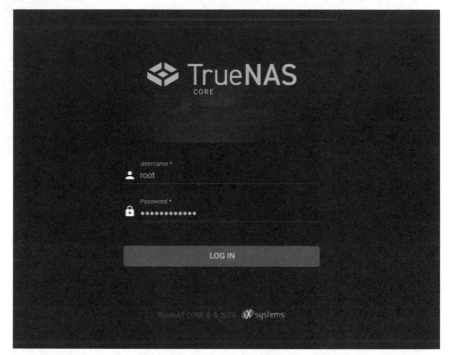

圖 10-8　登入 TrueNAS 管理網站

10.3 基本配置管理

最初剛完成安裝的 TrueNAS 所配置的 IP 應該是 DHCP 所配送，建議
你將它修改成靜態的 IP 位址以利於後續的管理。請點選至 [Network]\
[Interfaces] 頁面，即可對於選定的網卡來修改 IP 配置方式並完成連線測
試。緊接著還必須點選至 [Network]\[Global Configuration] 頁面，如圖
10-9 所示來設定 DNS 伺服器位址、預設閘道位址。至於是否要修改主機
名稱、網域名稱以及 NetBIOS 的網路服務則可以自行決定。點選 [SAVE]。

圖 10-9　修改網路配置

接下來是帳號的管理的部分。在如圖 10-10 所示的 [Accounts] 頁面中,預設系統內建的帳戶只會顯示 root,若需要顯示所有內建帳戶只要點選齒輪圖示即可。新增其他帳戶請點選 [ADD] 按鈕。

圖 10-10　帳號管理

在新增帳號的頁面中首先必須設定帳號名稱、Email 以及密碼,再選擇所屬的群組。接著可以如圖 10-11 所示進一步設定家目錄、權限配置以及身分驗證等等。往後如果需要使用遠端 SSH 進行連線管理,可以搭配在此下載的 SSH 公開金鑰來進行安全驗證。

圖 10-11　新增帳戶設定

在未來的 TrueNAS 維運之中，如果你希望能夠接收到系統所發送的各類警示通知，則必須預先設定好 Mail Server 的連線設定。請在如圖 10-12 所示的 [System]\[Email] 頁面中，選擇要採用 [SMTP] 的配置方式來連線內部的 Mail Server，或是選擇使用 [Gmail OAuth] 的連線方式，若成功連線了 Gmail 的服務便會出現「Oauth credentials have been applied.」的提示訊息。點選 [SAVE]。

圖 10-12　Email 主機連線設定

無論你選擇哪一種 Email 服務的發送方式，在完成設定之後皆可以點選 [SEND TEST MAIL] 按鈕來發送測試郵件。如圖 10-13 所示便是成功接收到來自 TrueNAS 所發送的測試郵件範例。如此一來往後只要是由 TrueNAS 所產生的警示事件，管理員都將可以在第一時間收到 Email 通知。

圖 10-13　連接 Gmail 發送 Email 測試

值得注意的是，系統預設對於不同的事件類型（Type），都已設定好相對的警示等級（Level）以及警示頻率，管理員只要開啟 [Alert Settings] 頁面即可進行修改，而這些事件類型大致可區分成幾類，包括了 Certificates、Directory Service、Hardware、KMIP、Plugins、Network、Reporting、Sharing、Storage、System、Tasks、UPS。至於 Email 警示的通知要在哪一個等級才來觸發，則可以到如圖 10-14 所示的 [System]\[Alert Services] 頁面中來修改 [E-Mail] 的設定即可，若完全不想收到任何 Email 通知，只要將其中的 [Enabled] 設定取消勾選即可。

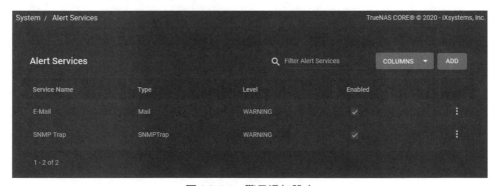

圖 10-14　警示通知設定

在 TrueNAS 網站的基本管理中，無論你
何時需要進行登出（Log Out）、重新啟動
（Restart）主機或是關機（Shut Down），
都只要如圖 10-15 所示要點選網站頁面右
上方的電源小圖示即可看到，例如當你需
要添加主機的記憶體時，便需要點選 [Shut
Down]。

圖 10-15　電源選單

10.4 建立備份儲存池 ─────────

當介紹到有關於 TrueNAS 在儲存池的管理，就不能不提到它所採用的 ZFS
（Zettabyte File System）檔案系統，因為就連商用大廠 QNAP 都標榜採
用這項儲存技術。究竟 ZFS 檔案系統有哪些過人之處呢？首先是它不需
要安裝硬體式的磁碟陣列卡，就可以直接透過內建原生的邏輯磁碟管理功
能，來建立 RAID 0（Stripe）、RAID 1（Mirror）、RAID Z（RAID 5）等磁
碟陣列配置，並可對於其儲存區進行複製、快照等功能操作。

接著它在儲存空間的運作上由於是採用 128 位元的定址方式，因此可建
立擁有 PB 級的儲存容量，讓用戶在連線單一網路共享資料夾時，即可
獲得巨量的可用空間，並且還提供了區塊層級資料重複刪除機制（Data
Deduplication），以及最快速的 LZ4 資料壓縮技術，兩者的結合讓儲存空
間獲得最大化的可用空間。

明白了 ZFS 檔案系統的強大之處後，接下來我們要實際建立一個以 ZFS
檔案系統為基礎的儲存池。請先點選至 [Storage]\[Pools] 頁面再點選
[ADD] 按鈕。緊接著點選 [CREATE POOL] 按鈕來開啟如圖 10-16 所示的
[Pool Manager] 頁面。在此你可以選取任何尚未使用的本機磁碟，來加入
至 [Data VDevs] 區域之中。加入之後便可以選擇儲存池的磁碟陣列類型
（例如：Raid-z）。點選 [CREATE]。

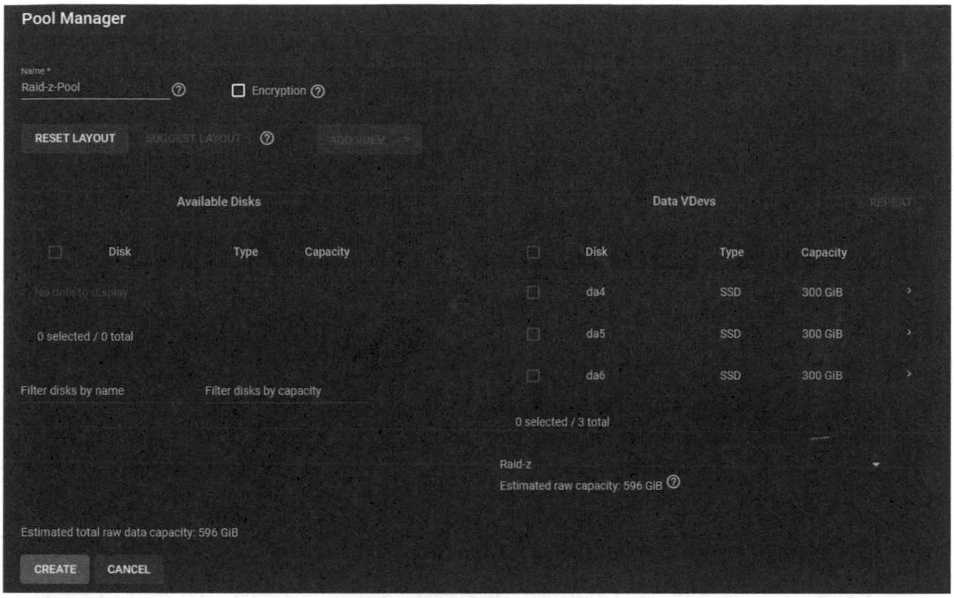

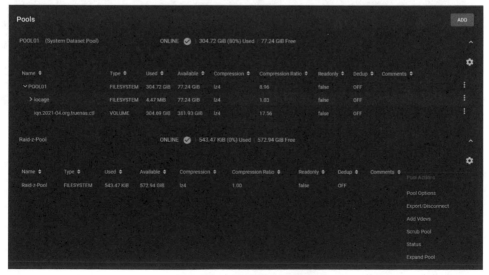

圖 10-16　建立儲存池

在如圖 10-17 所示的範例中可以看到筆者所建立的兩個儲存池，管理員可以隨時在選定的儲存池選單之中，來開啟儲存池的選項設定或是執行匯出、離線、添加 Vdevs、清除儲存池、查看運行狀態、擴充儲存池等操作。

圖 10-17　完成儲存池建立

10.5 建立 iSCSI 目標

想要讓 TrueNAS 所建立的儲存池能夠應用在 VMware vSphere 的叢集中，就必須先在 TrueNAS 完成 iSCSI Target 的建立，然後再到叢集中的每一台 ESXi 主機完成 iSCSI Software Adapter 的連線。相關的操作講解如下。

首先，請在 [Sharing]\[Block Shares（iSCSI）] 頁面中點選 [WIZARD] 按鈕，來開啟如圖 10-18 所示的 [Create or Choose Block Device] 設定頁面。在此可以設定新 iSCSI Target 的名稱並選擇所要連接的儲存池（例如：POOL01）。在 [Sharing Platform] 欄位中可以選擇 [VMware: Extent block size 512b, TPC enabled, no Xen compat mode, SSD speed]。點選 [NEXT]。

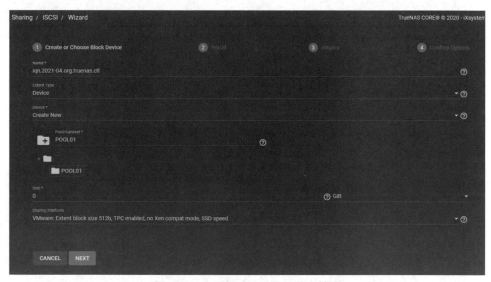

圖 10-18　開啟 iSCSI 目標設定精靈

在如圖 10-19 所示 [Portal] 頁面中必須設定 iSCSI Target 的連線入口，在此僅需要輸入 IP Address 的設定即可。若有多個入口連線的 IP 位址，可以繼續點選 [ADD] 按鈕來新增，否則請點選 [NEXT]。

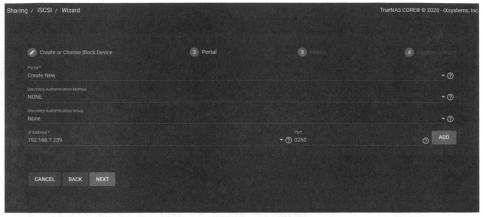

圖 10-19　設定 iSCSI 目標入口

在 [Initiator] 頁面中可以授予連線存取的 iSCSI 啟動器與網路，若要讓所有 iSCSI 啟動器與網路皆可以連線，則維持空白的配置即可。相反的如果只想唯一授權給選定的 ESXi 主機可以連線，則必須將每一台 ESXi 主機的 Initiator 名稱，輸入至 Initiators 欄位之中。點選 [NEXT]。最後在如圖 10-20 所示的 [Confirm Options] 頁面中，確認上述步驟皆設定無誤之後點選 [SUBMIT]。

圖 10-20　確認 iSCSI 目標新增

當你剛完成 iSCSI Target 的建立之後，卻發現需要調整目標的儲存空間時怎麼辦呢？很簡單！只要在儲存池中選定此 iSCSI Target，再點選功能選單中的 [Edit Zvol] 功能，即可在如圖 10-21 所示的 [Size for this zvol] 欄位中修改儲存空間的大小。

圖 10-21　編輯 iSCSI 目標儲存區

10.6 vSphere 連線 iSCSI 目標

在準備透過 vSphere ESXi 主機連線 TrueNAS 的 iSCSI Target 儲存區之前，建議先建立一個連接 iSCSI 儲存區專用的網路，以便和現行的虛擬機器運行網路流量分隔開來。在開始動手之前，請預先準備一個尚未使用的實體網卡。在此請先選定一台 ESXi 主機，再點選位在 [設定]\[網路]\[虛擬交換器] 頁面中的 [新增網路]，來開啟 [選取連線類型] 設定頁面。請選取 [VMkernel 網路介面卡] 並點選 [NEXT] 繼續。

在 [選取目標裝置] 的頁面中，建議選取 [新增標準交換器] 以便建立一個 iSCSI 專屬的網路連線。點選 [NEXT]。在 [建立標準交換器] 頁面中，請點選新增的小圖示來加上入一個尚未使用的實體網卡。點選 [NEXT]。在 [連接埠內容] 頁面中，請先完成網路標籤的輸入，再選擇性設定所需要的 VLAN 識別碼、MTU、TCP/IP 堆疊等資訊，至於可用服務的選項可以不用勾選。點選 [NEXT]。

在 [IPv4 設定] 頁面中，請選取 [使用靜態 IPv4 設定] 並依序完成 IPv4 位址、子網路遮罩位址。根據不同的網路架構，你可能需要勾選 [覆寫此介面卡的預設閘道] 設定，然後輸入專屬此網路連線的閘道位址。點選 [NEXT] 確認上述設定皆正確之後便完成設定。

在陸續完成了 iSCSI Target 儲存區以及 iSCSI 網路的準備之後，接下來請在選定 ESXi 主機節點的 [設定]\[儲存區]\[儲存裝置介面卡] 頁面之中，點選 [新增軟體介面卡]。接著請選取 [新增軟體 iSCSI 介面卡] 並點選 [確定]。如圖所示便可以看到已成功新增的 [iSCSI Software Adapter] 儲存裝置介面卡。

接著請點選至如圖 10-22 所示 [動態探索] 的子頁面並點選 [新增]，來開啟 [新增傳送目標伺服器]。在 [iSCSI 伺服器] 欄位中請輸入前面步驟所建立的 iSCSI Target 主機 IP 位址或 FQDN，連接埠如果 iSCSI Target 沒有進行過異動，採用預設值即可。點選 [確定]

圖 10-22　iSCSI 軟體介面卡設定

完成動態探索設定之後，點選至 [網路連接埠繫結] 的子頁面中，點選 [新增] 來選取前面步驟中所建立的 iSCSI 專屬網路即可。點選 [確定]。如圖 10-23 所示在剛剛完成設定之時，會看到在 [路徑狀態] 欄位中出現「未使用」的訊息，此時只要點選 [重新掃描儲存區] 功能，然後再點選 [確定] 按鈕，便會改顯示為「上次作用中」的訊息，這表示此網路已經成功連線 TrueNAS 的 iSCSI Target 儲存區。

圖 10-23　完成網路連接埠繫結

接下來你只要點選至 [設定]\[儲存裝置] 的頁面中，就可以查看到如圖 10-24 所示的 [TrueNAS iSCSI Disk] 的相關儲存裝置，一旦選取後就可以從下方的頁面中查看到此儲存區的完整資訊，包括了識別碼、位置、容量、磁碟機類型、硬體加速、傳輸、擁有者、路徑以及磁碟分割詳細資料等等。在上方的功能選項中主要能夠執行的功能則有重新整理、卸除、清除磁碟分割。

最後請記得在我們尚未建立 vSphere 叢集之前，務必陸續把所有準備加入叢集的 ESXi 主機，通通完成上述步驟的設定。

圖 10-24　檢視 iSCSI 目標儲存裝置

10.7 新增 iSCSI 資料存放區

在完成了每一台 ESXi 主機連線 TrueNAS iSCSI Target 的設定之後，接下來就可以來完成新增資料存放區的配置，值得注意的是，此配置僅需要在其中一台 ESXi 主機完成設定即可。請到 ESXi 主機節點的 [資料存放區] 頁面中，點選 [動作] 選單中的 [新增資料存放區] 功能，來完成 LUN 虛擬磁碟連接。

在如圖 10-25 所示的 [類型] 頁面中，請選擇 [VMFS] 類型的資料存放區。至於 NFS 類型的資料存放區，往後如果有同樣在 TrueNAS 儲存區中建立 NFS 的共享資料夾時，就可以在此完成 NFS 資料存放區的新增。點選 [下一頁]。

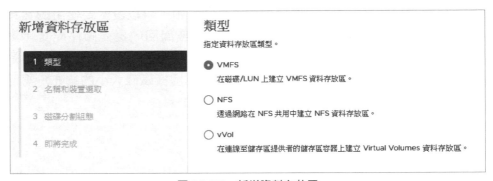

圖 10-25　新增資料存放區

在如圖 10-26 所示的 [名稱和裝置選取] 頁面中，可以檢視到每一個 LUN 磁碟編號、容量、是否支援、硬體加速、磁碟機類型以及磁碟區格式。請先為這個新的資料存放區命名，然後選所要連接的 TrueNAS iSCSI Disk。點選 [下一頁]。在 [VMFS 版本] 頁面中，建議選擇採用最新的 VMFS 6 以支援進階 512e 的儲存區格式，以及獲得自動空間回收的功能。點選 [下一頁]。

圖 10-26　名稱和裝置選取

在如圖 10-27 所示的 [磁碟分割組態] 頁面中,可以設定要使用的資料存放區大小、區塊大小、空間回收細微度、空間回收優先順序配置。點選 [下一頁] 完成設定。未來萬一發生現行資料存放區空間不足時,仍是可以進行擴充的,只要先到 iSCSI Target 完成虛擬磁碟大小的擴充,再回到 ESXi 主機上完成資料存放區擴充即可。

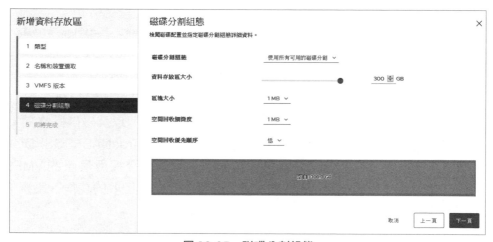

圖 10-27　磁碟分割組態

萬一你像筆者一樣在剛完成資料存放區的新增之後,卻發現名稱命名的不好怎麼辦,砍掉重練嗎?其實不用這麼麻煩,只要如圖 10-28 所示在選取資料存放區之後,按下滑鼠右鍵並點選 [重新命名] 來修改即可。

圖 10-28　資料存放區右鍵選單

如圖 10-29 所示便可以看到筆者已成功將剛新增的資料存放區
（Datastore），重新命名為「iSCSI Datastore」。最後請立即查看在其他
ESXi 主機中，是否皆已經自動完成了此資料存放區的連線。

圖 10-29　資料存放區清單

10.8 建立 vSphere 叢集

在確認完成了 ESXi 主機連線 TrueNAS iSCSI Target 資料存放區的設定之後，首先請如圖 10-30 所示在資料中心節點的 [動作] 選單之中點選 [新增叢集]。同樣的功能操作也可以透過資料中心的右鍵功能選單來完成。

圖 10-30   資料中心動作選單

在如圖 10-31 所示的 [新增叢集] 頁面中，你需要輸入新的叢集名稱，並且可決定是否要將 vSphere HA、vSphere DRS 與 vSAN 功能一併啟用，一般來說都會啟用 vSphere HA 功能，以達到 ESXi 主機基本的容錯機制，關於這部分的操作可以參考本書其它章節再來決定即可，未來仍可以隨時透過叢集的編輯設定來進行修改。

透過 [使用單一映像管理叢集中的所有主機] 選項的啟用，可以使得叢集中所有主機都會繼承相同的映像，因此可以簡化叢集主機硬體相容性檢查與升級的管理，不過必須注意的是此功能僅相容 ESXi 7.0 以上的版本，並且一旦啟用後便會取代以基準的管理更新功能。

在啟用此功能之後，可以進一步選擇如何設定叢集的映像，在此我們選擇 [構建新映像] 即可。點選 [下一頁]。在 [映像] 頁面中可以為構建新映像，選擇 ESXi 版本以及選用的廠商附加元件。點選 [下一頁]。在 [檢閱] 頁面中確認設定無誤之後點選 [完成]。

圖 10-31　新增叢集

回到如圖 10-32 所示叢集的 [設定]\[組態]\[快速入門] 頁面中，可以看到目前已完成 [叢集基礎] 的配置，往後若需要修改設定只要點選 [編輯] 按鈕即可。接著請點選位在 [新增主機] 區域中的 [新增] 按鈕繼續。

圖 10-32　叢集快速入門

對於已經連接 vCenter Server 的 ESXi 7.0 主機，只要如圖 10-33 所示從 [現有主機] 的清單中勾選之後，再點選 [下一頁] 即可看到每一台主機的摘要資訊，確認主機資訊無誤之後即可成功加入叢集。如果你是要直接將剛完成安裝的多台 ESXi 主機一次加入至叢集之中，可以在 [新主機] 子頁面中，先完成所有欲加入主機的位址輸入，然後完成第一台主機連線帳號與密碼的輸入，即可將 [為所有主機使用相同的認證] 選項勾選，來快速完成多台新主機加入叢集的操作。

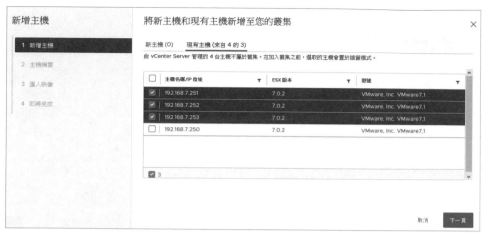

圖 10-33 新增主機

在完成將選定的主機加入叢集之後,便可以在如圖 10-34 所示的 [新增主機] 資訊中,看到「主機和 VC 之間的時間已同步」以及「所有必要主機均處於維護模式」的訊息提示。你可以在此點選 [新增] 按鈕來繼續加入其他主機,或是點選 [重新驗證] 來重新確認主機的狀態。

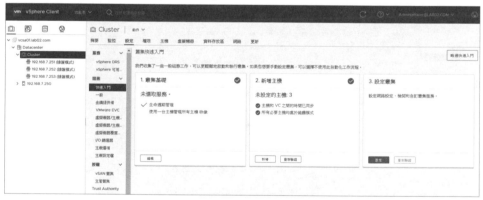

圖 10-34 完成主機新增

接下來請在 [設定叢集] 區域中點選 [設定] 按鈕。在開啟設定叢集的 [Distributed Switch] 頁面之中,可以協助我們迅速完成分散式交換器的配置,讓往後的網路配置維護過程中,迅速完成網路的批次設定,而不需要像傳統虛擬標準交換器一樣逐台設定。在此請決定分散式交換器的數目以及各個實體介面卡的對應配置。

然而如果你仍希望採用標準交換的配置,如圖 10-35 所示將 [稍後設定網路設定] 選項打勾即可。點選 [下一步]。在 [進階選項] 的頁面之中,如果你在前面新增叢集的步驟中沒有啟用 vSphere DRS、vSphere HA 功能,則僅需要設定是否要啟用 [鎖定模式] 與 [EVC 模式],以及設定 [NTP 伺服器] 位址即可。點選 [下一步] 完成設定。

圖 10-35　設定叢集

完成叢集三步驟的配置之後,除了可以看見在 [設定主機] 區域中出現網路、叢集、超聚合式叢集組態符合性的狀態皆已打勾之外,還可以從虛擬機器的檢視中,如圖 10-36 所示發現經由 vSphere Cluster Services 所自動建立的 vCLS 虛擬機器,其中數量的多寡則是由系統自行根據叢集 ESXi 主機的數量來決定。

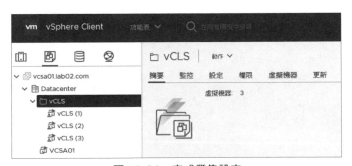

圖 10-36　完成叢集設定

10.9 儲存池快照管理

當 vSphere 叢集的主機開始大量使用 TrueNAS 的 iSCSI 目標儲存池空間時，對於虛擬機器的暫時備份除了可以使用本身的快照功能之外，也可以善用 TrueNAS 儲存池的快照功能，來建立以 iSCSI 目標儲存池為單位的快照，如此一來便可以即時且快速的保護位在這個儲存區中的所有虛擬機器檔案，怎麼做呢？

請在開啟儲存池的管理頁面之後，針對儲存池下所要快照的 iSCSI 資料存放區，如圖 10-37 所示點選功能選單中的 [Create Snapshot]。緊接著會出現設定快照名稱的提示訊息，確認設定無誤之後點選 [Create Snapshot] 按鈕即可。

圖 10-37　儲存區功能選單

針對所建立的儲存池快照往後要如何進行回復呢？其實只要點選至 [Storage]\[Snapshots] 頁面中，即可像如圖 10-38 所示一樣看到所有的快照，你可以在選定任何快照之後點選 [ROLLBACK] 即可準備進行復原。

Snapshots

Batch Operations

🗑
DELETE

	Dataset	Snapshot
☐	POOL01/iqn.2021-04.org.truenas.ctl	manual-2021-04-13_19-31
✓	POOL01/iqn.2021-04.org.truenas.ctl	manual-2021-04-13_19-48

DATE CREATED   USED   REFERENCED
2021-04-13 19:48:49   309.03 KiB   20.63 GiB

🗑 DELETE   ⧉ CLONE TO NEW DATASET   ↺ ROLLBACK

1 - 2 of 2 | 1 selected

圖 10-38　儲存區快照管理

如圖 10-39 所示便是執行復原快照的確認頁面，在勾選 [Confirm] 選項後點選 [ROLLBACK] 按鈕即可立即完成復原操作。對於已經不需要保存的快照，請在選定之後點選 [DELETE] 按鈕來完成刪除，以便騰出更多的儲存空間。

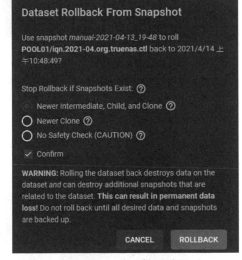

Dataset Rollback From Snapshot

Use snapshot *manual-2021-04-13_19-48* to roll **POOL01/iqn.2021-04.org.truenas.ctl** back to 2021/4/14 上午10:48:49?

Stop Rollback if Snapshots Exist: ⓘ

　　Newer Intermediate, Child, and Clone ⓘ

○ Newer Clone ⓘ
○ No Safety Check (CAUTION) ⓘ

✓ Confirm

WARNING: Rolling the dataset back destroys data on the dataset *and* can destroy additional snapshots that are related to the dataset. **This can result in permanent data loss!** Do not roll back until all desired data and snapshots are backed up.

CANCEL　　ROLLBACK

圖 10-39　復原快照確認

10.10 檢視運行效能報告

TrueNAS 主機的運行效能牽動者 vSphere 叢集與虛擬機器的運行是否流暢，因此筆者建議管理人員在定期的維護計劃中，最好能夠到 [Reporting] 頁面中，來查看一下有關 CPU 與記憶體的使用情形以及系統的負載（System Load）狀態。若發現系統對於資源的使用已逼近滿載，則必須於近期內添加更多的資源或升級硬體配備。

除了系統基本資源負載的檢視之外，最好也能夠切換到如圖 10-40 所示的 [TARGET] 選項，來查看有關於 [SCSI target port iscsi] 的存取效能，因為它關係著 vSphere 叢集主機中虛擬機器的運行效能。

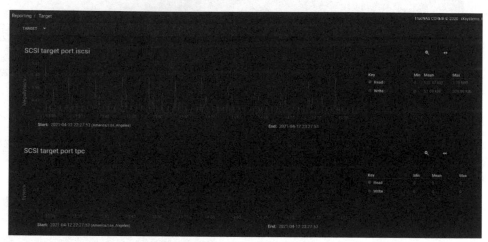

圖 10-40　iSCSI 目標傳輸效能

由於 iSCSI 目標儲存區的效能表現是由底層的儲存池磁碟所決定，因此對於 DISK 選項效能的檢視之中，你可以進一步在 [DEVICES] 的選單中來挑選關聯的磁碟，以及從如圖 10-41 所示的 [METRICS] 頁面中，來選擇所要檢視的效能圖表類型（例如：Disk I/O），以找出真正導致 iSCSI 目標儲存區效能不佳的原因。

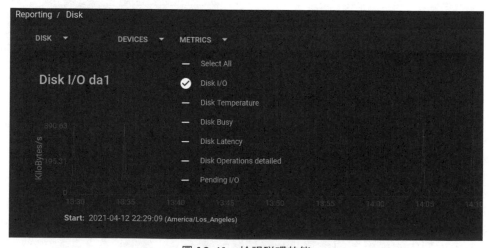

圖 10-41　檢視磁碟效能

10.11 運行虛擬機器

使用 TrueNAS 來做為 vSphere 叢集的資料存放區，除了可以享有上述所介紹的各項儲存池管理功能之外，還可以考慮將一些僅需獨立運行的檔案伺服器、應用系統或用戶端作業系統，安裝在 TrueNAS 所內建的虛擬化平台來運行，一方面可以減少對於 vSphere 有限資源的使用，另一方也可以充分利用 TrueNAS 過剩的資源。

開始之前請先開啟 TrueNAS 的 Shell 介面，然後執行 grep VT-x /var/run/dmesg.boot 命令參數，來查看目前是否已經啟用虛擬化功能。關於這項功能的啟用，若是在實體主機則必須進入到 BIOS 來設定，如果是使用前面所介紹過的 VMware Workstation Player 來運行，則必須開啟 [編輯設定] 頁面中的處理器（Processors）選項來進行設定。

小祕訣　如果你的 TrueNAS 主機採用的是 AMD 的 CPU，則必須改執行 grep POPCNT /var/run/dmesg.boot 命令參數，來查看目前是否已經啟用虛擬化功能。

接下來你就可以在 TrueNAS 的 [Virtual Machines] 頁面中，點選開啟如圖 10-42 所示的 [Wizard] 設定介面來新增虛擬機器。在此除了要選擇 Guest OS 的類型並設定虛擬機器的名稱、描述、系統時鐘、開機方式、關機逾時秒數之外，建議勾選 [Enable VNC] 選項以便後續可以經由 VNC 介面連線操作 Guest OS。點選 [NEXT]。

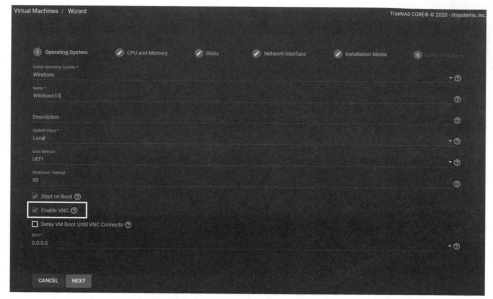

圖 10-42　新增虛擬機器精靈

緊接著必須依序完成 CPU 與記憶體、磁碟、網路連線配置，以及上傳並掛載（Mount）安裝映像，最後便可以開始進行 Guest OS 的安裝操作。完成虛擬機器的新增之後，還可以設定是否要讓它在 TureNAS 主機開機時自動啟動。

在開源的 IT 世界裡，TrueNAS 已是筆者所見過功能最完善的免費儲存管理系統，不過在未來的更新版本之中，若能夠再加入一些新功能與新工具，肯定會讓更多 IT 專業人士喜歡上它。首先在新功能部份，筆者建議最好能夠在儲存池的管理部分，添加透過 iSCSI initiator 來連接遠端 iSCSI Target 儲存區的功能（例如：VMware vSAN），以因應本機虛擬機器運行的需要，或是用以做為異機存放備份資料的需求皆是相當實用的。

在新工具的建議部分，則希望可以有一個官方所出品的 TrueNAS App，主要目的在方便管理人員能夠隨時隨地拿起手機，就可以監視到目前系統效能的運行狀態、儲存池健康狀態、虛擬機器運行狀態等等，畢竟萬一發生 TrueNAS 效能不佳或硬體故障等問題，都會直接影響與它整合的 VMware vSphere 之運行。想想看只要有了 TrueNAS App 搭配 vSphere Mobile Client App 的使用，相信對於 VMware vSphere 整體運行的行動維運任務絕對是無往不利。

第 11 章

PowerCLI 實戰管理 vSphere 7.x

如果你只是想做好 vSphere 的基本維運任務，只需要熟悉 vSphere Client 與 DCUI 的操作管理即可。然而如果你想要進一步讓 vSphere 維運更有效率，並且完全掌握整體的進階配置，便不可不知關於 VMware PowerCLI 命令工具的使用，因為一旦你熟悉了它的使用，不僅能夠隨時輕鬆掌控整個 vSphere 架構的細部配置，還可以藉由 Script 的建立與執行，迅速完成各種複雜的批次管理作業與自動化操作流程。

11.1 簡介

記得筆者在幫一家企業客戶導入一套以 Linux 為基礎的 Mail Archive 系統時，找了原廠的工程師透過遠端連線方式，協助我們完成基礎的系統安裝與配置。過程之中，這位負責遠端協助的工程師在進行所有軟體安裝、系統配置以及各項功能的測試時，全程皆在 Terminal 的命令視窗之中進行，真是讓人不得不佩服這位工程師的專業，因為他不僅全程命令操作，且在輸入各種命令與參數的速度之快更是驚人。

反觀想要找一位能夠全程使用命令工具，來管理 Windows Server 各項配置並進行診斷的工程師，恐怕是相當困難的。因為包括筆者在內早已習慣於 Windows 視窗界面的操作，只有在一些進階的管理需要時才會開啟命令視窗來使用。換句話說，命令工具對於 Windows 的 IT 人員來說，只能夠做為輔助工具，但對於 Linux 的 IT 人員來說則恰好相反。

VMware vSphere 7 是基於 Linux 核心所發展的虛擬化平台，不僅提供針對不同管理用途的命令工具，更有著完善操作介面設計的 vSphere Client 管理網站，因此無論是針對習慣於視窗介面操作的 IT 人員，還是重度愛好以命令工具進行維運的高級工程師都是相當適用。vSphere 7 在命令工具的提供是相當完整，管理 vCenter Server 有專屬的 DCLI（Datacenter Command-Line Interface），管理 ESXi 主機也有 ESXCLI，更棒的是還有一個全方位的命令管理工具 PowerCLI。

VMware PowerCLI 是一個基於 Windows PowerShell 的命令管理工具，它內建了超過 800 個 cmdlet，搭配參數可以用來執行各種複雜的批次管理作業，以及建立自動化管理的 Script，這對於已熟悉 PowerShell 命令用法的 IT 人員說，可以輕鬆快速上手，而對於新手來說也是邁入 vSphere 高級管理師的必要學習。

目前它能夠進行連線管理的系統包括了 VMware vSphere、VMware Cloud Director、vRealize Operations Manager、vSAN, NSX-T Data Center、VMware Cloud Services、VMware Cloud on AWS、VMware HCX、VMware Site Recovery Manager 以及 VMware Horizon。換句話說，只要熟悉 PowerCLI 命令參數的結構與用法，就可以一次做好從 Private Cloud

到 Public Cloud 的各項整合與維護任務。接下來就讓筆者來全程實戰講解一下 PowerCLI 從安裝到進階的各項技巧。

11.2 快速安裝 PowerCLI

想要在 Windows 10/11 的作業系統中使用 VMware PowerCLI 來連線管理 vSphere,可以選擇離線或線上的方式來完成安裝。在離線安裝部分,必須先到以下官網下載 ZIP 壓縮檔案(例如:VMware-PowerCLI-12.2.0-17538434)。開啟 Windows PowerShell 命令視窗繼續。

接著執行 $env:PSModulePath 命令檢查 PowerShell 模組路徑,然後再切換到解壓縮後的路徑之下,執行 Get-ChildItem * -Recurse | Unblock-File 來完成這些檔案的取消封鎖設定。最後可透過執行 Get-Module -Name VMware.PowerCLI -ListAvailable 命令確認 PowerCLI 模組是否可用。

VMware PowerCLI 下載:
https://developer.vmware.com/web/tool/12.4/vmware-powercli

若你的 Windows 10/11 電腦可以連線 Internet,便可以改選擇最簡單的線上安裝方式來完成。請在 Windows PowerShell 命令視窗中,如圖 11-1 所示執行以下命令參數來完成 PowerCLI 的安裝即可。值得注意的是,如果省略了 -AllowClobber 參數,將會出現未受信任存放庫模組的錯誤訊息而無法繼續。

```
Install-Module -Name VMware.PowerCLI -AllowClobber
```

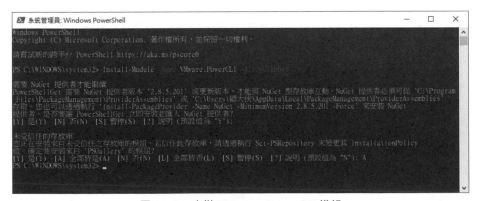

圖 11-1　安裝 VMware PowerCLI 模組

> **小祕訣** 你也可以透過 Install-Module 命令，來安裝選定的 VMware PowerCLI 版本，例如可以執行 Install-Module -Name VMware. PowerCLI -RequiredVersion 12.0.0.15947286，表示要安裝 12.0.0. 15947286 版本而非最新版本。

完成 VMware PowerCLI 模組的安裝之後，請再如圖 11-2 所示執行以下命令參數，以便讓後續在建立與 vCenter Server 的連線過程中，不會出現憑證方面的錯誤而導致連線失敗。

```
Set-PowerCLIConfiguration -InvalidCertificateAction Ignore
-Confirm:$false
```

圖 11-2　修改 PowerCLI 配置

VMware PowerCLI 必學二招
● 執行 Get-Command -Module VMWare* 命令查詢所有可用命令。
● 執行 Get-Help 命令並搭配 -Full 參數來查詢選定 Cmdlet 的完整用法說明，例如你想要查詢的 Cmdlet 是 Set-VM，便可以輸入 Get-Help Set-VM -Full。

11.3 PowerCLI 連線 vCenter Server

在確認已完成 VMware PowerCLI 模組的安裝與設定之後，就可以如圖 11-3 所示先透過執行 Set-ExecutionPolicy RemoteSigned 命令參數，來修改命令的執行原則，否則在進行 vCenter Server 的連線時，可能會出現模組載入的錯誤。緊接著就可以執行 Connect-VIServer 命令，然後在 Server[0] 的欄位中輸入所要連線的 vCenter Server 位址並按下 [Enter] 鍵。最後再到彈跳出來的 [Specify Credential] 視窗之中輸入管理人員的帳號與密碼即可。

圖 11-3　連線 vCenter Server

小祕訣 關於 Connect-VIServer 命令的使用，你也可以透過參數的搭配，一次完成連線位址、帳號以及密碼的設定，例如：Connect-VIServer -Server vcsa01.lab02.com -User Administrator@lab02.com -Passwrod "password"。

在成功連線登入 vCenter Server 之後，就可以立即嘗試執行幾個 PowerCLI 的基本命令，來查看系統的回應狀態是否正常。例如你可以像如圖 11-4 所示一樣，先執行 Get-VMHost 命令來查看所有 ESXi 主機的基本狀態，再執行 Get-VM 命令來查看所有虛擬機器基本狀態。最後再執行 Get-Datastore 命令，來查看目前所有已連接的資料存放區清單資訊。

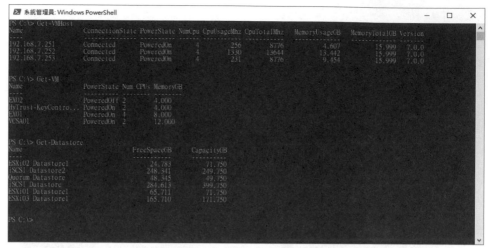

圖 11-4　查看主機、虛擬機器、資料存放區

若想要查詢在選定的資料夾（例如：MyFolder）中的叢集清單，只要執行
Get-Cluster -Location MyFolder 命令參數。如果要再進一步查詢在選定
的叢集（例如：Cluster01）之中有哪些主機以及虛擬機器，只要分別執行
Get-Cluster Cluster01 | Get-VMHost 以 及 Get-Cluster Cluster01 | Get-
VM 命令參數即可。

11.4 查詢 vCenter Server 與 ESXi 版本資訊

相信許多 IT 人員都知道，想要查看 vCenter Server 的版本資訊，可以從
vSphere Client 或 vCenter Server Appliance 網站介面來查詢。至於 ESXi
主機的版本資訊，除了同樣可以從 vSphere Client 網站來查詢之外，也可
以經由 VMware Host Client 或 DCUI（Direct Console User Interface）介
面來查看。

然而對於習慣使用命令介面來進行管理的 IT 人員來說，要如何透過命令參
數的執行，來查詢 vCenter Server 以及 ESXi 主機的版本資訊呢？其實方
法很簡單，首先你可以在完成以 PowerCLI 登入 vCenter Server 之後，執
行以下命令參數，即可如圖 11-5 所示得知目前所連接的 vCenter Server
之版本資訊。

```
$Global:DefaultVIServers | select Name, Version, Build
```

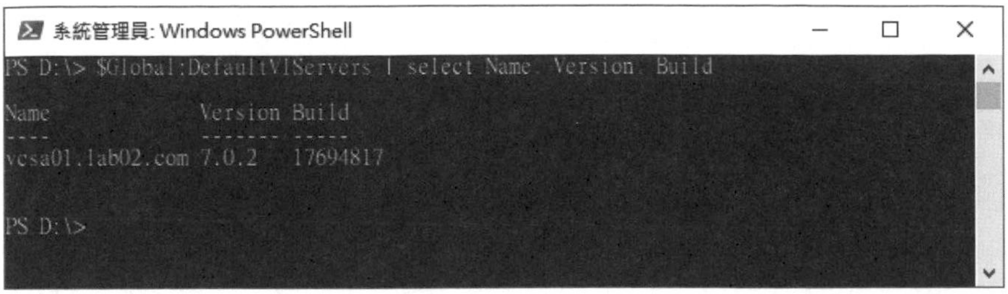

圖 11-5　檢視 vCenter Server 版本資訊

緊接著可以透過以下命令參數的執行，如圖 11-6 所示來查看目前所有 ESXi 主機的版本資訊。值得注意的是，除了 Version 的版本資訊之外，對於擁有相同 Version 的 vCenter Server 或 ESXi 主機，還必須注意它們的 Build 編號，因為不同的 Build 編號，意味著已安裝了更新的 Hotfix。

```
Get-VMHost | Select-Object Name, Version, Build
```

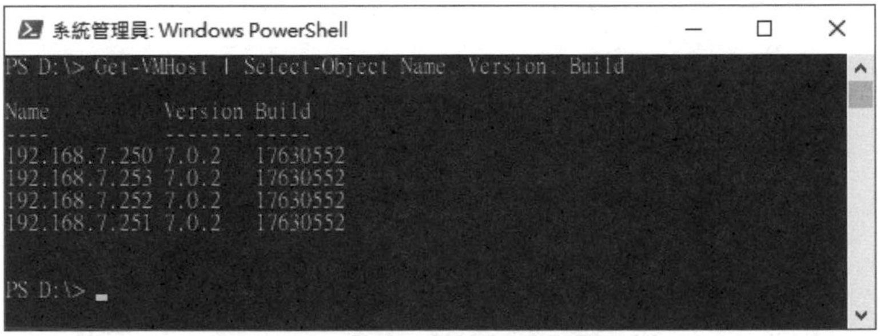

圖 11-6　檢視所有 ESXi 主機版本資訊

至於如何取得所有虛擬機器的 VMware Tools 版本資訊呢？很簡單，只要執行以下命令參數即可一目了然。

```
Get-VM | Select-Object -Property Name,@{Name='ToolsVersion';Expre
ssion={$_.Guest.ToolsVersion}}
```

11.5 ESXi 主機 IP 位址檢視技巧

想要從 vSphere Client 網站上來，查看每一台 ESXi 主機的 IP 配置是相當容易的。不過由於是圖形操作介面，因此只能對於每一台 ESXi 主機進行個別點選才能查看。而當 ESXi 主機的數量較多時，這樣的查詢方式似乎有些沒效率。

當你開始學習 PowerCLI 命令工具的使用之後，將會發現諸如此類的批量資訊查詢需求，透過命令參數的執行肯定更有效率。如圖 11-7 所示在此筆者透過執行以下的命令參數，即可迅速得知每一台 ESXi 主機預設 VM Kernel（vmk0）相對的 IP 位址。

```
Get-VMHost | Select Name,@{N="IP Address";E={($_.ExtensionData.
Config.Network.Vnic | ? {$_.Device -eq "vmk0"}).Spec.Ip.IpAddress}}
```

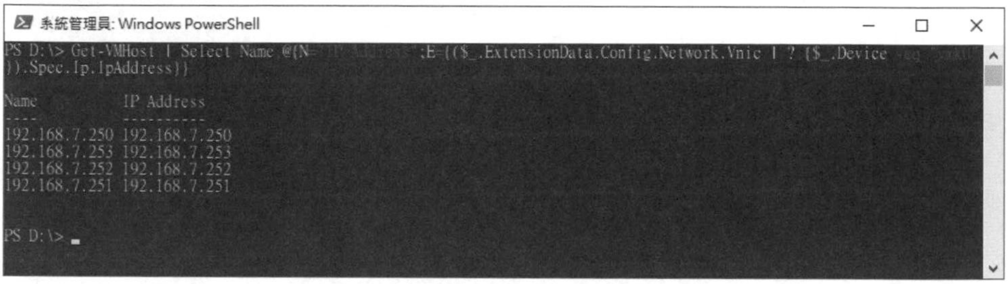

圖 11-7 檢視所有 ESXi 主機 IP 位址

在前一個範例中筆者僅示範了關於各主機 vmk0 預設的 IP 位址。如果你想要更完整的顯示各主機中所有 VM Kernel 的 IP 位址、子網路遮罩、Mac 位址、PortGroup 名稱以及是否已啟用 vMotion 功能，可以如圖 11-8 所示參考以下命令參數的執行即可。

```
Get-VMHostNetworkAdapter |Where-Object {$_.Name -like 'vmk*'} |FT
VMhost,Name,DhcpEnabled,IP,SubnetMask,Mac,PortGroupName,vMotionEn
abled
```

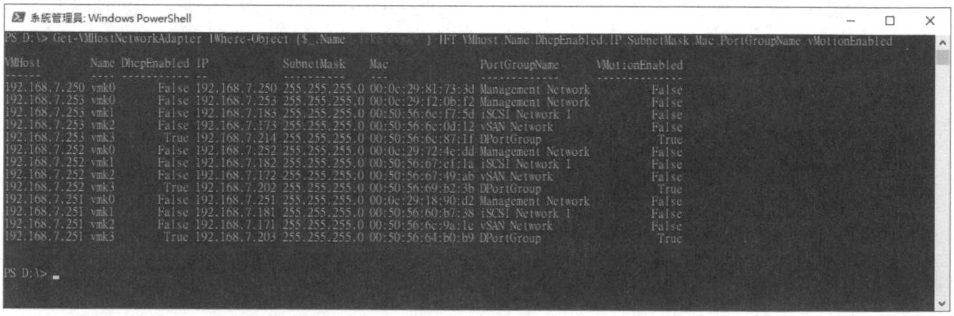

圖 11-8 檢視 ESXi 主機 VM Kernel 的 IP 網路

如果你想要進一步查詢所有 ESXi 主機的 DNS 位址設定、網域名稱、搜尋網域名稱等資訊，只要如圖 11-9 所示執行以下命令參數即可。

```
(Get-VMHost).ExtensionData.Config.Network.DNSConfig
```

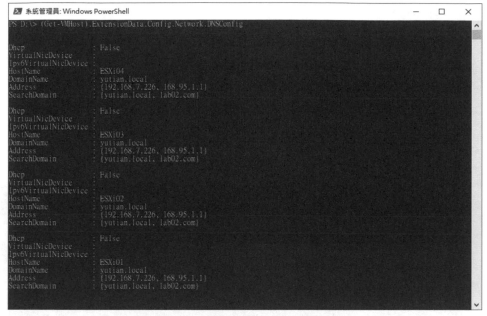

圖 11-9　檢視 ESXi 主機 DNS 配置

11.6 管理 Guest OS 的 IP 配置

對於 vSphere 的管理，我們除了可以查詢與修改 ESXi 主機的 IP 位置之外，若想要修改虛擬機器 Guest OS 中的 IP 配置，通常得需要連線開啟 Guest OS 的操作介面才能進行修改。

如今當你熟悉 PowerCLI 命令的使用之後，就可以使用更快速的方法來進行 Guest OS 的 IP 配置與檢視。以 Windows 的命令管理為例，如圖所示首先你可以執行以下命令參數來完成變數的設定，在這個變數設定中明確輸入了所要配置的網路名稱，以及所要設定的 IP 位址、子網路遮罩以及閘道位址。

```
$cmd='netsh interface ip set address name="Ethernet0" static
192.168.11.11 255.255.255.0 192.168.11.1'
```

完成變數設定之後，緊接著便可以透過執行以下命令參數，來完成選定虛擬機器 Guest OS 的連線登入，以及上述變數命令的執行。

```
invoke-vmscript -VM Server01 -ScriptText $cmd -GuestUser
'Administrator' -GuestPassword 'password' -ScriptType bat
```

最後你可以如圖 11-10 所示經由以下命令參數的執行，來查看上述的 IP 位址配置之修改是否成功。你可以繼續善用 invoke-vmscript 命令來執行更多的 Windows 命令參數，以修改或檢視除了網路以外的各種系統配置。

```
Invoke-VMScript -VM Server01 -ScriptText "ipconfig /all"
-GuestUser 'Administrator' -GuestPassword 'password'
```

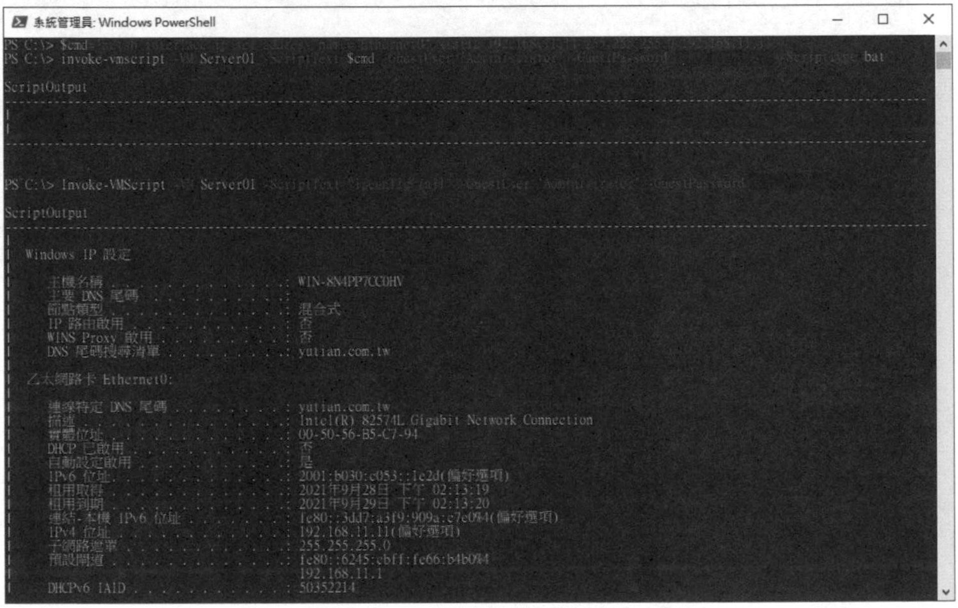

圖 11-10　修改並檢視 IP 配置

11.7 結合 XML 批次建立虛擬機器

還記得筆者之前曾經介紹過關於在 vSphere 7.x 架構下，透過結合 CSV 檔案的方式，來批次建立虛擬機器的方法。雖然接下來筆者所要介紹的批次建立虛擬機器的方法，一樣是透過 PowerCLI 命令來完成，不過這次要結合的是 XML 檔案，因此在做法上會有些不一樣，你可以根據自身的習慣來擇一使用。

首先請開啟 notepad 編輯軟體,然後如圖 11-11 所示以 XML 標籤方式,設定好每一個個虛擬機器的名稱、CPU 數量、記憶體大小、磁碟大小、網路名稱等參數。其中這些參數的名稱可以自定義,只要能夠符合接下來的命令參數設定即可。

圖 11-11　建立 XML 檔案

完成了 XML 檔案的建立之後,就可以使用 PowerCLI 連線登入 vCenter Server,再執行以下命令參數來完成 XML 檔案名稱的變數設定。

```
[xml]$s = Get-Content myVM.xml
```

最後只要如圖 11-12 所示再執行以下命令參數,即可完成虛擬機器的建立。必須注意的是其中每一個參數所對應的標籤名稱,必須與 XML 的描述相符才行。

```
$s.CreateVM.VM | where { New-VM -VMHost 192.168.7.253 -Name
$_.Name -NumCPU $_.NumCPU -MemoryGB $_.MemoryGB -DiskGB $_.DiskGB
-NetworkName $_.NetworkName}
```

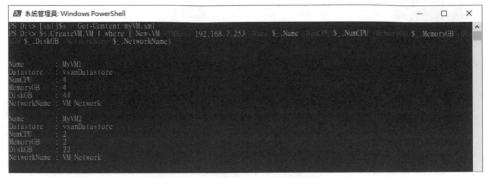

圖 11-12　批次建立虛擬機器

完成虛擬機器的批次建立之後，你除了可
以透過執行 Get-VM 來查看所建立的虛擬
機器，也可以如圖 11-13 所示從 vSphere
Client 來查看，並且繼續完成進階配置以
及開啟電源等操作。

圖 11-13　檢視虛擬機器清單

在上述結合 XML 批量建立虛擬機器的範例之中，我們只是使用了幾個
常見的配置標籤，實際上你可以根據需求加入更多的配置標籤，來搭配
New-VM 命令參數的使用，例如加入 -ResourcePool 參數來選定資源集
區，或是加入 -DiskPath 來指定 VMDK 虛擬磁碟檔案的存放路徑，以及加
入 -DiskStorageFormat 參數來設定虛擬磁碟的檔案格式等等。

11.8 檢查 ESXi 服務與健康狀態

ESXi 主機是 vSphere 運行架構中的基礎，一旦這個基礎出現異常狀態，在
它上面運行的虛擬機器肯定也會連帶受到影響。為此 IT 人員必須確實掌握
所有 ESXi 主機的健康狀態。

關於 ESXi 主機的健康診斷，除了可以透過 vSphere Client 來查看之
外，進階的檢視與預警則可以透過 VMware 自家的 vRealize Operations

Manager 解決方案來完成。對於愛好使用 PowerCLI 命令管理介面的 IT 人員，則可以善用一些簡單的命令參數，來為 ESXi 主機進行一些基本的健康檢查。

首先我們可以如圖 11-14 所示透過執行以下命令參數，來針對選定資料中心下的所有 ESXi 主機查看整體的健康狀態。如果在 [OverallStatus] 欄位中顯示了 [green]，即表示目前該主機的整體健康狀態是正常的。

| 小祕訣 | 想要知道目前每一台 ESXi 主機的連線狀態，可以透過執行 Get-VMHost \| FL Name,State 命令參數來得知道，其中狀態（State）欄位的資訊分別有 Connected、Disconnected、NotResponding、Maintenance。 |

```
Get-Datacenter Datacenter | Get-VMHost | Get-View | FT -Property
Name,OverallStatus -AutoSize
```

圖 11-14　檢查所有 ESXi 主機健康狀態

關於 ESXi 主機的健康診斷，除了要優先檢查整體的健康狀態之外，最好還能夠進一步檢查所有需要的服務是否皆在啟動之中。如圖 11-15 所示你可以透過執行以下命令參數，來得知 192.168.7.251 這台 ESXi 主機的所有服務狀態。

```
Get-VMHost 192.168.7.251 | Get-VMHostService
```

| 小祕訣 | 當你發現某一項重要的主機服務不在啟動狀態下，可以透過執行 Start-VMHostService 命令來啟動選定的服務。若是想要重新啟動服務，則可以改使用 Restart-VMHostService 命令。 |

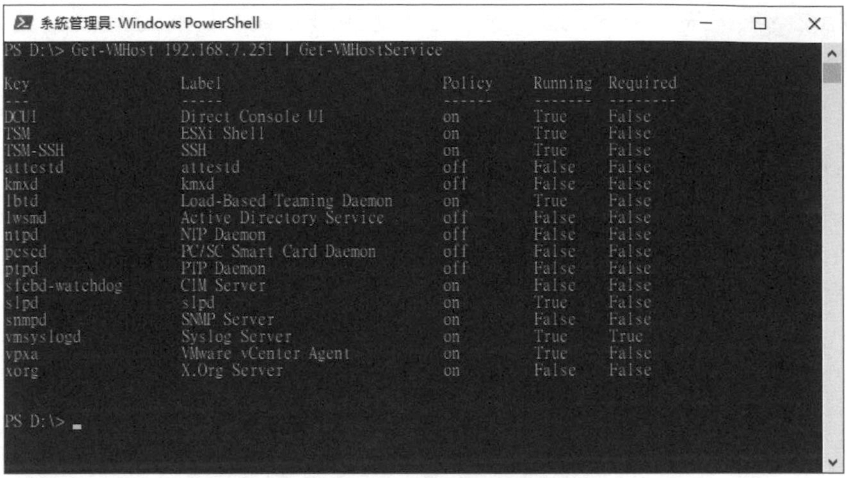

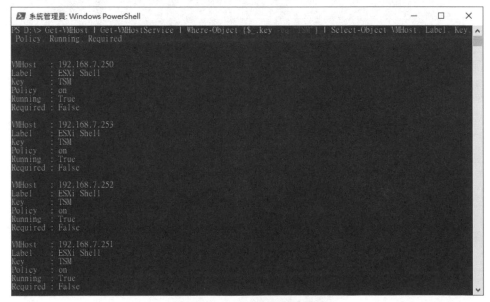

圖 11-15　ESXi 主機所有服務狀態

上一步驟的做法只是針對選定的 ESXi 主機來查看所有服務狀態，如果你想要查看所有 ESXi 主機中選定的服務狀態，則可以如圖 11-16 所示參考以下命令參數。關於此命令參數中的「TSM」條件設定，所針對便是 ESXi Shell 服務狀態。

```
Get-VMHost | Get-VMHostService | Where-Object {$_.key -eq "TSM"}
| Select-Object VMHost, Label, Key, Policy, Running, Required
```

圖 11-16　ESXi Shell 服務狀態

11.9 結合 Out-GridView 應用範例

當我們在 Windows PowerShell 命令介面之中執行 PowerCLI 命令時，如果所要檢視的資料相當多時，通常就會搭配一些篩選專用的參數（例如：Where-Object），來篩選出符合條件設定的資料。

然而對於資料篩選條件的快速設定，若是透過命令視窗來進行操作，肯定會覺得相當不方便，因為你得不斷地修改命令參數的設定。為此筆者建議當面對需要不斷修改篩選條件的操作需求時，不妨善用 Out-GridView 參數來開啟 Windows 的視窗介面，再來進行各種條件的替換肯定會更有效率。

如圖 11-17 所示便是一個典型的範例，先透過執行 Get-VM | Out-GridView 命令參數，來開啟檢視清單的視窗，緊接著再點選 [新增條件] 來設定資料的篩選即可。

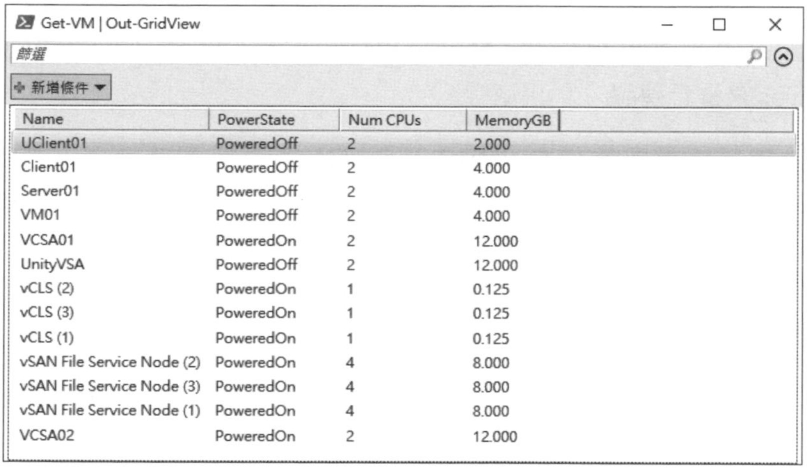

圖 11-17　查看所有虛擬機器清單

如圖 11-18 所示便是設定了僅檢視已配置一顆 CPU 的虛擬機器清單，以這個範例而言你也可以篩選特定關鍵字的虛擬機器名稱，或是電源狀態、記憶體大小。若是要恢復全部資料的檢視，只要點選 [全部清除] 按鈕即可。

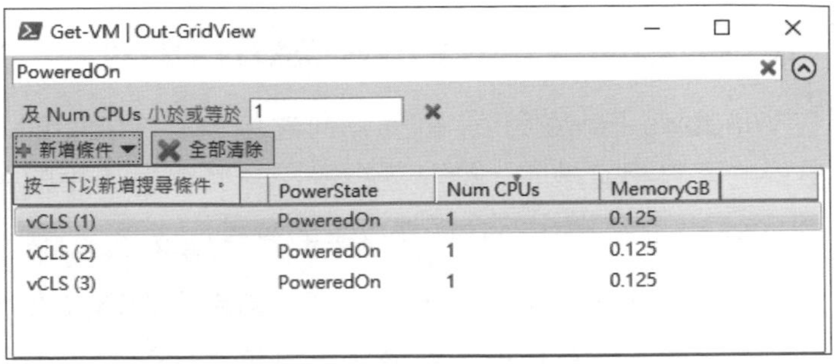

圖 11-18　篩選虛擬機器清單

11.10 如何查詢 VMRC 開啟記錄

在 vSphere 架構中對於虛擬機器 Guest OS 遠端操作，可以透過 vSphere Client 網頁模式來開啟，或是選擇使用 VMRC（VMware Remote Console）的視窗介面來開啟。其中 VMRC 除了可以使用獨立下載的安裝程式之外，也可以直接使用現行的 VMware Workstation Pro 或 VMware Workstation Player 來進行連線。

無論管理人員選用何種 VMRC 工具來連線管理虛擬機器，若想知道哪些 IT 人員曾經透過 VMRC 進行連線管理，只要執行如圖 11-19 所示的 PowerCLI 命令參數即可得知。此範例其實是透過查詢 vSphere 系統中的事件記錄，來找出過去一個小時之內曾經被管理人員以 VMRC 開啟的虛擬機器清單。

```
Get-VM | ForEach-Object {$_ | Get-VIEvent -Start (Get-Date).
AddMinutes(-60) -MaxSamples 300 | where Fullformattedmessage
-like "A ticket for * of type webmks on * has been acquired"} |
select createdtime,username,@{l="VM";e={$_.vm.name}}
```

圖 11-19　查詢 VMRC 開啟記錄

11.11 使用命令讓主機進入維護模式 ———

當 ESXi 主機需要停機維護時,我們必須先將所有在此主機上運行的虛擬機器關機、暫停或移轉。然而在獨立主機的運行中,你唯一僅能選擇的是以手動方式將虛擬機器關機。如果是在 vSphere 叢集的架構下,則便可以在虛擬機器不關機或暫停的狀態下,先完成線上移轉(vMotion)後再執行 ESXi 主機的關機。在進階應用方面,還可以如圖 11-20 所示結合叢集設定中的 [vSphere DRS] 功能之啟用,來達到虛擬機器自動移轉至其他主機的需求。

圖 11-20　編輯叢集設定

此外如果在你的 vSphere 叢集中已啟用了 vSAN 功能,則必須在設定 ESXi 主機進入維護模式時,如圖 11-21 所示選擇 vSAN 資料移轉的方式。其中如果你選擇了 [移轉全部資料] 或 [確保可存取性],將必須等待這些任務在背景完成執行之後,才會正式讓此主機進入維護模式。

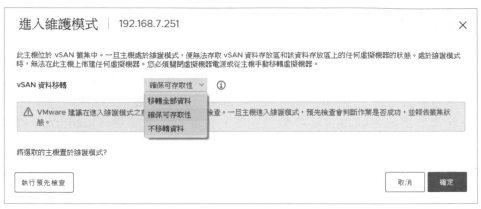

圖 11-21 從 vSphere Client 進入維護模式

接下來就讓我們實際使用 PowerCLI 命令參數，來將一個已啟用 vSAN 的叢集主機設定進入維護模式。如圖 11-22 所示請執行以下命令參數，將選定的 ESXi 主機設定進入維護模式，並選擇不移轉 vSAN 的資料（NoDataMigration）。你也可以改設定為移轉全部資料（Full）或確保可存取性（EnsureAccessibility）的參數。

```
Get-VMHost -Name 192.168.7.251 | Set-VMHost -State Maintenance
-VsanDataMigrationMode NoDataMigration
```

圖 11-22 讓主機進入維護模式

針對上一步驟的執行結果，如果發現執行的進度一直停留在 0%，可以回到 vSphere Client 網站上查看一下 [最近的工作] 清單。如圖 11-23 所示在此範例中可以發現其中的 [詳細資料] 欄位出現了「正在等待所有虛擬機器關閉電源、暫停或移轉 ...」的訊息。這表示你需要手動完成上述要求的操作，或是選擇啟用 vSphere 叢集的 DRS 功能。

圖 11-23　最近的工作

當完成主機上相關虛擬機器的關機或移轉之後,便可以如圖 11-24 所示再
一次透過以下命令參數的執行,來成功完成 ESXi 維護模式的設定。

```
Get-VMHost -Name 192.168.7.251 | Set-VMHost -State Maintenance
-VsanDataMigrationMode NoDataMigration
```

在確認已成功將選定的 ESXi 主機,設定進入維護模式狀態之後,便可以
進一步執行以下命令參數來將此主機關機。

```
Stop-VMhost -VMhost 192.168.7.251 -Confirm:$false
```

圖 11-24　主機成功進入維護模式

想要知道在目前的 vSphere 架構中,有哪些 ESXi 主機正處於維護模式狀
態,只要如圖 11-25 所示執行 Get-VMHost -State maintenance 命令參
數。進一步若想讓選定的 ESXi 主機(例如:192.168.7.251)離開維護模
式並進入連線狀態,只要執行以下命令參數即可。

```
Get-VMHost -Name 192.168.7.251 | Set-VMHost -State Connected
```

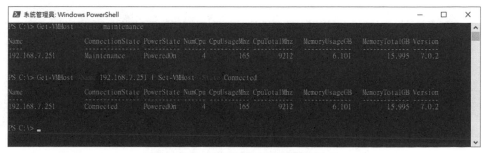

圖 11-25　查詢並離開主機維護模式

11.12 管理 SSO 用戶、密碼與鎖定原則 ——

相信熟悉 vSphere 運行架構的 IT 人員都知道，ESXi 主機除了可以獨立運行來使用虛擬機器基本功能之外，也可以在整合 vCenter Server 的使用下完整發揮所有已授權的功能，例如 vSphere HA、DRS、vSAN 等等，甚至於進一步整合自家的其他解決方案或第三方的產品。

然而在整合 vCenter Server 的架構下，之所以可以完善的達到帳戶、群組、角色權限、主機、虛擬機器、儲存、網路以及各項功能配置的集中管理，便是仰賴 vCenter Server 內建的 SSO（Single sign-on）服務。想要管理 SSO 服務中的各項配置，除了可以透過 VAMI 網站來完成之外，也可以經由 PowerCLI 相關命令參數的執行來快速完成。截至 vSphere 7.0 為止目前可用的 SSO 相關配置命令，大致有如下 14 個命令。

```
Add-ActiveDirectoryIdentitySource、Connect-SsoAdminServer、
Disconnect-SsoAdminServer、Get-SsoGroup、Get-SsoLockoutPolicy、
Get-SsoPasswordPolicy
```

```
Get-SsoPersonUser、Get-SsoTokenLifetime、New-SsoPersonUser、
Remove-SsoPersonUser、Set-SsoLockoutPolicy、Set-
SsoPasswordPolicy、Set-SsoPersonUser、Set-SsoTokenLifetime
```

接下來就讓我們實際來演練一下幾個常見的命令功能。首先必須執行以下命令參數，來完成選定 vCenter Server 的 SSO 管理伺服器連線登入。如圖 11-26 所示在此筆者以連線 vcsa01.lab02.com 伺服器為例子，並透過 SkipCertificateCheck 參數設定來略過憑證的檢查。

```
Connect-SsoAdminServer -Server vcsa01.lab02.com -User
Administrator@lab02.com -Password password -SkipCertificateCheck
```

圖 11-26　連線 SSO 管理伺服器

成功連線 SSO 管理伺服器之後，緊接著可以如圖 11-27 所示透過以下命令參數來新增一個名為 JaneKu 的帳戶，並完成密碼、Email 地址設定。

```
New-SsoPersonUser -User JaneKu -Password '1234@#Abcd'
-EmailAddress 'JaneKu@lab02.com' -FirstName 'Jane' -LastName 'Ku'
```

對於 vSphere 網域中任何現有的帳號，若想要查詢任一帳號的詳細資訊，可參考以下命令參數。

```
Get-SsoPersonUser -Name JaneKu -Domain lab02.com
```

如果需要刪除選定網域中的任一帳戶，可以參考以下命令參數。

```
Remove-SsoPersonUser -User (Get-SsoPersonUser -Name JaneKu
-Domain lab02.com)
```

圖 11-27　新增、查詢、刪除用戶

看完了 SSO 網域帳號的基本管理命令之後，接下來可以學一下關於密碼原則以及帳戶鎖定原則的管理。首先你可以透過執行 Get-SsoPasswordPolicy 命令，如圖 11-28 所示來取得現行的密碼原則配置。

在確認了現行的密碼原則配置之後，如果想要將密碼的最小長度以及有效使用的天數進行修改，可以參考執行以下命令參數來完成。至於其他密碼原則的設定修改，只要比照同樣的做法即可。

```
Get-SsoPasswordPolicy | Set-SsoPasswordPolicy -MinLength 10
-PasswordLifetimeDays 45
```

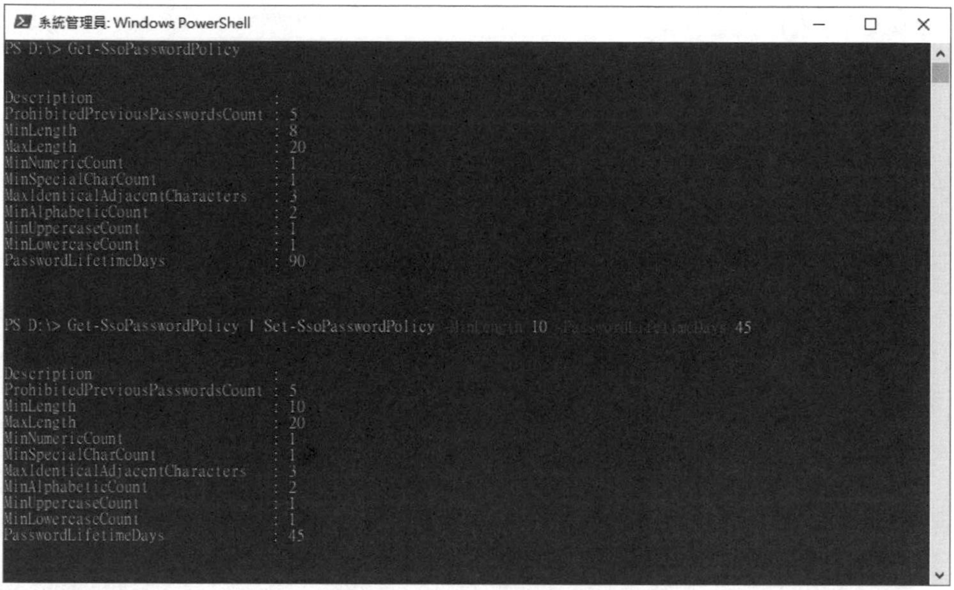

圖 11-28　查看與修改密碼原則

對於用戶連線登入的安全管理，除了密碼原則的配置之外，最好還能夠進一步調整符合企業 IT 資訊安全需求的帳戶鎖定原則。同樣的你可以先執行 Get-SsoLockoutPolicy 命令來查看現行的帳戶鎖定原則。如圖 11-29 所示在此可以發現能夠設定的欄位分別有自動解鎖帳戶的間隔秒數、錯誤密碼嘗試的間隔秒數、密碼錯誤嘗試的最大次數。在此筆者透過以下命令參數，來完成自動解鎖帳戶的間隔秒數（AutoUnlockIntervalSec）以及密碼錯誤嘗試的最大次數（MaxFailedAttempts）兩項設定。

```
Get-SsoLockoutPolicy | Set-SsoLockoutPolicy -AutoUnlockIntervalSec
30 -MaxFailedAttempts 3
```

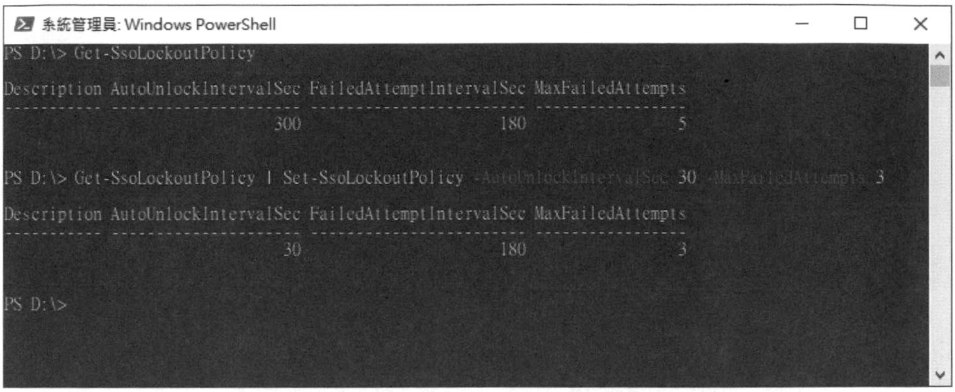

圖 11-29　查看與修改帳戶鎖定原則

11.13 產出 vSphere 完整配置報告

如果你是一位剛接手企業 vSphere 架構維護的 IT 人員，即便你早有了 vSphere 基本維運的經驗，但你仍得花上不少的時間來熟悉現行的各項配置，尤其是對於中大型的 vSphere 架構，那肯定得花上數月的時間才能逐一掌握。

為此筆者會建議你先透過如圖 11-30 所示的以下網址連結，來下載與安裝 AsBuiltReport PowerShell Module 並在 PowerCLI 命令中來使用，如此一來就可以善用它的報告產出功能，來一次完整檢視 vSphere 架構中的所有配置細節。

AsBuiltReport PowerShell Module 下載網址：
https://www.powershellgallery.com/packages/AsBuiltReport.VMware.vSphere/1.1.3

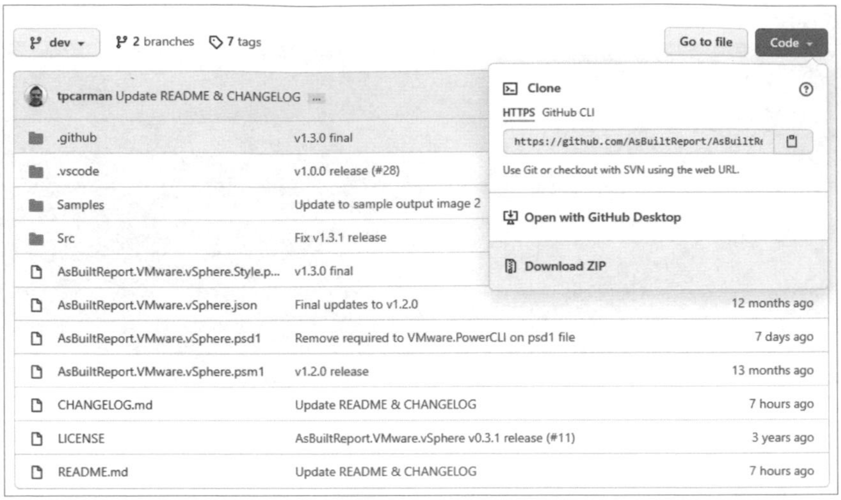

圖 11-30　AsBuiltReport PowerShell Module 下載

針對 AsBuiltReport PowerShell Module 的安裝方式，你也可以採用如圖 11-31 所示的做法，在 Windows PowerShell 命令視窗之中，執行以下命令參數即可迅速完成安裝，並且還可以自行決定所要安裝的版本（例如：1.1.3）。

```
Install-Module -Name AsBuiltReport.VMware.vSphere -RequiredVersion
1.1.3
```

圖 11-31　安裝 AsBuiltReport PowerShell Module

在確認完成了 AsBuiltReport PowerShell Module 的安裝之後，便可以如圖 11-32 所示透過以下命令參數的執行，來完成選定 vCenter Server 的連線，以及將 HTML 報告產出在選定的路徑之中。

```
$cred=Get-Credential

New-AsBuiltReport -Report VMware.vSphere -Target vcsa01.lab02.com
-Format HTML -OutputPath 'D:\Documents\' -Timestamp -Credential
$cred
```

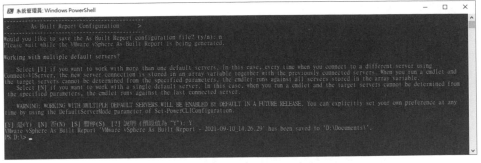

圖 11-32　產出 vSphere 配置報告

接下來我們就可以到選定的路徑下開啟 vSphere 配置報告。打開後首先在報告封面會看到產作此報告的作者、日期以及版本資訊。接著就可以看到目錄清單，你可以點選所要查看的配置超連結，例如想要查看有關於目前叢集的配置，點選 [Cluster] 超連結即可。

如圖 11-33 所示則是有關於現行所有標準 vSwitch 連接埠群組的配置。當然你也可以進一步去查看關於所有 Distributed Switch 的配置，這些配置資訊包括了版本資訊，以及所連接的 Uplink 數量、Port 數量、Port Group 數量、主機數量、虛擬機器數量、主機與 Uplink 以及實體網卡的對應關係。

1.4.4.4.3.7 Virtual Switch Port Group Teaming & Failover

Port Group	Virtual Switch	Load Balancing	Network Failure Detection	Notify Switches	Failback	Active NICs	Standby NICs	Unused NICs
iSCSI	vSwitch 1	Route based on the originating port ID	Link status only	Yes	Yes	vmnic 1		
iSCSI Network 1	vSwitch 1	Route based on the originating port ID	Link status only	Yes	Yes	vmnic 1		
Management	vSwitch 0	Route based on the originating port ID	Link status only	Yes	Yes	vmnic 0		
Management Network	vSwitch 0	Route based on the originating port ID	Link status only	Yes	Yes	vmnic 0		
Sync	vSwitch 2	Route based on the originating port ID	Link status only	Yes	Yes	vmnic 2		
VM Network	vSwitch 0	Route based on the originating port ID	Link status only	Yes	Yes	vmnic 0		
vSAN Network	vSwitch 2	Route based on the originating port ID	Link status only	Yes	Yes	vmnic 2		
vShare	vSwitch 2	Route based on the originating port ID	Link status only	Yes	Yes	vmnic 2		

圖 11-33　vSwitch 連接埠群組配置

如圖 11-34 所示則是有關於叢集與資源集區的配置資訊。叢集配置部分，包括了叢集的名稱、ID、資料中心、vSphere HA 啟動狀態、vSphere DRS 啟動狀態、vSAN 啟動狀態、EVC Mode 啟動狀態等等。在資源集區配置部分，包括了資源集區名稱、ID、主機名稱、CPU 與記憶體共享等級、CPU 與記憶體共享配置、CPU 與記憶體資源保留設定、記憶體限制、虛擬機器數量等等。

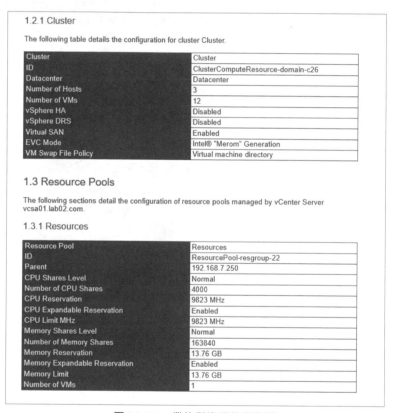

圖 11-34 叢集與資源集區配置

除了上述這些報告範例之外，常見的還可以查看 Storage Adapter、iSCSI 資料存放區、iSCSI LUN 配置資訊、NFS 資料存放區、所有虛擬機器配置資訊、快照資訊等等。

11.14 善用 RVTOOLS 工具

RVTools 是一個基於 Windows .NET 4.6.1 開發技術，並結合 vSphere Management SDK 7.0 以及 CIS REST API 所設計而成的視窗工具，透過此工具與 vCenter Server 或 ESXi 的連線，將可以方便管理員能夠依照有條理的分類，來快速檢視整個 vSphere 的完整配置資訊與基礎健康狀態，例如：CPU、記憶體、磁碟、HBA 配置、快照、資源集區、叢集、Distributed Switches、VM Kernels、資料存放區等等。目前它支援從 vCenter Server 4.x、ESX 4.x 到 vCenter Server 7.0、ESXi 7.0。

由於 Veeam Software 是 RVTools 的贊助者，因此當你透過以下官網準備下載此工具時，必須輸入下載者姓名、公司名稱以及 Email 來完成註冊，以便可以獲得更多有關於 Veeam 的 IT 產品資訊，當然你也可以隨時取消訂閱。

RVTools 下載網址：
https://www.robware.net/rvtools/download/

在完成 RVTools 的下載與安裝之後，便可以如圖 11-35 所示打開它並完成連線位址以及帳號密碼的輸入。點選 [Login]。

成功連線登入 RVTools 管理介面之後，可以看到系統已經將各種配置進行了類別分頁，例如：vCPU、vMemory、vDisk、vNetwork、vNIC、vHost、vCluster 等等。更棒的是還可以像如圖 11-36 所示一樣，將這些配置資訊匯出成 Excel 文件。

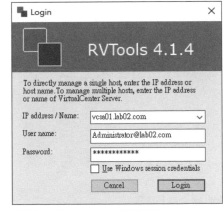

圖 11-35　RVTools 連線登入 vSphere

此外對於 vSphere 基本運行的健康診斷，除了可以從 [vInfo] 分頁來查看所有虛擬機器的連線與配置狀態，也可以從 [vHealth] 的分頁中來查看所有 ESXi 主機服務狀態，以及相關資料存放區的健康狀態。針對這些健康狀態的即時檢查，則可以點選 [Health] 選單下的 [Check]。

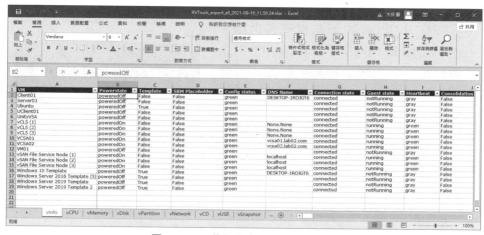

圖 11-36　RVTools 檔案選單

如圖 11-37 所示便是將 vSphere 配置資訊匯出至 Excel 的結果，在 Excel
操作介面你可以快速對於任一欄位設定篩選，來找出自己所需要的資料，
可以說在篩選條件的設定上更加彈性。

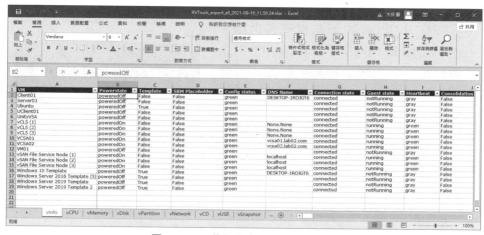

圖 11-37　將配置資訊匯出至 Excel

如果需要在 RVTools 操作介面之中設定欄位的篩選，點選位在 [View] 選單
下的 [Filter] 即可，如圖 11-38 所示你可以設定僅顯示已開啟電源的虛擬機
器，或是僅顯示選定資料中心以及叢集下的主機配置資訊。對於設定好的
篩選條件，若希望在下一次開啟 [Filter] 設定視窗時能夠繼續沿用，請記得
將 [Save filter and use it next time when RVTools is started] 選項勾選。

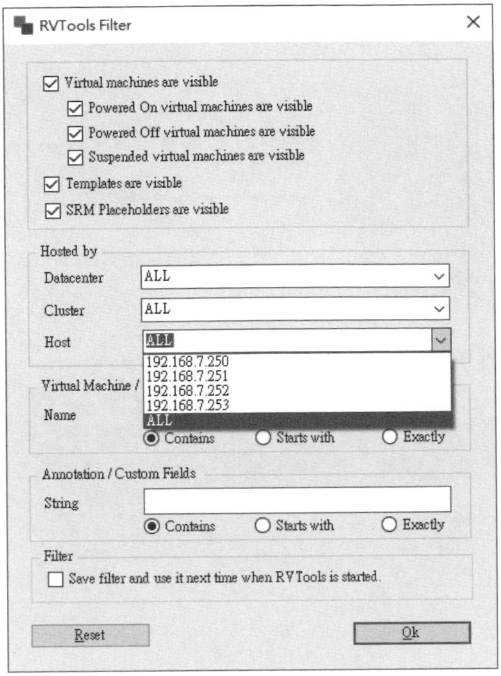

圖 11-38　設定篩選

想要入門學習 VMware PowerCLI 的使用並不難，不過若要達到行雲流水般的操作自如，便非得花費一番苦心不可。其實關於 PowerCLI 的進階應用，便已經和撰寫程式碼沒有兩樣，因此這對於有程式開發經驗的 IT 人員來說是相當容易上手的。對於許多完全沒有程式開發經驗的 IT 人員而言，即便無法撰寫複雜的 Script，但至少也能夠藉由 cmdlet 的執行，來比以往更有效率的完成各種批次操作需求。

為了讓 IT 人員能夠快速產出實務上需要的 Script，筆者建議官方能在 vSphere Client 網站的操作介面之中，對於各種任務操作的執行結果，都能夠讓人員自行決定是否要匯出相對的 Script，如此一來人員便可以在後續透過修改此 Script，來變成自己平日維運中所需要的 Script。對於每一支修改後的 Script 只要我們有適時的做好註解說明以及分類，相信可以為往後的維運帶來莫大的助益。

第 12 章

vCenter Server 7.x DCLI 命令與更新管理

VMware vSphere 7 以上版本已提供了多種的工具，可直接連線管理 vCenter Server，這包括了 vSphere Client、VAMI、Console CLI、Bash Shell 以及許多進階 IT 人員愛用的 PowerCLI。然而你可能沒使用過另一個也相當好用的 DCLI 命令工具，它不僅可以安裝在 Windows、Linux 以及 MacOS 的作業系統中來使用，它也已內建於 vCenter Server 7 以上的版本。現在就讓我們透過本章的實戰講解，來一同學習 DCLI 命令工具的使用技巧，以及如何排除登入與更新 vCenter Server 7 所遭遇的相關難題。

12.1 簡介

你有多久沒有使用命令工具了呢？命令工具對於現代的 IT 人員而言，雖然不是主要的維運工具但卻也是必備的輔助工具，因為如今幾乎各類的作業系統、伺服器應用系統、虛擬化平台，甚至於就連用戶端應用系統都有提供專屬的命令工具。即便是非 IT Pro 的一般用戶，也可能會使用到一些基礎的命令，例如：Ping、ipconfig、cd、rd、md、dir、copy 等等。

然而也並非是 IT 人員就一定懂得使用命令工具。記得某天一位程式設計師跟我反映說網路無法正常連線，當下我請她 Ping 一下某伺服器 IP，測試看看是否有正常回應，她竟回答我什麼是 Ping，讓我驚訝到差點從椅子上摔下來。由此可見即便是資訊專業人士，也可能不懂基本命令工具的使用，尤其是以 Windows 平台為基礎的程式設計師。

可是如果你是一位系統工程師，或是負責管理 VMware vSphere 基礎運行的維運人員，那肯定不能不熟悉相關命令工具的使用，這是因為有許多的自動化管理任務與批次任務，必須透過命令工具的執行才能進行配置或迅速完成。在 vSphere 7.0 以前的版本，進階的管理員多半會熟悉 ESXCLI、PowerCLI 的使用，如今又直接內建了 DCLI 命令工具於 vCenter Server 7.x 以上版本之中，究竟什麼是 DCLI 以及如何善用它呢？

DCLI（Data Center CLI）是一個用以管理 vCenter Server 資料中心的簡易命令介面，它直接透過 vSphere Automation API（REST API）來進行各項命令的執行，並且同時支援互動式命令與 Script 執行模式。從 vSphere 7 開始 DCLI 已直接內建於 vCenter Server Appliance 7 以上的版本，並且也可以透過它來連線管理 VMware Cloud、AWS、NSX-T。

關於 DCLI 命令的使用方式，除了可以透過 SSH 遠端連線至 vCenter Server Appliance 來執行之外，也可以直接在 Windows、Linux 以及 MacOS 的命令介面中來執行，只要作業系統中有預先安裝好 Python 以及 DCLI 的模組即可，因為它運行在 PyPI（Python Package Index）架構的基礎之上，其中 Python 的版本需要在 2.7 或更新版本。

12.2 快速安裝 DCLI 工具

前面我們曾提及 DCLI 可以直接在 Windows、Linux 以及 MacOS 的命令介面中來執行，不過在開始使用之前，首先必須下載與安裝此作業系統專用的 Python。接著筆者就以安裝執行在 Windows 10 為例。請透過以下網址並如圖 12-1 所示點選 [Download Python 3.10.4] 按鈕來完成安裝程式的下載。

Python 下載網址：https://www.python.org/downloads/

圖 12-1　下載 Python

如圖 12-2 所示便是 Python 3.10.4 版本的安裝頁面，在點選 [Install Now] 之前請點選先選取 [Install launcher for all users] 以及 [Add Python 3.10 to PATH] 兩項設定。在成功完成安裝的 [Setup was successful] 頁面中，建議點選 [Disable path length limit] 按鈕，以關閉作業系統對於檔案與資料夾路徑長度的限制。

> **小提示** 關於 Python 預設的安裝路徑，Windows 是位於 %APPDATA%\Python 路徑，其他平台的作業系統則是位於 ~/.local/ 路徑之下。

圖 12-2　安裝 Python

在完成了 Python 的安裝之後，就可以使用系統管理員身分開啟命令視窗。接著請執行 pip install dcli 命令參數，來完成 dcli 模組程式的安裝。值得注意的是，有一些防毒軟體（例如：PC-cillin）可能會出現如圖 12-3 所示的「可疑檔案已封鎖」的警示訊息，此時只要稍等一下即可點選 [開啟檔案] 超連結來完成安裝任務。另外，若是安裝在非 Windows 的平台且沒有 root 的寫入權限，可以嘗試改執行 pip install --user dcli 命令參數來進行安裝。

圖 12-3　可能的防毒提示

一旦成功完成了 dcli 模組程式的安裝，立馬就可以開始執行 dcli 相關命令，來準備連線管理 vSphere。你可以先透過如圖 12-4 所示的 dcli 命令執行，來查看有關於此命令參數的使用方法，在此便可以分別看到連線 vCenter Server（vAPI Server）、VMC 以及 NSX 三種不同目標的方法。若想進入互動式的 dcli 命令提示字元下並完成與伺服器的連線，可以參考以下命令參數，其中筆者所輸入的 IP 位址便是伺服器的 IP，當然你也可以改輸入完整的網域名稱（FQDN）。

```
dcli +server 192.168.7.241 +skip-server-verification +interactive
```

在成功連線並進入到 dcli 命令提示字元之後,筆者緊接著嘗試輸入 appliance system version get 命令,想要來查詢有關於 vCenter Server Appliance 的版本資訊,由於是首次的命令結果回傳,因此系統會提示要求輸入登入的帳號與密碼,只要在完成帳號與密碼的輸入之後,再同意儲存認證資訊,後續任何命令參數的執行便不需要再次輸入帳號與密碼。

值得注意的是,其中的 +skip-server-verification 參數便是略過 SSL 憑證的檢查,因為若沒有相關的憑證檔案,系統預設將會出現憑證檢查的相關錯誤訊息,畢竟沒有合法的憑證來使用 HTTPS 的連線方式,確實會有資訊安全方面的風險。除了可選擇略過憑證檢查之外,也可以使用 +cacert-file 參數來指定憑證檔案的儲存路徑。

如果你希望在執行命令參數的同時,便已經完成帳號與密碼的驗證,而不要系統再次提示帳號密碼的輸入,可以選擇在執行命令的同時,輸入 +username 與 +password 的兩個參數設定即可,例如你可以改執行 appliance system version get +username user01 +password 01pass。

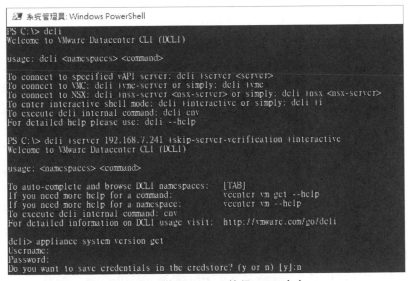

圖 12-4 從 Windows 執行 DCLI 命令

另外你也可以通過環境變數的設定,來省去每一次相關連線參數的設定,例如預先完成 DCLI_CACERTS_BUNDLE 環境變數的設定,來完成憑證

檔案路徑的選定。若想省去伺服器位址的輸入,也可以預先完成 DCLI_
SERVER 環境變數的設定。

12.3 DCLI 基本使用技巧

完成從 Windows 執行 DCLI 命令的方法之後,接下來我們可以改透過 SSH
遠端連線至 vCenter Server Appliance,來執行 DCLI 的相關命令與參數。
開始之前你必須連線到 vCenter Server Appliance 管理網站,來查看位在
[存取] 頁面中的 [SSH 登入] 以及 [DCLI] 功能是否已經啟用。

確認上述兩項功能皆已經啟用之後,就可以進行 SSH 的遠端連線登入。
在完成登入之後首先在 Command 的命令提示字元下,若要執行某一個
DCLI 的命令參數,可以如圖 12-5 所示參考以下命令參數的執行,而這個
命令參數的回傳結果就是虛擬機器的清單,它將顯示每一個虛擬機器的記
憶體大小、虛擬機器識別名稱、虛擬機器顯示名稱、電源狀態以及虛擬處
理器的數量。上述做法便是非互動模式的命令執行方式。

```
dcli com vmware vcenter vm list
```

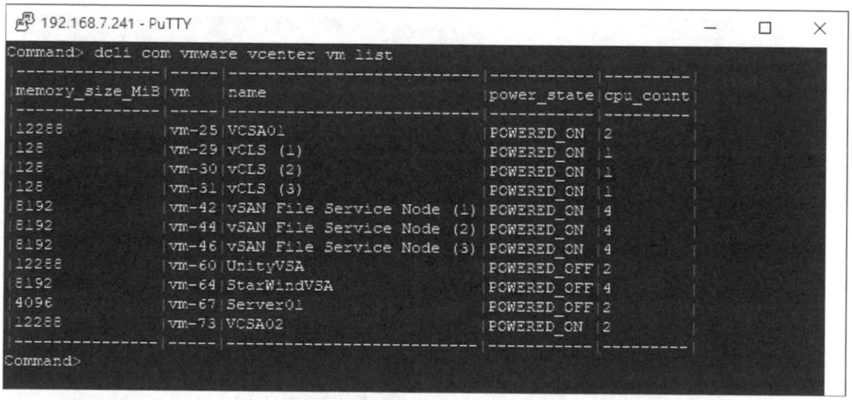

圖 12-5　查看 vCenter Server 下的所有虛擬機

若想要先進入到互動模式下再來執行 DCLI 的相關命令參數,只要如圖
12-6 所示先執行 dcli +i 即可,其中 i 便是 interactive。當進入到 dcli 命令
提示字元下之後,若想要知道某一個命令的用法,只要加上 -- help 參數即
可,例如你可以透過執行 vcenter vm get --help 命令,來得知檢視虛擬機
器清單的相關參數說明。

小提示　當你以 dcli +i 命令進入到 dcli 的命令提示字元之後，對於所有命

令的執行，無論是否要加上 vmware 前置命令都是可以的，例如檢
視虛擬機器清單，可以選擇執行 vmware vcenter vm list 或 vcenter
vm list。

```
192.168.7.241 - PuTTY                                          —   □   ×
Command> dcli +i
Welcome to VMware Datacenter CLI (DCLI)

usage: <namespaces> <command>

To auto-complete and browse DCLI namespaces:    [TAB]
If you need more help for a command:            vcenter vm get --help
If you need more help for a namespace:          vcenter vm --help
To execute dcli internal command: env
For detailed information on DCLI usage visit: http://vmware.com/go/dcli

::::

dcli> vcenter vm get --help
Username: Administrator@lab02.com
Password: ***********
Do you want to save credentials in the credstore? (y or n) [y]:y
usage: com vmware vcenter vm get [-h] --vm VM

Returns information about a virtual machine.

Input Arguments:
 -h, --help   show this help message and exit
 --vm VM      required: Virtual machine identifier. (string)
```

圖 12-6　首次進入 DCLI 命令提示

在以 SSH 遠端連線至 vCenter Server Appliance 並進入 dcli 命令提示字
元之後，我們可以再次如圖 12-7 所示嘗試執行 appliance system version
get 命令。在此可以發現執行的結果，這回直接顯示了 vCenter Server 7.0
版本的完整資訊，包括了系統安裝的日期時間、版本編號、發行日期、版
本類型。為何系統沒有要求輸入帳號與密碼呢？其實原因就在於當我們進
行 SSH 連線時，便已經完成帳號與密碼的驗證了。

```
192.168.7.241 - PuTTY                                          —   □   ×
Command> dcli +i
Welcome to VMware Datacenter CLI (DCLI)

usage: <namespaces> <command>

To auto-complete and browse DCLI namespaces:    [TAB]
If you need more help for a command:            vcenter vm get --help
If you need more help for a namespace:          vcenter vm --help
To execute dcli internal command: env
For detailed information on DCLI usage visit: http://vmware.com/go/dcli

dcli> appliance system version get
summary: VMware vCenter Server 7.0 Update 2
install_time: 2021-04-12T07:49:23.886Z
product: VMware vCenter Server
build: 17694817
releasedate: March 9, 2021
type: vCenter Server with an embedded Platform Services Controller
version: 7.0.2.00000
dcli>
```

圖 12-7　檢視 vCenter Server Appliance 版本資訊

關於在互動式模式下的 dcli 命令參
數使用技巧，最好用的就是在輸入
任何命令或參數的過程之中，可以
隨時如圖 12-8 所示透過按下 [Tab]
鍵來得知可用的命令或參數清單，
如此一來管理員就不太需要記憶太
多的命令與參數，只要知道大致有
哪些命令可以使用即可。

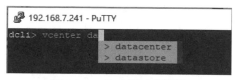

圖 12-8　命令提示與選擇

對於各種命令所使用到的名稱空間（Namespace）之用法，你並不需
要特別輸入—help 來進行查詢，例如你只要如圖 12-9 所示執行 vcenter
datastore 命令，即可得知可用的命令參數有 get 與 list，並可以清楚知道
每一項命令參數的用法。

```
192.168.7.241 - PuTTY                                                    —  □  ×
dcli> vcenter datastore
The Datastore namespace provides commands for manipulating a datastore

Available Namespaces:

defaultpolicy    The DefaultPolicy namespace provides commands related to storage policies associated
                 with datastore object

Available Commands:

get     Retrieves information about the datastore indicated by datastore.
list    Returns information about at most 2500 visible (subject to permission checks) datastores in
        vCenter matching the Datastore.FilterSpec.
```

圖 12-9　查看命令用法

12.4 vCenter Server Appliance 健康檢查

還記得過去筆者曾經一再強調過，想要做好 vSphere 的維運任務，首先就
必須先確保 vCenter Server 的運行健康，而它的基本健康狀態除了可以從
vCenter Server Appliance 管理網站上來查看之外，也可以透過 DCLI 命令
參數的執行來進行確認。

如圖 12-10 所示在此我們只要分別完成以下命令參數的執行，就可以依序
得知系統延遲、系統狀態、負載狀態、儲存狀態、記憶體狀態以及記憶體
交換狀態的健康燈號，這些燈號分別有 green（健康）、orange（警告）、
red（錯誤），其中若出現 red（錯誤）狀態時，務必趕緊找出問題的原
因並加以解決。至於尋找問題的原因可以透過 vCenter Server Appliance

管理網站來進行查看，部分問題也可以從 vSphere Client 網站登入後的 vCenter Server 節點，來進一步查看相關的摘要資訊或事件。

```
vmware appliance health system lastcheck
vmware appliance health system get
vmware appliance health load get
vmware appliance health storage get
vmware appliance health mem get
vmware appliance health swap get
```

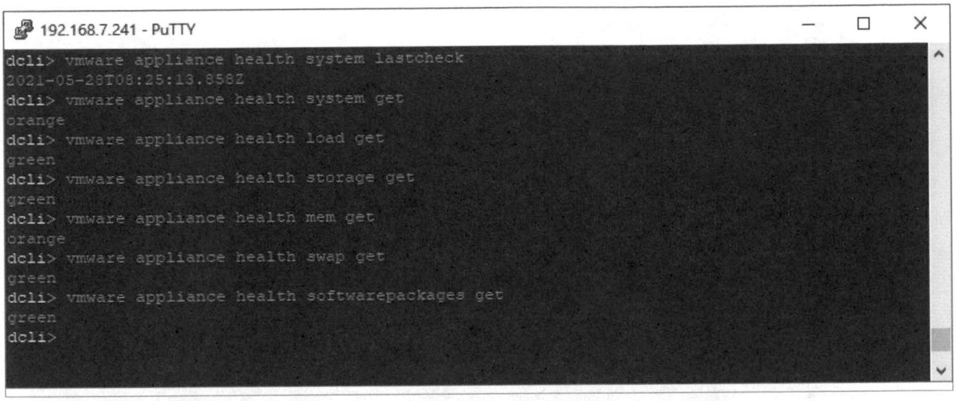

圖 12-10　vCenter Server Appliance 健康檢查

12.5 檢視 vSphere 架構資訊

我們知道 vSphere 架構的基本是由資料中心、ESXi 主機、vCenter Server、叢集、虛擬機器、網路以及資料存放區所組成。因此若你是一位剛接手企業中 vSphere 維運任務的 IT 人員，如何快速得知這些基本配置資訊呢？

儘管上述資訊你都可以透過 vSphere Client 來取得，但實際上若你已熟悉 DCLI 命令參數的使用，則只需要透過一些簡單的命令參數便可一目了然，以下就讓我們實際來學習幾個命令範例的操作。

首先如圖 12-11 所示你可以透過執行以下命令參數，來依序查看 ESXi 主機、虛擬機器以及叢集的清單，並且還可以查看到各自專屬的識別名稱

（host、vm、cluster），而這個識別名稱與我們在 vSphere Client 網站上所看到顯示名稱（name）其用途是不同的，因為在任何命令工具的管理中，若要選定某台主機、虛擬機器或叢集來進行管理，通常就必須得輸入識別名稱而不是顯示名稱，原因就在於識別名稱是由系統自動產生且不會發生重複，而顯示名稱則是由我們在新增過程之中所自定義的，並且識別名稱的輸入是可以與現行的名稱發生重複。

```
vmware vcenter host list

vmware vcenter vm list

vmware vcenter cluster list
```

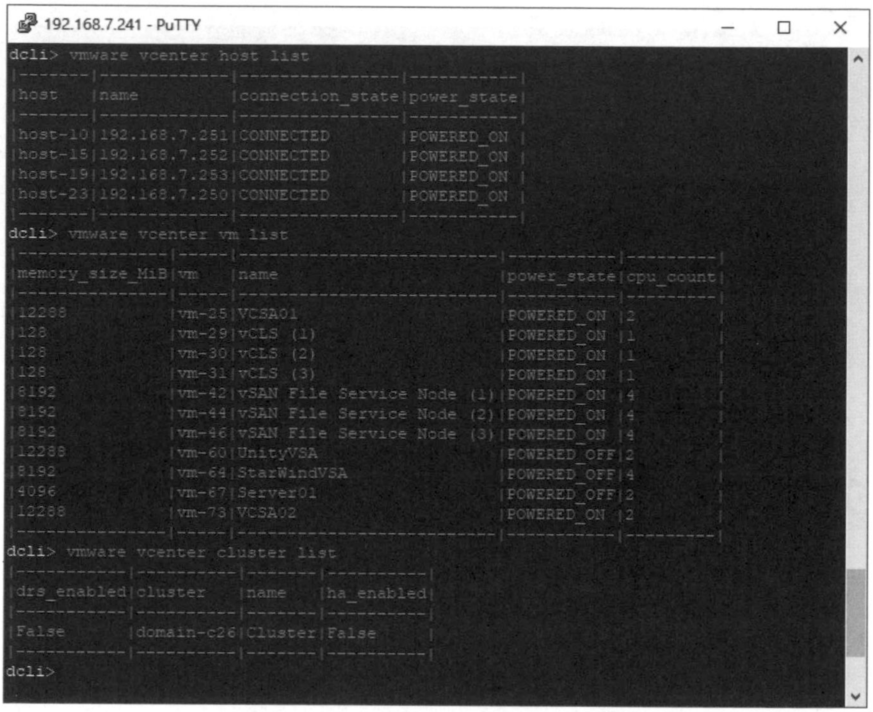

圖 12-11　檢視主機、虛擬機器、叢集

接下來我們可以再透過以下命令參數的執行，來分別如圖 12-12 所示查看到資料中心、網路以及資料夾的清單。它同樣也都有自己的識別名稱與顯示名稱的欄位，且在網路以及資料夾的部分則還有一個類型（type）欄位，以資料夾的類型來說，就可以讓我們清楚知道每一個資料夾，各自

是屬於哪一種物件的類別，例如 vCLS、ESX Agents、vm、Discovered virtual machine，便都是屬於虛擬機器（VIRTAL_MACHINE）的類別。

```
vmware vcenter datacenter list

vmware vcenter network list

vmware vcenter folder list
```

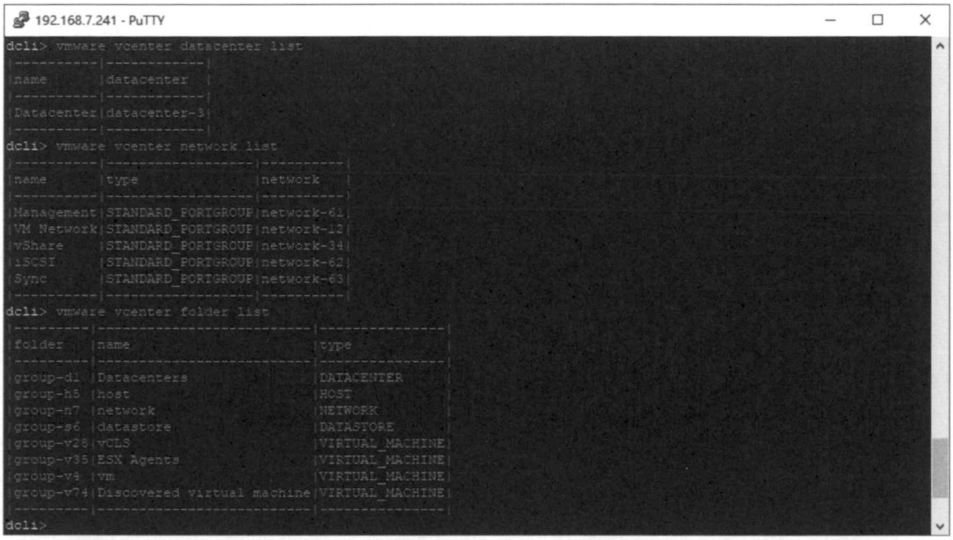

圖 12-12　檢視資料中心、網路、資料夾

最後你還可以透過 vcenter datastore list 命令參數的執行，如圖 12-13 所示來查看在 vSphere 中所有已連接的資料存放區。每一個資料存放區除了同樣有自己的識別名稱與顯示名稱之外，還可以知道它們各自所屬的類型（VMFS、VSAN、NFS），以及整體與剩餘的空間大小。

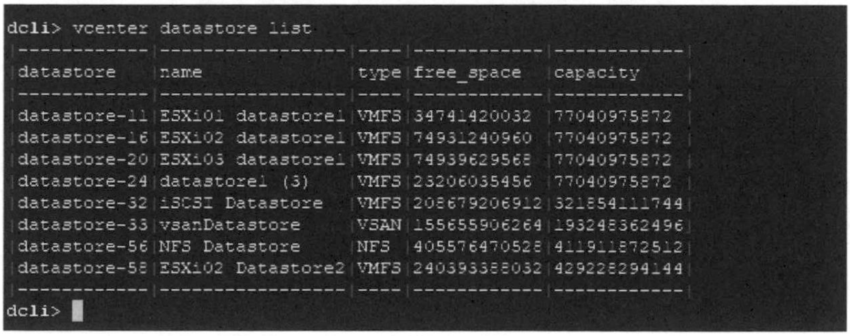

圖 12-13　檢視資料存放區清單

12.6 檢視虛擬機器磁碟與網卡

對於每一台虛擬機器的資源配置,維護人員最關心的除了 CPU、RAM 之外,肯定就是虛擬磁碟與虛擬網卡,因為你可能隨時會因為應用系統的需求或移機的因素,來添加或調整這些資源的配置。接下來就讓我們先看看有關於虛擬磁碟資訊的檢視。

首先我們可以如圖 12-14 所示透過執行以下命令參數,來查詢選定虛擬機器的磁碟清單。

vmware vcenter vm hardware disk list --vm vm-67

緊接著可以進一步對於選定的虛擬磁碟,來查看詳細的配置資訊,包括了它所使用的連接介面類型、容量、檔案路徑以及標籤等等。

vmware vcenter vm hardware disk get --vm vm-67 --disk 2000

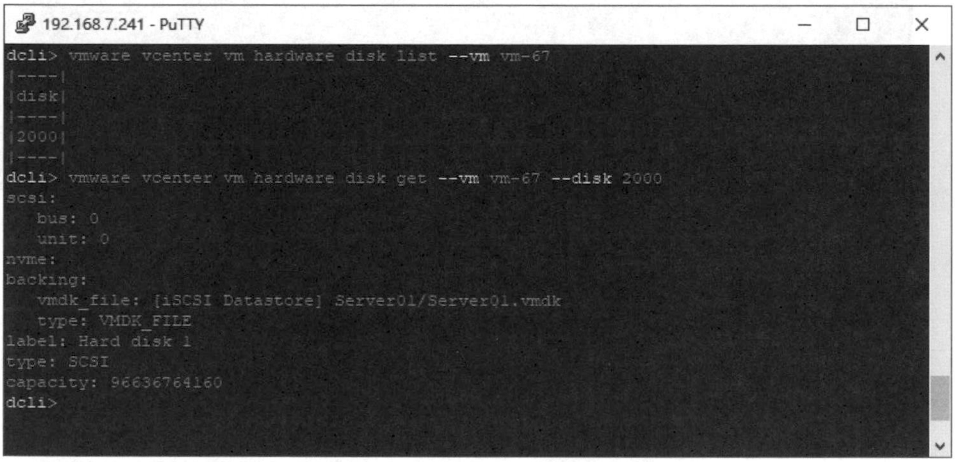

圖 12-14 檢視選定虛擬磁碟資訊

想要知道在選定的虛擬機器中有配置哪些乙太網卡(NIC),可以如圖 12-15 所示透過執行以下的第一道命令來查詢,執行結果會發現每一張網卡都會有一個唯一的識別碼(例如:4000)。緊接著可以透過第二道命令參數,來針對選定的網卡取得詳細的配置資訊,包括了連線狀態、網路名稱、類型、網路識別碼、MAC 位址、MAC 類型、喚醒功能狀態、網路標籤等等。

```
vmware vcenter vm hardware ethernet list --vm vm-67

vmware vcenter vm hardware ethernet get --vm vm-67 --nic 4000
```

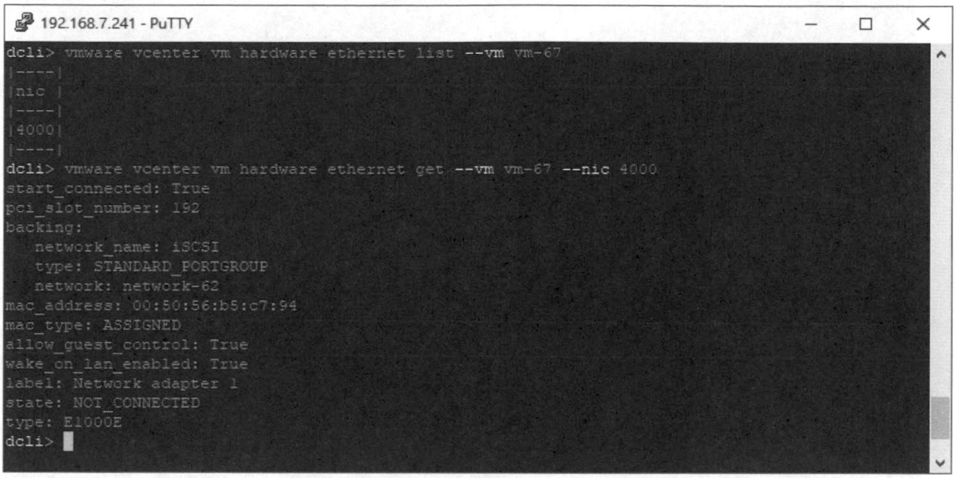

圖 12-15　檢視選定虛擬網卡資訊

12.7 刪除選定的虛擬機器

當虛擬機器數量很多時，若想要進行虛擬機器的刪除任務，透過 vSphere Client 的網站操作介面來完成不一定是最有效率，因為其實你可以透過更簡單的解法來完成，那就是先如圖 12-16 所示執行 vcenter vm list 命令參數，來取得整個 vCenter Server 下的所有虛擬機器清單，再執行 vcenter vm delete --vm vm-55 命令參數，來刪除選定的虛擬機器即可。

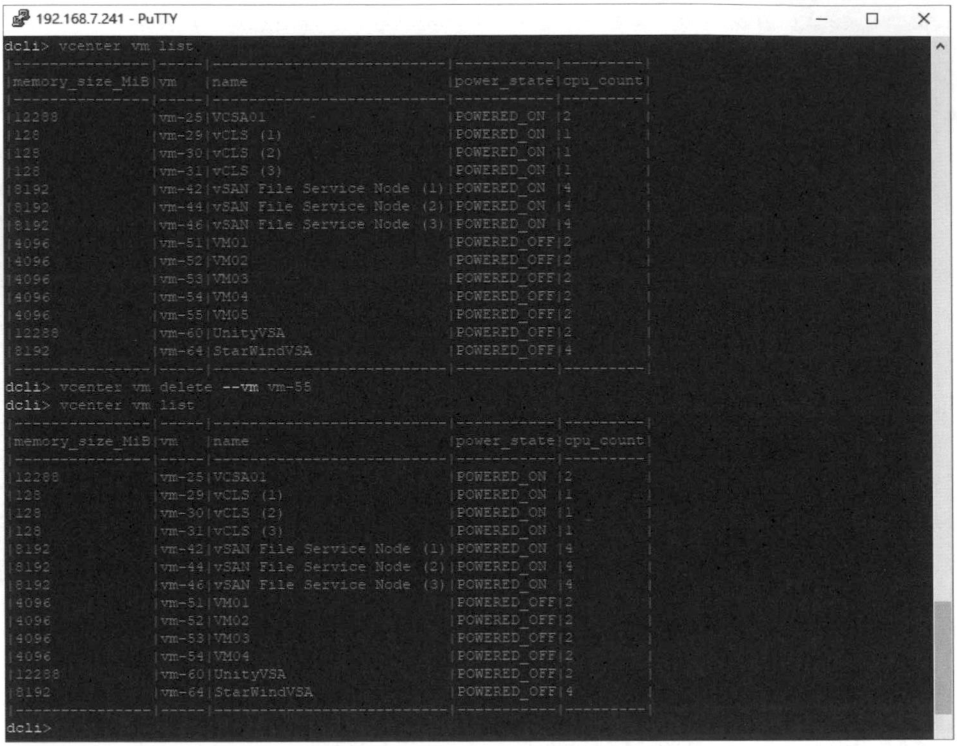

圖 12-15　查詢與刪除虛擬機器

12.8 虛擬機器電源管理

除了虛擬機器的快速刪除任務，可以從 DCLI 命令中來完成之外，對於大量虛擬機器的電源管理，也同樣可以如圖 12-16 所示透過執行以下命令參數，來分別完成選定虛擬機器的狀態查詢、啟動選定的虛擬機器電源、強制停止選定的虛擬機器電源。

```
vcenter vm power get --vm vm-64

vcenter vm power start --vm vm-64

vcenter vm power stop --vm vm-64
```

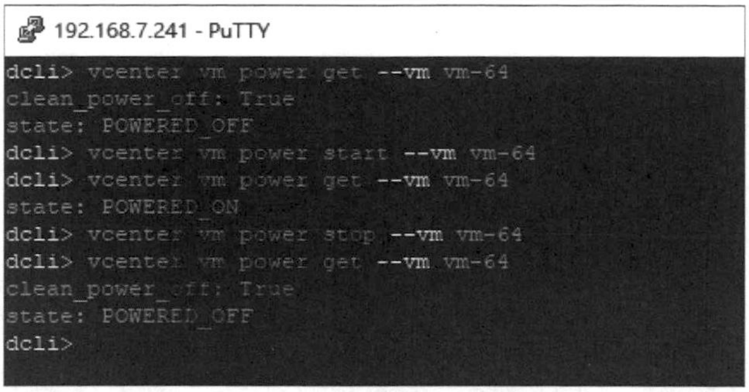

圖 12-16　虛擬機器電源管理

想想看關於虛擬機器電源的管理，若想要暫停 vm-64 虛擬機器的運行、重新開機、正常關機，DCLI 的命令參數該如何輸入呢？很簡單！答案依序分別是 vcenter vm guest power standby --vm vm-64、vcenter vm guest power reboot --vm vm-64、vcenter vm guest power shutdown --vm vm-64。

12.9 DNS 配置設定

對於 vCenter Server Appliance 的 DNS 配置異動，通常我們會透過它專屬的管理網站操作介面來完成。然而當你熟悉 DCLI 命令的用法之後，你將會發現使用 DCLI 命令來進行這部分的管理也是相當有效率的。

首先可以如圖 12-17 所示透過以下命令的執行，來取得目前 DNS 的 IP 位址清單。

```
vmware appliance networking dns servers get
```

接下來無論是對於現行配置好的 DNS 位址，還是你準備添加的 DNS 位址（例如：8.8.8.8），你最好皆能夠透過以下命令參數範例，來預先測試一下連線是否正常。

```
vmware appliance networking dns servers test --servers 8.8.8.8
```

再確認準備添加的新 DNS 位址連線沒有問題之後，就可以透過以下命令參數來完成新增即可。

```
vmware appliance networking dns servers add --server 8.8.8.8
```

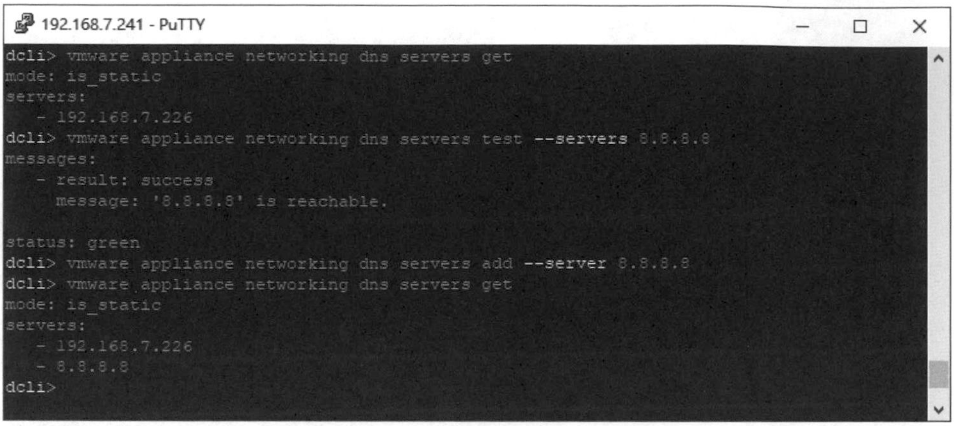

圖 12-17　檢視、測試、修改 DNS 配置

12.10 排除 root 密碼過期難題

還記得筆者曾經介紹過如何解決忘記 vCenter Server Appliance 的 root 密碼問題嗎？但是這回遭遇的情境可不同。相信許多 IT 人員可能都和筆者一樣，在初期完成 vCenter Server 的安裝之後，就再也沒連線登入過 vCenter Server Appliance 的管理網站，以至於等到需要連線使用時便出現了如圖 12-18 所示的錯誤訊息而無法登入。此訊息是密碼輸入錯誤嗎？當然不是，而是密碼已超過有效期限，如何解決這個問題呢？

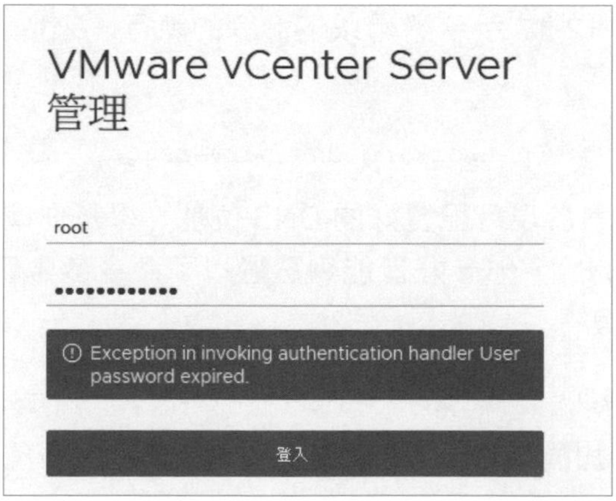

圖 12-18　無法登入 vCenter Server 管理網站

其實雖然 vCenter Server Appliance 的管理網站因 root 帳號密碼過期而無法登入，但是通過遠端 SSH 的連線方式依舊是可以成功登入的，因此只要如圖 12-19 所示在成功登入之後，系統便會強制要求你立即變更 root 的密碼，一旦完成密碼的更新便可以成功登入管理網站。

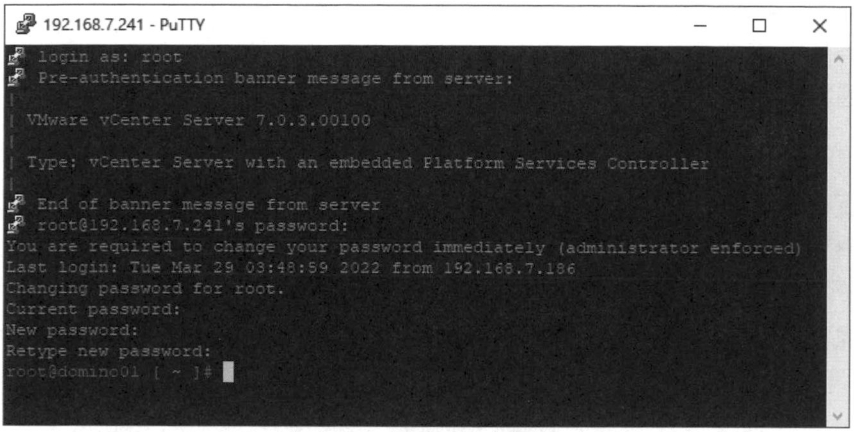

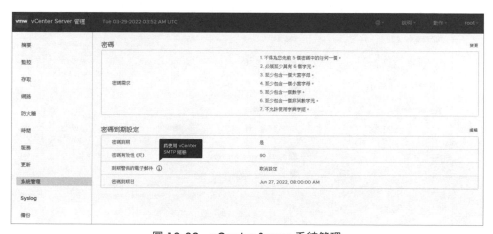

圖 12-19　更新 root 密碼

基於資訊安全的因素筆者仍建議維持系統預設的密碼原則，包括了密碼的複雜度要求以及密碼的到期設定。但是如果你希望放寬密碼原則的各項設定，則可以在登入 vCenter Server Appliance 的管理網站之後，點選至如圖 12-20 所示的 [系統管理] 頁面來進行上述兩項配置的修改，甚至於可以選擇關閉 [密碼到期] 的設定。

圖 12-20　vCenter Server 系統管理

12.11 備份 vCenter Server

關於 vSphere 的備份計劃，一般來説我們都會將焦點放在虛擬機器的備份，尤其是針對一些存有重要業務資料，或是直接關係到公司營運的應用系統（例如 ERP）。然而若想要維持 IT 整體的運行正常，除了每日虛擬機器的備份之外，最好也能夠定期備份 vCenter Server Appliance 的資料，因為它影響了整個 vSphere 架構的正常運行與否。

想要定期備份 vCenter Server Appliance 的資料是相當容易的，因為它已直接內建在系統的功能之中，管理員只要在登入管理網站之後，點選至 [備份] 頁面便可以來執行如圖 12-21 所示的 [建立備份排程] 設定。由於在此筆者以備份至遠端的 FTP 網站為例，因此必須預先準備好可以連線的 FTP 伺服器位址、帳號以及密碼。緊接著再依序分別設定排程的週期、是否啟用密碼保護功能、是否啟用資料庫健全狀況檢查、要保留的備份數目以及是否要連同各種統計資料（Stats）、事件（Events）以及工作（Tasks）一併備份。點選 [建立]。

圖 12-21　建立備份排程

針對 vCenter Server Appliance 備份任務的建立，除了可以透過管理網站的操作介面來建立之外，也可以經由 DCLI 命令參數的執行來完成。如圖 12-22 所示在此筆者使用以下命令參數的執行，分別完成 FTP 備份位址以及連線帳密的設定，即可快速完成一個備份任務的建立。

```
appliance recovery backup job create --location-type FTP --location
"ftp://192.168.7.226/vcsa" --location-user Administrator --location
-password password
```

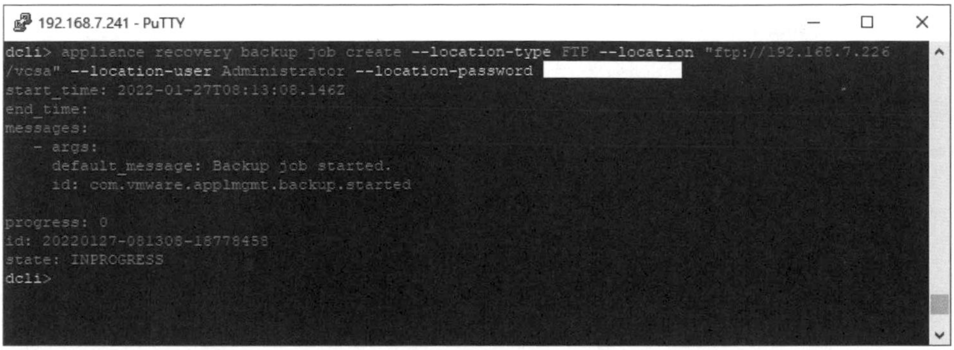

圖 12-22　建立備份任務

在完成備份任務的建立之後，便會再次回到如圖 12-23 所示的 [備份] 頁面。在此你將可以對於現行的備份排程設定進行編輯、停用或是刪除。首次的備份排程建立之後，我們通常都會點選 [立即備份] 來測試一下備份任務是否能夠順利完成，以及查看備份所需花費的時間。

圖 12-23　備份設定管理

在開啟如圖 12-24 所示的 [立即備份] 頁面中，你仍可以決定是否要 [使用備份排程中的備份位置和使用者名稱]。此外也可以決定是否要勾選 [資料庫健全狀況檢查] 與相關統計、事件以及工作資料的備份。點選 [啟動]。

圖 12-24　開啟立即備份

緊接著在如圖 12-25 所示的 [活動] 頁面中，便可以看到備份任務執行中的相關資訊，包括了任務的啟動類型、執行狀態、已傳輸資料、持續時間、結束時間。其中整體所需花費的時間，還必須依照當下的網速以及備份主機的磁碟 I/O 速度來決定。

圖 12-25　完成備份任務

透過 DCLI 命令參數不僅可以建立 vCenter Server Appliance 的備份任務，也可以隨時檢視選定備份任務的狀態資訊。如圖 12-26 所示在此我們可以透過以下兩道命令參數的執行，來分別取得 vCenter Server 備份設定清單以及檢視選定備份任務的狀態資訊。在此可以依序查看到執行的起訖日期與時間、百分比進度、任務識別碼以及備份狀態。

```
appliance recovery backup job list
appliance recovery backup job get --id 20220127-070549-18778458
```

圖 12-26　檢視選定的備份資訊

即便透過上述 DCLI 命令參數的執行，可以得知備份的結果是成功的，但是對於備份的檔案是否能夠真的成功還原，要如何進行驗證呢？如圖 12-27 所示你只要透過以下命令參數的執行，便可以針對選定備份路徑中

的所有檔案驗證其正確性,而其中最關鍵的參數就是 validate,驗證結果只要出現「status: OK」,就可以確保備份檔案的還原是沒有問題的。

```
appliance recovery backup validate --location-type FTP --location
"ftp://192.168.7.226/vcsa" --location-user Administrator --location
-password password
```

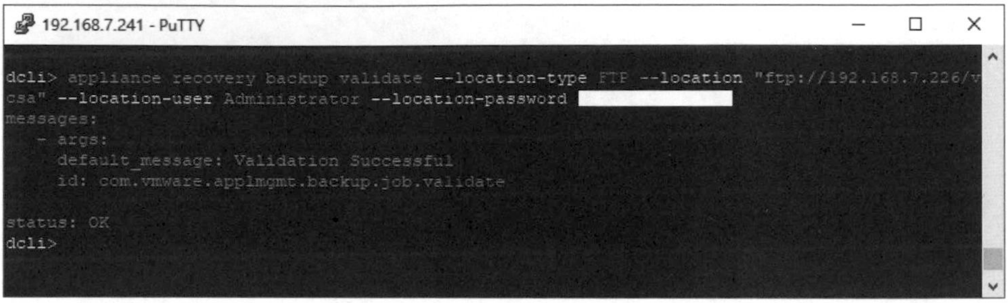

圖 12-27　驗證備份檔案

12.12 更新 vCenter Server

不管是想要使用 vSphere 7.x 最新發行的功能,或是解決已知的系統瑕疵(BUG)問題,優先更新 vCenter Server 7.x 版本肯定是必要的計劃,這包括了 DCLI 命令工具中各項命令的使用,若是官方有發布新的命令參數或是問題的修正,皆必須通過版本的更新後才能使用,舉例來說你可以將現行的 vCenter Server 7.0.2 更新至 7.0.3,怎麼做呢?請看接下來的說明。

首先請在登入 vCenter Server Appliance 管理網站之後,點選至 [更新] 頁面。在如圖 12-28 所示的 [更新] 頁面之中,可以查看到目前的版本詳細資料,接著可以點選 [檢查更新] 按鈕,來檢查是否有更新的版本可以安裝。

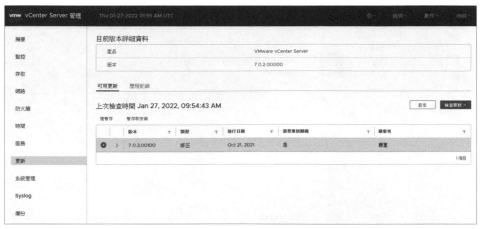

圖 12-28　vCenter Server Appliance 更新管理

在確認有新的版本可以下載與安裝之後，就可以點選 [僅暫存] 或 [暫存和安裝]。若只是想先下載而不要安裝，可以點選 [僅暫存]，如果可以接受安裝過程中可能需要重新啟動 vCenter Server Appliance，或是發生與主機的暫時連線中斷，則可以立即點選 [暫存和安裝]。執行暫存和安裝的操作後，需要確認使用者授權合約、加入 CEIP 以及如圖 12-29 所示的確認 [備份 vCenter Server] 頁面設定。點選 [完成] 按鈕開始進行更新任務。

圖 12-29　備份 vCenter Server 提示

在順利完成 vCenter Server Appliance 的更新安裝之後，請立即回到如圖 12-30 所示的 [摘要] 頁面中，來查看最新的版本資訊是否正確，並且檢查在 [健全狀況狀態] 的清單中是否皆呈現 [良好]，以及在 [Single Sign-On] 中的網域狀態是否已呈現 [執行中]。若上述各項狀態資訊皆是正常，即表示已成功完成更新並在運行中。

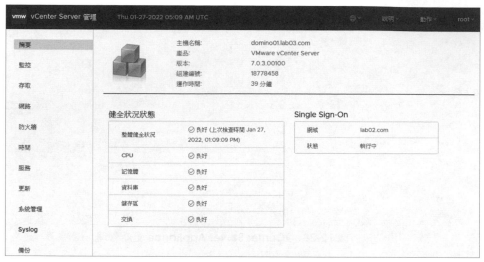

圖 12-30　檢視新版本摘要

12.13 排除無法更新 vCenter Server 的難題

並非所有 IT 人員都能夠像筆者一樣，直接透過 vCenter Server Appliance 的管理網站來完成版本的更新安裝，因從早期的版本開始很多 IT 人員都曾遭遇無法經由管理網站來進行更新，而必須改透過 SSH 方式以相關命令參數來完成更新任務。其實許多時候可以留意一下 VMware 官方是否有釋出相關的修正程式，接下來筆者要示範的是一個典型的案例，告訴大家如何解決無法從 vCenter Server Appliance 管理網站進行更新的難題。

如果你在 vCenter Server Appliance 管理網站執行更新的過程之中，發生中斷並且出現了如圖 12-31 所示 [安裝失敗] 的提示，其訊息是「Exception occurred in install precheck phase」，請先到以下 VMware 官方的知識庫網站，點選位在 [Attachments] 區域中的「KB_83145_PatchCleanupScript」超連結，來完成 vCenter Server Appliance 7.0.x 修補程式的下載。

https://kb.vmware.com/s/article/83145

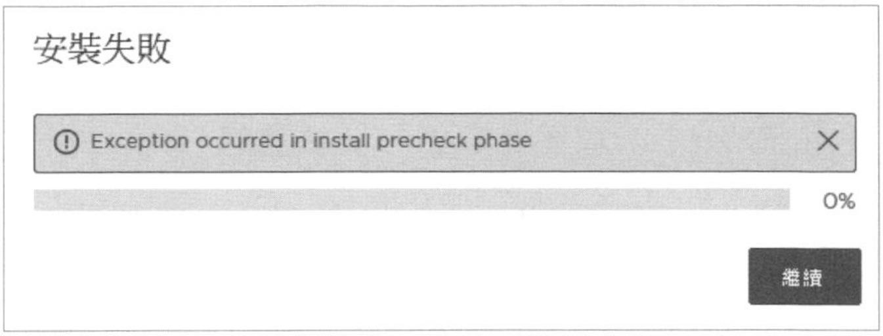

安裝失敗

① Exception occurred in install precheck phase　✕

0%

繼續

圖 12-31　安裝 vCenter Server 更新失敗

完成修補程式的下載之後，請透過任何 SFTP 的免費工具將此檔案上傳至 vCenter Server Appliance 系統之中，不過以 WinSCP 工具為例可能會發生在連線過程中，出現如圖 12-32 所示的「無法初始化 SFTP 協定，主機是否正在執行 SFTP 伺服器？」錯誤訊息。此時即便你嘗試點選 [重新連線] 按鈕也無法解決，怎麼辦呢？

錯誤　？　✕

✕　收到過大的 SFTP 封包(1433299822 B)，最大封包限制為 1024000 B

錯誤通常是經由啟始 script 列印訊息引起 (像是 .profile)，訊息的開首可能是 "Unkn"。

無法初始化 SFTP 協定。主機是否正在執行 SFTP 伺服器？

確定　重新連線(R)　說明(H)

圖 12-32　WinSCP 連線 SFTP 錯誤

上述的問題原因主要是 root 的 shell 設定所造成，只要稍微修改一下這部分的設定即可解決。請使用 root 帳號以 SSH 工具遠端連線登入 vCenter Server Appliance，然後如圖 12-33 所示執行 chsh -s "/bin/bash" root 命令參數來完成 shell 的修改即可。

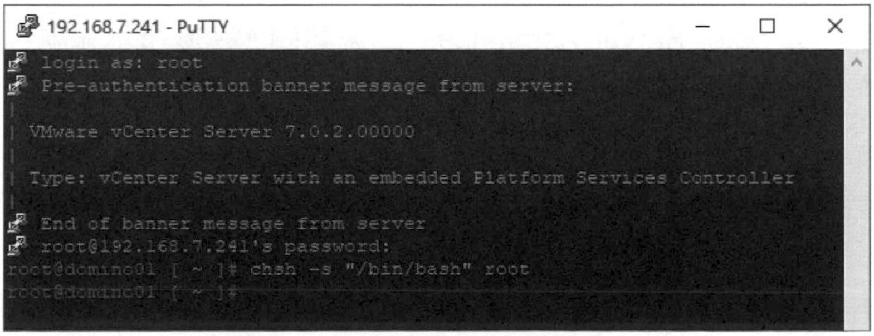

```
login as: root
Pre-authentication banner message from server:

VMware vCenter Server 7.0.2.00000

Type: vCenter Server with an embedded Platform Services Controller

End of banner message from server
root@192.168.7.241's password:
root@domino01 [ ~ ]# chsh -s "/bin/bash" root
root@domino01 [ ~ ]#
```

圖 12-33　設定 root 使用的 Shell

當 成 功 以 WinSCP 的 SFTP 完 成 與 vCenter Server Appliance 連 線 之後，便可以在如圖 12-34 所示的檔案管理視窗之中，選擇將 KB_83145_PatchCleanupScript.sh 檔案上傳至 root 帳號的 Home 路徑之中。

圖 12-34　成功連線 SFTP

在如圖 12-35 所示的 [上載] 頁面之中，可以自行決定是否要勾選 [在背景傳送] 與 [不要再顯示此對話框] 的設定。點選 [確定] 完成上傳。

圖 12-35　檔案上傳設定

在完成了修補程式的上傳之後，請再次使用 root 帳號以 SSH 工具遠端連線登入 vCenter Server Appliance，然後如圖 12-36 所示先執行 ls 命令來查看 KB_83145_PatchCleanupScript.sh 修補程式是否已經存在。

接著執行 chmod +x KB_83145_PatchCleanupScript.sh 命令參數完成此檔案的執行權限。最後再執行 ./KB_83145_PatchCleanupScript.sh 即可完成系統的修補任務。完成修補程式的執行之後，你便可以再一次連線登入 vCenter Server Appliance 管理網站，並且點選至 [更新] 頁面來進行最新更新的檢查、暫存以及安裝。

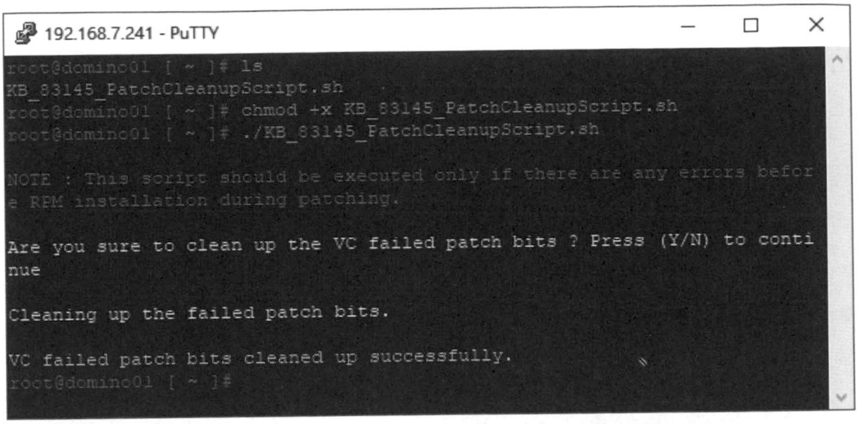

圖 12-36　執行 vCenter Server Appliance 修補程式

12.14 如何以 DCLI 管理存取設定 —————

還記得在前面的介紹中筆者曾提及，若想要直接於 vCenter Server Appliance 的 SSH 連線後直接使用 DCLI 命令，就必須預先在管理網站的 [存取] 頁面中，如圖 12-37 所示啟用 [SSH 登入] 與 [DCLI] 兩項功能。

圖 12-37　存取設定

其實在此頁面的存取設定中除了 DCLI 之外，其餘三項設定也可以從 DCLI 的命令中來查看啟用狀態，以及設定關閉或啟用。

首先你可以透過以下命令參數的執行，來同時設定啟用 Shell 連線功能並設定 60 秒的逾時配置，如果要關閉此功能只需要將 true 的參數改成 false 即可。接著可以透過第二道命令參數來查詢目前的 Shell 配置。

```
appliance access shell set --enabled true --timeout 60
appliance access shell get
```

以下命令參數則是可以設定啟用 SSH 功能，如果要關閉此功能只需要將 true 的參數改成 false 即可。接著可以透過第二道命令參數來查詢目前的 SSH 配置。

```
appliance access ssh set --enabled true
```

```
appliance access ssh get
```

最後你也可以透過以下命令參數，來設定啟用 Console CLI 功能。如果要關閉此功能只需要將 true 的參數改成 false 即可。接著可以透過第二道命令參數來查詢目前的 Console CLI 配置。

```
appliance access consolecli set --enabled true
```

```
appliance access consolecli get
```

看完了本文對於 DCLI 命令工具的實戰講解之後，相信許多讀者都可以像筆者一樣，感受到 VMware 在 vSphere 維運管理設計上的用心，因為它不僅提供了完整的圖形管理具，光是在命令管理工具上的支援就相當多元，且支援許多第三方工具的整合應用。管理工具的多元有助於 IT 人員在 vSphere 維運的過程中，因應不同情境的需求來加以選擇。

舉例來說你可以針對簡單的操作管理，使用 vSphere Client 網站來完成，面對需要批量且複雜的維運任務，則可以善用 PowerCLI Script 來完成。至於針對 vSphere 的進階人士來說，為了能夠更快速的檢視系統的健康狀態以及各項配置，選擇透過 SSH 來連接管理 vCenter Server 與 ESXi 主機，肯定是更有效率的做法。況且如今在 vCenter Server 7 以上版本中，還內建了 DCLI 的命令工具，肯定讓他們更易於掌控整個 vSphere 的運行。

關於完整的 DCLI 命令的使用方法，請參考以下官網：
https://developer.vmware.com/docs/4676/data-center-cli-reference

第 13 章

vSphere 7.x 虛擬機備份 與還原 - NAKIVO 實戰

過去筆者和許多 IT 先進都有一種迷思，那就是功能越多且介面設計越華麗的系統，就是我們需要的解決方案，套一句現代人常説的一句智慧箴言：「需要的很少，想要得太多」。確實！找 IT 方案也是一樣的，我們需要的是一套能夠解決問題的產品，而不是一套功能很多但卻難以駕馭的系統。現在就讓筆者來為大家以實戰方式，來講解一套採極簡風設計的 NAKIVO 備份備援管理系統，讓大家實際體驗一下 vSphere 7.0 虛擬機器的備份與還原，原來可以這麼簡單。

13.1 簡介

你可能曾經閱讀過筆者在 vSphere 6.7 版本時期,所實戰介紹過的第三方備份系統,為什麼要特別介紹第三方的備份管理方案呢?其實主要是因為打從 vSphere 6.7 版本開始,官方已不再提供自家的 vSphere Data Protection(VDP)虛擬機器備份管理系統。換句話說,VMware vSphere 6.5 已是最後一個包含 VDP 產品的版本。

備份管理無論在任何的虛擬化平台架構,都是平日維運任務當中最重要的一項,只是關於虛擬機器備份與還原的解決方案如此之多,該如何選擇適合自己的工具呢?若虛擬機器的數量很少且可以接受停機的備份方式,其實只要透過簡單的 vSphere Client 或 VMware Host Client 的網站操作,或是寫個簡單的 PowerCLI Script 都是可以進行虛擬機器的備份與還原的。

上述的做法只能在微型的 vSphere 架構中來進行,因為面對多台主機與大量的虛擬機器管理來說,在大部分的情境之下是無法讓你離線來進行備份任務的,另一方面你更無法對於每一台虛擬機器,隨時來執行手動的完整備份操作與還原,因為這將會遭遇到許多常見的備份管理問題,包括了備份方式的效率、現行網路頻寬的影響、備份保存的數量、備份可還原性的驗證…等等。

究竟一套完善的 vSphere 7.0 備份管理方案至少需要具備哪些功能呢?在此筆者根據實務經驗列舉關鍵的六大功能需求說明如下:

- **增量式備份**:為了節省備份所需的時間,藉由辨識資料的差異技術讓備份僅處理少量的差異部分,是一項必要的備份功能,因為虛擬機器的大小往往只會不斷的往上遞增。

- **備份檔案異機異地複製**:對於一些極為重要的虛擬機器備份,通常你不會希望只有一處備份位置,而是會將它再次複製到異機或異地之中來加以保存,而這樣的需求同樣也需要能夠結合排程設定的自動處理。

- **備份檔案保存數量配置**:無論設定的排程備份週期是以小時、天、週還是月為單位,系統都必須要能夠根據不同組織 IT 政策的需要,來自動保留備份檔案所選定的保存數量。如此才能夠在需要進行復原任務時,自由還原選定的備份時間點檔案。

- **排程與網路節流配置**：彈性的備份排程若能夠再搭配網路流量的節流（Throttle bandwidth）配置功能，不僅可以做到基本的離峰時間備份需求，還能夠在不影響其他重要系統的網路傳輸任務中來進行。

- **備份狀態可用性確認**：備份完成的檔案並非百分百能夠進行復原，因此必須要有一套可靠的自我檢驗機制，以避免備份檔案因軟體、硬體或人為之因素，導致需要復原時卻無法成功執行的窘境。

- **精細還原功能**：在某一些復原情境下，我們需要復原的目標需求並不一定是整個備份來源，而僅是需要復原其中的某幾個關鍵檔案，此時就得依靠備份管理系統所提供的精細還原功能才能解決。

上述列舉只是針對必要的功能面，然而在實務上管理介面設計的友善性也非常重要，因為筆者就曾經接觸過一款功能面相當豐富的備份管理系統，但管理介面卻設計的也相當複雜，讓管理人員操作起來覺得非常吃力，因為需要與不需要的功能皆混搭在同一個設定介面之中。讓人有一種不知從何下手的感覺，深怕配置不慎便會導致備份或還原任務的執行失敗。

想要滿足上述有關備份管理系統的關鍵要求，又希望能夠有個極精簡且易於快速上手的介面設計，在此筆者推薦不妨試試 NAKIVO Backup & Replication 解決方案。根據筆者的實測評估結果，發現它還額外具備加速備份速度的壓縮和網路傳輸減量技術，以及資料去重複化（Data Deduplication）的功能，可以說是一款現今所有備份管理方案之中，設計最為簡約但又同時具備關鍵需求功能的解決方案，更棒的是它居然也有提供完全免費的版本！接下來就讓我們趕緊來實戰試試它是如何來與 vSphere 7.x 的完美整合。

13.2 系統需求與下載

NAKIVO Backup & Replication 可以採用虛擬設備（VA, Virtual Appliance）或直接安裝的方式，來部署到所支援的電腦主機（實體機或虛擬機）或 NAS（Network Attached Storage）主機之中。以下就讓我們來了解一下，針對不同部署架構的系統需求。

首先是針對部署在虛擬機器或實體主機上的硬體與作業系統需求。

- **主系統（Director）與內建傳輸器（Transporter）安裝在同一台**：CPU 雙核心、4GB +250MB 記憶體（每增加一個執行任務）。如果有整合 SaaS 備份儲存區，則必須再添加 2GB 記憶體，若還有 Java 傳輸器的任務，則每一個再增加 100MB 記憶體。磁碟剩餘空間 10GB。

- **獨立安裝的傳輸器**：CPU 雙核心、2GB +250MB 記憶體（每增加一個執行任務）。如果有整合 SaaS 備份儲存區，則必須再添加 2GB 記憶體，若還有 Java 傳輸器的任務，則每一個再增加 100MB 記憶體。磁碟剩餘空間 5GB。

- **作業系統支援**：Windows 7 至 Windows 10、Windows Server 2008 R2 至 Windows Server 2019。Ubuntu 16.04 Server(x64) 至 Ubuntu 18.04 Server(x64)。SUSE Linux Enterprise Server 12 SP1(x64) 至 SP3。Red Hat Enterprise Linux 7.4(x64) 至 7.6。CentOS Linux 7.0(x64) 至 CentOS Linux 7.6(x64)。

接著是選擇部署在 NAS 儲存設備上的硬體與作業系統需求。

- **主系統與內建傳輸器安裝在同一台**：CPU 雙核心、1GB +250MB 記憶體（每增加一個執行任務）。如果有整合 SaaS 備份儲存區，則總體記憶體必須 4GB，若還有 Java 傳輸器的任務，則每一個再增加 100MB 記憶體。磁碟剩餘空間 10GB。

- **獨立安裝的傳輸器**：CPU 雙核心、512MB +250MB 記憶體（每增加一個執行任務）。如果有整合 SaaS 備份儲存區，則總體記憶體必須 4GB，若還有 Java 傳輸器的任務，則每一個再增加 100MB 記憶體。磁碟剩餘空間 5GB。

- **作業系統支援**：ASUSTOR ADM v3.0 至 v3.2、FreeNAS 11.3、Netgear ReadyNAS OS v6.9 至 v6.10.3。Synology DSM v6.0 至 v6.2。QNAP QTS v4.3 與 v4.4。WD MyCloud v3。

請注意！若要部署在 VMware 的架構下運行，目前不支援將內建傳輸器一併部署在採用 ARM CPU 的 NAS 儲存設備之中。

最後在用以連線管理 NAKIVO 的網頁瀏覽器支援部分，目前請選擇 Google Chrome 80 或 Mozilla Firefox 74 以上版本。

明白了部署 NAKIVO Backup & Replication 系統的基本軟硬體需求之後，接下來你可以到官網來自由選擇要下載的版本類型，分別有免費版本以及 15 天完整功能的評估版。其中免費版本在使用上的限制，包括了僅提供了 10 個工作負載的授權，以及 5 個 Microsoft Office 365 帳號的一年期授權。如圖 13-1 所示便是連線開啟免費版本下載時的註冊頁面，只要完成基本資料的填寫並同意條款說明即可進一步開啟下載頁面。

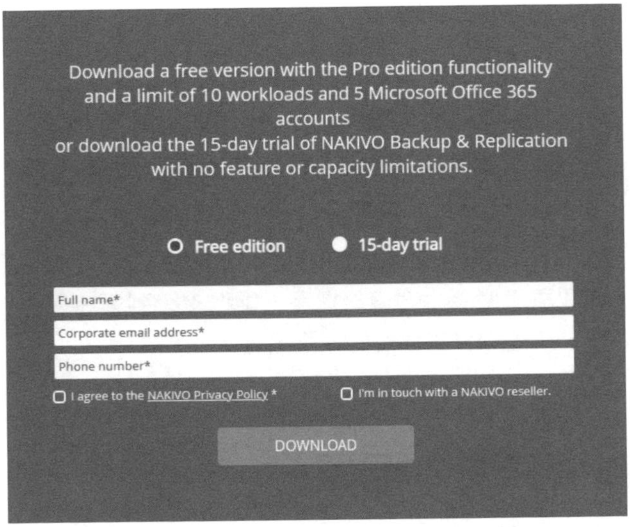

圖 13-1　免費版與評估版選擇

免費版本下載：

https://www.nakivo.com/resources/download/free-edition/

15 天完整功能評估版下載：

https://www.nakivo.com/resources/download/trial-download/

如圖 13-2 所示便是 NAKIVO Backup & Replication 下載頁面，你可以選擇安裝的版本類型，分別有 Windows、Linux、VMware Virtual Appliance、Nutanix AHV Virtual Appliance 以及各大主流的 NAS 設備系統，包括了 QNAP、Synology、ASUSTOR、Western Digital MyCloud DL2100、NETGEAR。其中如果你是 QNAP 的愛用者，則也可以在其官網（https://www.qnap.com/solution/qnap-nakivo/zh-tw/）看到有關於 QNAP 與 NAKIVO 的整合應用介紹以及下載連結。

圖 13-2　免費版本下載

小提示　整合 NAS 設備來做為備份儲存區的優點之一，是它們通常都還內建
了能夠再度將本地備份檔案，排程複製到遠端儲存位置或是公共雲
端，來達到雙重備份的保護機制。

13.3 部署與基本配置

前面筆者曾介紹過關於 NAKIVO Backup & Replication 所提供下載的安裝檔
案類型相當多種，你可以根據實際 IT 環境的需求不同，將它選擇安裝在不
同的平台來運行，且無論部署方
式為何，其做法都相當容易。接
下來就讓我們來實戰一番。

首先示範的是最多 IT 人選擇的
部署方式，那就是安裝在所支
援的 Windows 作業系統之中。
安裝程式執行後如圖 13-3 所
示，在此只要先勾選同意授權
合約，然後由上而下依序設定
安裝類型、備份儲存位置、安

圖 13-3　Windows 版本安裝

裝路徑、管理網站連接埠、傳輸器連接埠。點選 [Install] 按鈕即可開始安裝。

接下來要示範的另一種部署方法,你並不需要預先準備好任何的作業系統,而是僅需要提供現行 vSphere 的存放空間即可,因為我們即將採用的是 VMware Virtual Appliance 部署法,也就是直接完成 NAKIVO Backup & Replication 虛擬機器的部署,而它預設所使用的客體作業系統(Guest OS)即是 Ubuntu Server。請預先下載準備好 OVA 檔案(例如:NAKIVO_Backup_Replication_VA_v10.2.0_Full_Solution_FREE.ova),然後開啟登入 vSphere Client 網站並在選定的叢集或主機節點上,如圖 13-4 所示按下滑鼠右鍵點選 [部署 OVF 範本] 繼續。

圖 13-4　部署 OVF 範本

接著在 [選取名稱和資料夾] 的頁面中,請輸入新虛擬機器名稱與位置。點選 [下一頁]。在 [選取計算資源] 的頁面中,請選取準備用來運行 NAKIVO Backup & Replication 虛擬機器的 ESXi 主機或叢集。點選 [下一頁]。在如圖 13-5 所示的 [檢閱詳細資料] 頁面中,可以看到此虛擬裝置的說明、下載大小以及所需的磁碟大小。點選 [下一頁]。

圖 13-5　檢閱詳細資料

在同意授權合約之後來到如圖 13-6 所示的 [選取儲存區] 頁面，在此筆者建議若是在測試階段可以選擇 [精簡佈建] 為虛擬磁碟格式，以節省可用的儲存空間，然後再挑選要用以儲存虛擬磁碟檔案的儲存區。確認出現了「相容性檢查成功」的訊息之後，點選 [下一頁]。在 [選取網路] 頁面中，請正確選擇備份虛擬機器的目的地網路。點選 [下一頁]。最後在 [即將完成] 的頁面中，確認上述所有設定無誤之後點選 [完成]。

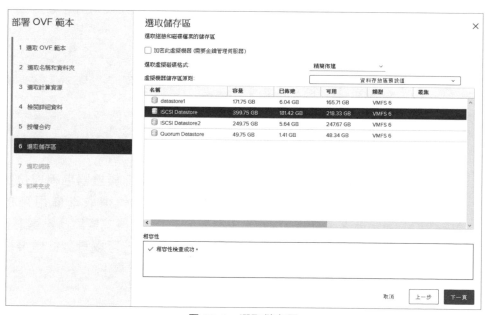

圖 13-6　選取儲存區

完成 NAKIVO Backup & Replication 虛擬機器的基本部署後請啟動它。如圖 13-7 所示便是此虛擬機器 Guest OS 的 Console 文字操作介面。在此可以看到它有五大管理選項，分別是網路設定（Network settings）、安全性設定（Security settings）、時間與時區（Time and time zone）、系統效能（System performance）、管理 NAKIVO 服務（Manage NAKIVO services）。

在此請先進入網路設定，開啟後請先將預設使用的 DHCP 網路，修改成靜態 IP 的網路配置，以利於後續的連線管理。緊接著建議你進入安全性設定，然後啟用 SSH 服務並修改預設的 root 帳號密碼。

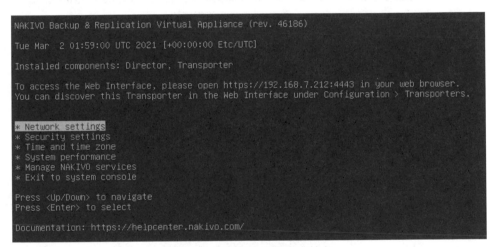

圖 13-7　NAKIVO 伺服端主控台

接下來請進入到時間與時區配置中，修改成與其他虛擬機器一樣的時間與時區設定。在如圖 13-8 所示的系統效能畫面中，可以查看到目前基本系統資源的使用情形，包括了總體的 CPU 與記憶體使用率以及主程式（Director）與傳輸器（Transporter）個別的資源使用率。藉由這些基本效能數據，有助於判斷此備份管理系統是否有足夠的資源，來執行備份管理的相關任務。

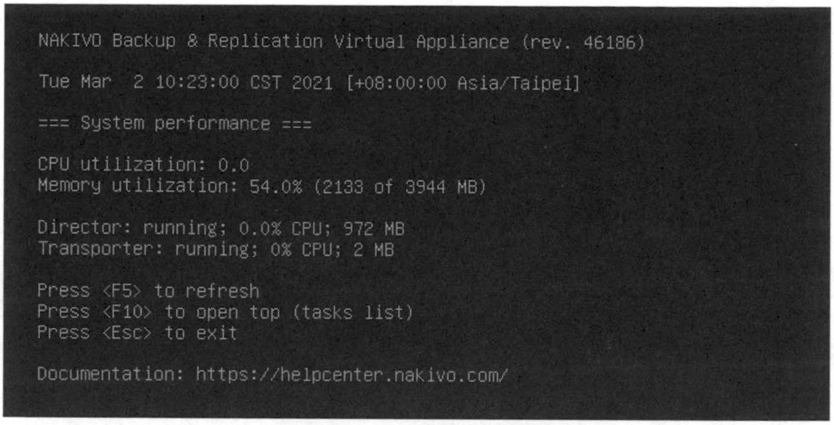

```
NAKIVO Backup & Replication Virtual Appliance (rev. 46186)

Tue Mar  2 10:23:00 CST 2021 [+08:00:00 Asia/Taipei]

=== System performance ===

CPU utilization: 0.0
Memory utilization: 54.0% (2133 of 3944 MB)

Director: running; 0.0% CPU; 972 MB
Transporter: running; 0% CPU; 2 MB

Press <F5> to refresh
Press <F10> to open top (tasks list)
Press <Esc> to exit

Documentation: https://helpcenter.nakivo.com/
```

圖 13-8　系統效能資訊

NAKIVO 和許多其他應用系統一樣，在有些時候若發現運行不太正常，或是因為修改了某一些配置而需要重新開機時，不妨先嘗試進入如圖 13-9 所示的管理 NAKIVO 服務操作畫面中，來選擇重新啟動所有的 NAKIVO 服務，或是僅停止與啟動選定的傳輸器服務或主程式服務，可能就能夠解決當前的問題。

此外在管理 NAKIVO 服務的操作設定中，還可以透過開啟 [Onboard repository storage] 選項，來看到目前已作為本機備份儲存區的磁碟資訊，若想要增加更多本機備份儲存區的磁碟，則可以先在虛擬機器的編輯設定中完成虛擬磁碟新增，再回到此頁面中按下 [F5] 按鍵來重整磁碟清單，並將剛新增的磁碟選定成為備份儲存區的磁碟即可。

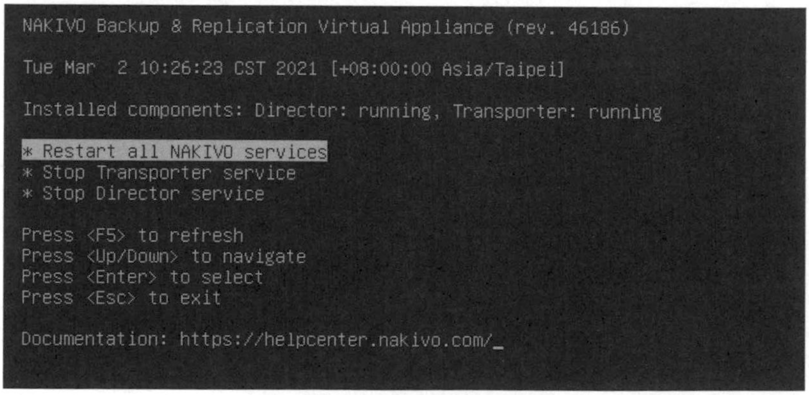

```
NAKIVO Backup & Replication Virtual Appliance (rev. 46186)

Tue Mar  2 10:26:23 CST 2021 [+08:00:00 Asia/Taipei]

Installed components: Director: running, Transporter: running

* Restart all NAKIVO services
* Stop Transporter service
* Stop Director service

Press <F5> to refresh
Press <Up/Down> to navigate
Press <Enter> to select
Press <Esc> to exit

Documentation: https://helpcenter.nakivo.com/_
```

圖 13-9　管理 NAKIVO 服務

針對 NAKIVO 與 NAS 的整合安裝部分，若你想將 NAKIVO 的完整系統安裝在開源 FreeNAS 主機之中，在其官網（https://www.freenas.org/download/）中就必須選擇下載採用傳統核心設計的 FreeNAS 版本（11.3），然後完成以 SSH 遠端連線登入 FreeNAS 系統之後，再完成以下操作程序即可。

- 下載——切換到 /tmp 路徑下並執行：
  wget https://github.com/NAKIVO/iocage-plugin-nbr/raw/master/nbr.json

- 安裝——執行下列指令（其中 x.x.x.x 請輸入實際使用的 IP 位址）：
  iocage fetch -P nbr.json vnet="off" ip4="inherit" ip4_addr="em0|x.x.x.x/24"

13.4 快速連接 vSphere 7.0

無論你採用哪一種部署方式完成了 NAKIVO Backup & Replication 的安裝，它預設的管理網站（https://<IP 位址 >:4443/）都是一樣的。如圖 13-10 所示首次的連線必須先完成管理員帳號的建立，請依序完成顯示名稱、帳號密碼、Email 地址以及兩次密碼設定的輸入。點選 [Proceed] 按鈕。

圖 13-10　首次登入

首次成功登入之後由於使用的是免費版本，因此會出現系統訊息提示我們，此版本有 10 個工作負載以及保護 5 個信箱的限制，可以進一步考慮去下載完整功能的 15 天評估版本。接下來會來到如圖 13-11 所示的 [Settings]\[Inventory] 頁面，在此你可以立即透過 [Add New] 按鈕的點選，來選擇 [VMware vCenter or ESXi host] 選項以便進行與 vSphere 7.0 的連線。

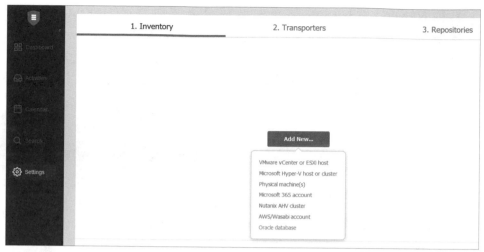

圖 13-11　備份清單管理

在如圖 13-12 所示的 [Add New VMware vCenter or ESXi host] 頁面中，筆者以連線 vCenter Server 為例，依序輸入了連線顯示名稱、主機完整名稱（FQDN）、管理員帳號、密碼以及選擇了預設的 443 連接埠。點選 [Add] 按鈕。成功新增之後，便可以開啟所連線的整個 vCenter 的樹狀結構。當然！你仍可以在此繼續新增更多不同的連線。

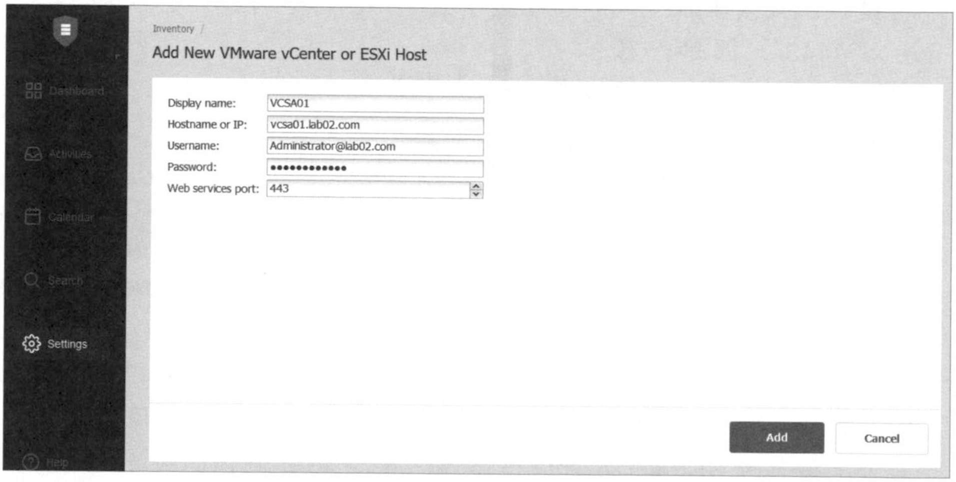

圖 13-12　新增 VMware vSphere 的連線

在 [Transporters] 頁面中可以看到有關於針對 Transporter（傳輸器）用途的介紹，其實它就是一個運行實際備份、複製和復原任務的服務，當然它

也同時負責備份存儲庫的管理任務。在中小型的 vSphere 運行架構之中，原則上我們只要使用內建的傳輸器（Onboard transporter）功能即可。

如果是面對擁有多個站台部署的大型 vSphere 架構，則可以選擇增加傳輸器服務的部署，來解決大量負載的分散處理需求。增加部署傳輸器的虛擬裝置的方法很簡單，只要在 [Setting]\[Transporters] 頁面中點選 [Deploy New Transporter] 按鈕，然後在 [VMware vSphere appliance] 頁面中依序完成傳輸器名稱、主機或叢集位置、資料存放區、虛擬網路、TCP/IP 網路配置，以及此傳輸器最大負載量與復原任務負載量限制的設定即可。

在如圖 13-13 所示的 [Repositories] 頁面中，則可以檢視到預設的本機備份儲存區（Onboard repository），你可以在此繼續新增更多其他的備份儲存區，或是管理現行備份儲存區的配置，以便讓後續的備份設定可以根據不同的備份需求，選擇適當的備份儲存區。

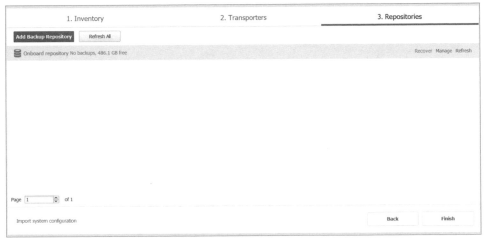

圖 13-13　管理備份儲存區

13.5 管理備份儲存區

無論是在內網還是雲端上只要有能夠用來存放備份檔案的儲存區，相信絕大部分都是與 NAKIVO 相容的。你只要在 [Settings]\[Repositories] 頁面中，便可以點選 [Add Backup Repository] 按鈕下的 [Create new backup repository] 選項，來開啟如圖 13-14 所示的 [Create Backup Repository] 設定頁面。

在第一個設定步驟的 [Type] 頁面中,可以發現有多種不同連接類型的儲存區可以選擇,包括了本機資料夾(Local Folder)、CIFS 共享、NFS 共享、Amazon EC3、Amazon S3、Wasabi 以及 SaaS。其中對於小型企業來說,採用連接本機儲存裝置的 Local Folder,以及 CIFS 網路共享資料夾的肯定是最常見的。

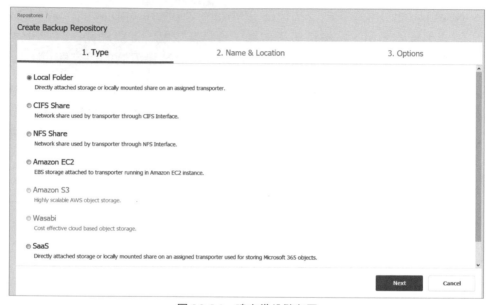

圖 13-14　建立備份儲存區

在如圖 13-15 所示的 [Name & Location] 頁面中,可以看到筆者是以新增 CIFS 網路共享資料夾的備份儲存區為例,在此分別設定新備份儲存區的名稱、使用的傳輸器、UNC 共享資料夾路徑以及連線的管理員帳號與密碼。點選 [Next]。

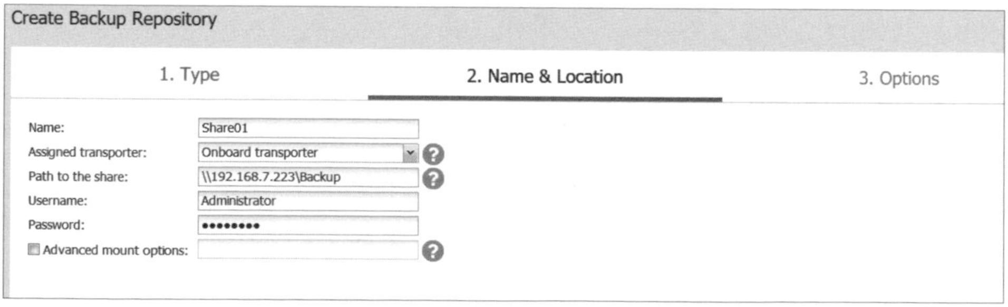

圖 13-15　CIFS 共享連線設定

在如圖 13-16 所示的 [Options] 頁面中，可以根據實際配置需求來調整選項設定。例如你可以設定讓此備份儲存區能夠同時存放增量備份與完整備份，並且設定壓縮備份的方式以及是否啟用資料去重複化功能。在此你甚至可以額外啟用完整資料正確性的排程檢驗功能，以及設定自動卸除此備份儲存區的排程。點選 [Finish] 按鈕完成新增。

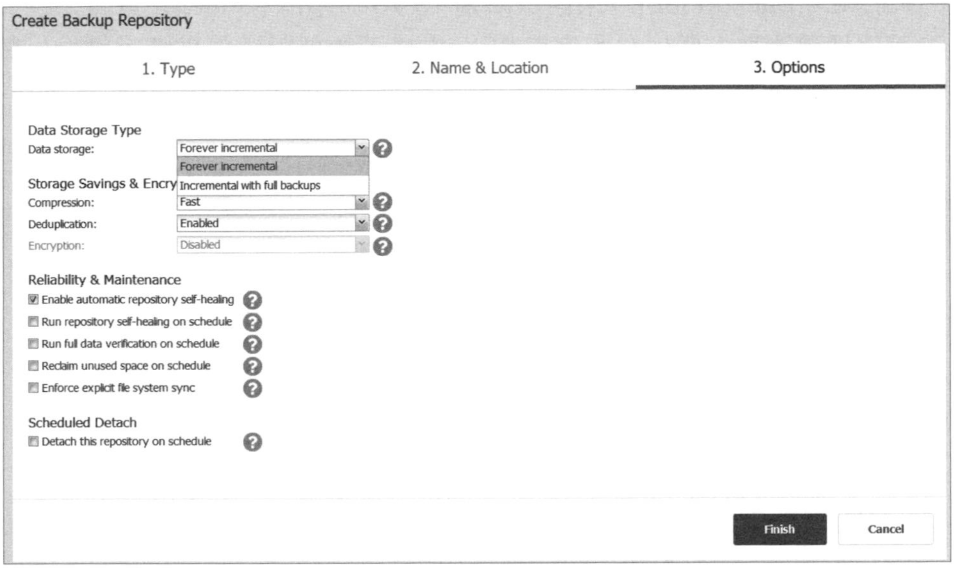

圖 13-16　選項設定

回到如圖 13-17 所示的 [Repositories] 頁面中，便可以查看到筆者剛剛所新增的一個名為 Share01 的網路共用儲存區，後續我們將可以在建立備份任務時，選擇它來作為備份儲存區。

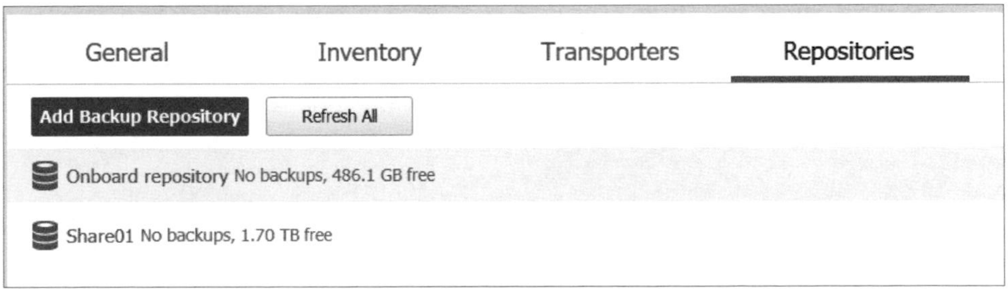

圖 13-17　完成新備份儲存區建立

13.6 備份虛擬機器

在 NAKIVO Backup & Replication 的管理網站中，無論是要建立單一虛擬機器或批量虛擬機器的備份任務都是相當容易，只要你已預先準備好足夠存放備份檔案的儲存空間即可。請點選位在 [Create] 選單中的 [VMware vSphere backup job]，來開啟如圖 13-18 所示的 [Source] 頁面。在此你可以連續選取多個位在叢集或 ESXi 主機下的虛擬機器來進行備份。點選 [Next] 繼續。

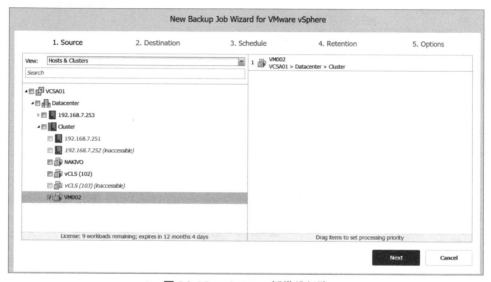

圖 13-18　vSphere 新備份任務

在如圖 13-19 所示的 [Destination] 頁面中，可以查看到目前可用的備份儲存區清單，以及每一個儲存區目前的剩餘可用空間。選取後請點選 [Next]。

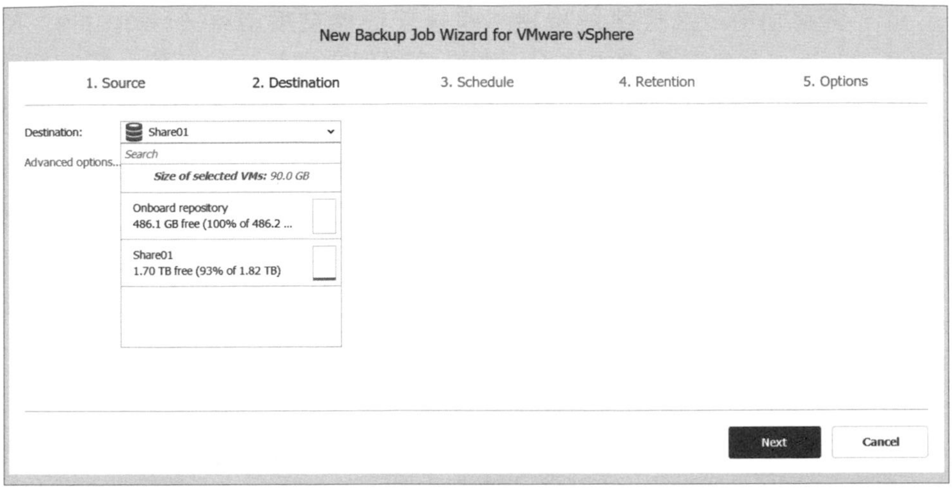

圖 13-19　選擇備份儲存區

在 [Schedule] 頁面中可以決定是否要設定排程執行時間，若不需要請將 [Do not schedule, run on demand] 選項打勾。相反的若需要設定排程，則可以針對選定的週期時間來執行，且可以繼續新增多個排程設定。點選 [Next]。在如圖 13-20 所示的 [Retention] 頁面中，可以設定備份檔案的保留數量，例如你可以僅勾選並設定要保留最新的備份檔案數量是 3 個。或者你可以設定每天、每週、每個月以及每一年所要保留的備份檔案數量。點選 [Next]。

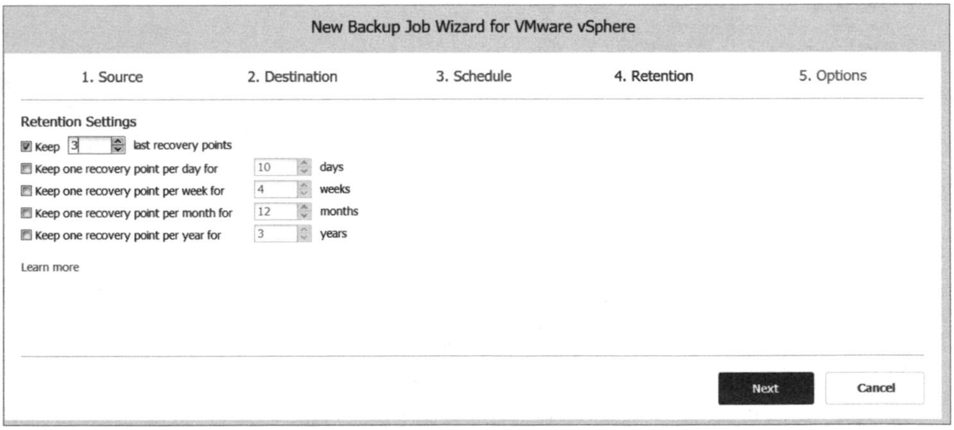

圖 13-20　保留備份設定

最後在如圖 13-21 所示的 [Options] 頁面中，可以針對虛擬機器的備份任務，調整一些進階的設定，包括了任務名稱的設定、異動追蹤、網路追

蹤、網路加密、虛擬機器檢驗、略過記憶體交換檔案（swap file）的備份、略過未使用過區塊的備份、選定傳送器來執行備份任務、選定網路頻寬節流設定等等，其中無法設定選項即表示是免費版本中所沒有提供的功能。

確認完成以上所有步驟設定之後，若不想立刻執行備份任務，可以直接點選 [Finish] 按鈕。如果想要立即執行此備份設定，則可以點選 [Finish & Run] 按鈕，來開啟 [Run this job?] 的提示訊息頁面，在此你可以選擇要執行備份任務於選定的虛擬機器，還是要執行於所有虛擬機器。點選 [Run] 按鈕。

圖 13-21　選項設定

接下來將會開啟此備份任務的檢視頁面，如圖 13-22 所示你將可以在 [Job Info] 區域中查看到目前的備份進度，以及即將備份的虛擬機器數量、虛擬硬碟數量、總計大小。過程中若有發生任何的警示事件也會出現於此。在其他區塊的資訊中則可以查看到有關傳輸的資料量、網速、備份中的虛擬機器、目標備份儲存區、使用中的傳輸器以及備份事件清單等等。在成功完成虛擬機器的備份之後，將會看到「Last run was successful」的訊息提示，同時也會在 [Events] 的區域中查看到成功備份的相關事件。

圖 13-22　檢視備份任務狀態

13.7 還原虛擬機器

無論你建立與執行過多少個虛擬機器的備份任務,一旦需要進行整個虛擬機器的復原時該怎麼呢?其實做法很簡單,只要再次開啟相對備份任務的頁面,然後在如圖 13-23 所示的 [Recover] 選單中點選 [VM recovery from backup] 繼續。

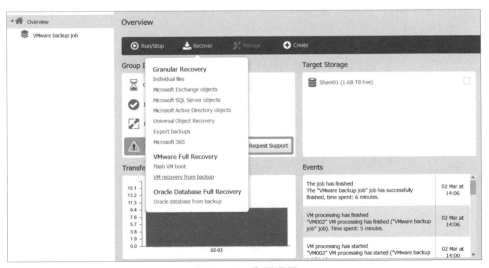

圖 13-23　復原選單

接著在如圖 13-24 所示 [New Recovery Job Wizard for VMware vSphere]
視窗的 [Backups] 頁面中，可以在選取欲還原的虛擬機器之後，從頁面右
方的區域中進一步選取要進行復原的時間點。在此可以發現範例中每一個
備份時間點的說明欄位階是空白的，這相當不利於復原的操作，因此建議
最好能為每一個備份時間輸入簡短的說明。點選 [Next]。

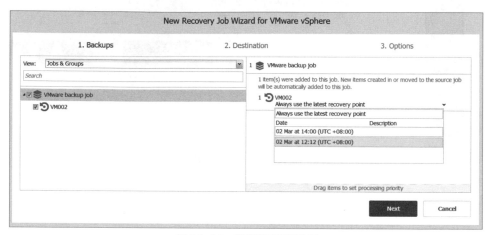

圖 13-24　選擇備份還原項

在如圖 13-25 所示的 [Destination] 頁面中，必須設定虛擬機器復原後的主
機運行位置，請由上而下依序選取 ESXi 主機、資料存放、網路以及虛擬
機器的資料夾（選用）。必須注意的是若該虛擬機器原先是運行在叢集的
HA 架構之下，請選擇網路共用的資料存放區而非本機的資料存放區。點
選 [Next]。

圖 13-25　復原目標位置

在如圖 13-26 所示的 [Options] 頁面中，除了可以設定復原任務的名稱之外，還可以選擇復原模式要採用 Synthetic 還是 Production 模式，以及可以決定是否要使用原有的虛擬機器磁碟類型、是否產生新的 MAC 位址、是否要在虛擬機器復原後自動開啟電源。若需要搭配復原任務執行前或執行後所要執行的 Script，也可以在此進行設定。點選 [Finish]。

圖 13-26　復原選項設定

來到如圖 13-27 所示的 [VMware recovery job] 頁面中，將可以查看到已經成功復原的虛擬機器，以及虛擬磁碟的小、連接的資料存放區、網路速度、已傳送的資料大小等資訊。若過程之中發生有失敗也會產生相關的警示事件。

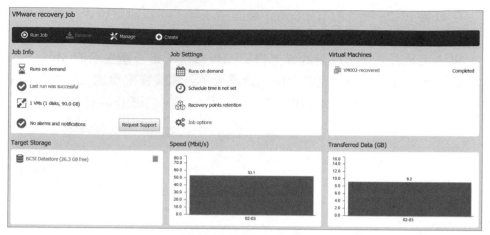

圖 13-27　復原任務檢視

確認成功復原選定的虛擬機器備份之後，回到 vSphere Client 網站上將可以查看到已復原的虛擬機器名稱（例如：VM002-recovered）。若進一步開啟此虛擬機器相對的資料存放區，如圖 13-28 所示將會發現該虛擬機器相關檔案的命名，如同虛擬機器的顯示名稱一樣，都會自動添加復原設定中的字元。

圖 13-28　完成虛擬機器復原

13.8 精細還原指引

雖然我們有完整備份了虛擬機器，但許多情境下需要復原的可能不是整個虛擬機器，而是僅需要復原其中的幾個檔案即可。針對這項需求你並不需要大費周章的先完成虛擬機器的復原至其他位置，然後再自行以手動的方式來將所需要的檔案複製出來，因為只要簡單的透過它所提供的精細復原功能即可輕鬆達成任務。如圖 13-29 所示請在備份任務的 [Recover] 選單中點選 [Granular Recovery] 繼續。

圖 13-29　復原選單

開啟 [File Recovery Wizard] 的 [Backup] 頁面後，請先選取所要復原的
虛擬機器與備份的時間點。點選 [Next]。在如圖 13-30 所示的 [Recovery
Server] 頁面中，可以選擇復原要採用提供下載超連結或 Email 的方式，還
是復原到選定的伺服器，在此筆者將以前者選項為例。此外還可以進一步
設定是否要透過 Proxy Transporter 來完成。點選 [Next]。

圖 13-30　復原方法設定

在如圖 13-31 所示的 [Files] 頁面中，你將可以瀏覽到虛擬機器的 Guest
OS 中所有已備份磁碟的資料夾與檔案，你可以批量選取所要復原的檔案，
然後點選 [Next]。

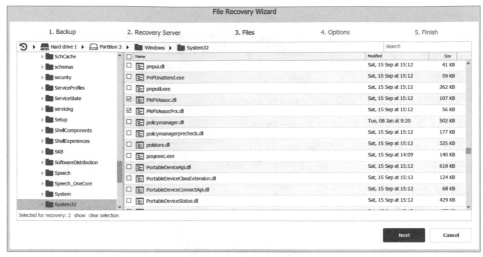

圖 13-31　復原檔案選取

在如圖 13-32 所示的 [Options] 頁面中，首先可以從 [Recovery type] 欄位之中，選擇要採用 [Download] 還是 [Forward via email] 方式來取得復原檔案。以 Email 通知方式為例，只要在完成了收件者的 Email 地址設定之後，即可點選 [Recover]。

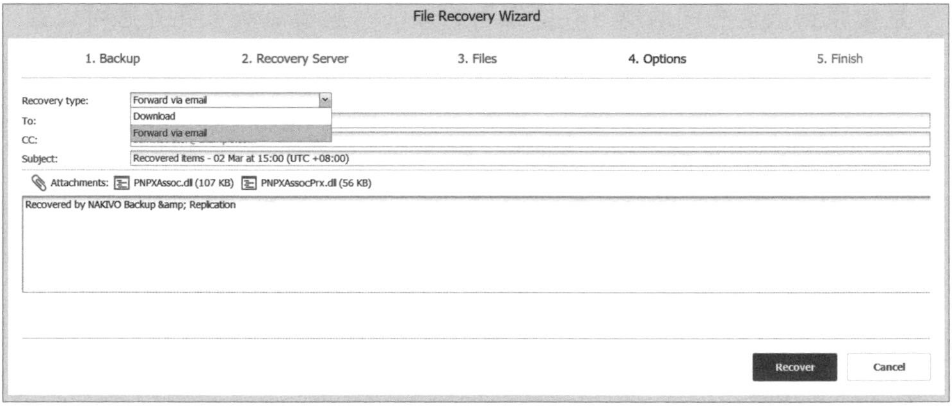

圖 13-32　復原選項設定

最後在 [Finish] 頁面中將會看到系統有提示我們，若想得知目前的復原執行進度，可以在 [Activities] 頁面中來查看即可。如圖 13-33 所示在此可以看到已經完成精細復原任務的完整訊息，包括了復原檔案的數量、狀態以及 Email 收件者等資訊。

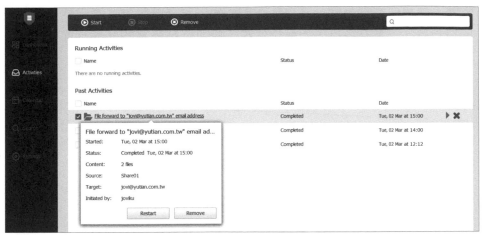

圖 13-33　檢視復原活動記錄

13.9 管理現有備份設定

對於已經建立好的備份任務，管理人員可以隨時在開啟之後，透過如圖 13-34 所示的 [Manage] 選單來執行備份任務的更名、編輯、複製、刪除以及停用。其中常見的管理操作便是針對現行的備份任務進行複製，來快速產生一個新的備份任務，然後再完成些許的修改即可。

圖 13-34　管理現行備份任務

在如圖 13-35 所示的範例中便是對於現行的備份任務，進行了 [Options] 配置中的 [Bandwidth throttling] 設定修改，然後臨時新增了一個頻寬規

則，在規則設定中限制了每秒 30MB 的網路流量限制。在完成儲存之後立刻套用。未來若執行了此備份任務，便可以在任務的狀態頁面中，查看到傳輸中的網路頻寬始終會維持在每秒 30MB 的範圍之中。

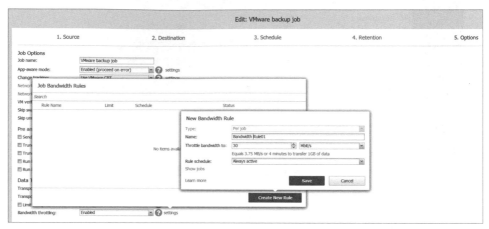

圖 13-35　修改頻寬節流設定

13.10 其他系統配置

明白了主要的系統配置與備份復原操作之後，你還可以根據實際的管理需要，來配置其他的系統設定。如圖 13-36 所示在 [Settings]\[General] 頁面中，可以進一步設定的配置包括了 Email 通知、事件、自我備份、系統移轉、系統設定以及用戶與角色的管理。在此筆者將舉幾個例子來做説明。

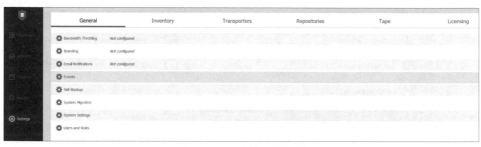

圖 13-36　系統一般配置

首先是最重要的 Email 通知設定，在如圖 13-37 所示的 [Email Notifications] 頁面中，請先依序輸入 SMTP Server 的位址、登入帳號、密碼、連接埠、寄件者以及收件者，完成設定後可以點選 [Send Test Email] 按鈕，來測試一下是否能夠正常收到測試信件。

緊接著可以選擇性設定是否要接收錯誤警報或警示的系統通知，並且可以自訂 Email 通知的頻率以及額外選定的收件者。在 [Automatic Reports] 頁面中，則可以設定各式報告的自動通知設定，並且可以自訂排程產生報告的時間。至於如何手動即時產生報告，筆者將在本章最後再做說明。

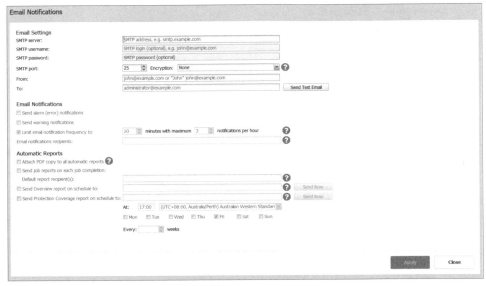

圖 13-37　Email 通知設定

接下來請開啟如圖 13-38 所示的 [System Settings] 頁面。這裡主要可以調整系統配置中一些較細微的選用性設定，包括了事件的保留天數、自動登出的逾時時間、自動重試失敗任務的間隔時間、磁帶（Tape）備份的選項設定等等。

圖 13-38　系統設定

在如圖 13-39 所示的 [Users & Roles] 頁面中，可以新增自訂的管理員帳號與角色，除了擁有完整權限的 Administrator 之外，還可讓其他不同的管理員有不同所屬的角色權限，例如讓某一位管理人員（Backup operator）僅能執行備份任務的管理，而另一位管理人員（Recovery operator）則是只能執行復原的任務操作。像這樣權責細分明的管理方式在許多大型企業的 IT 環境中是常見的。

圖 13-39　用戶與角色管理

除此之外 NAKIVO 也支援了與 Active Directory 的整合，讓有 AD 網域帳號的人員就可以直接登入管理 NAKIVO 網站，不過必須注意的是在免費的版本中，目前上述的管理功能皆是沒有提供的，若想進行測試可以改下載安裝 15 天的評估版。

當完成了 NAKIVO Backup & Replication 各項設定之後，建議你可以開啟如圖 13-40 所示的 [System Migration] 頁面，點選 [Export system configuration] 來將整個系統的配置進行匯出，如此一來未來如果因故需要還原整體設定時，便可以同樣在此進行系統配置的匯入。

圖 13-40　匯出系統配置

13.11 常見問題

當在你的 vSphere 架構之中有尚未支援的 ESXi 主機版本時，你將會在執行備份任務的設定過程中，如圖 13-41 所示發現無法選定這些 ESXi 主機或其下的虛擬機器，並且會出現尚未支援此 ESXi 主機版本的提示訊息。

上述的情況筆者曾經在 NAKIVO Backup & Replication 9.3 版本中出現過，因為當時此版本還尚未支援最新的 ESXi 7.0，後來在 NAKIVO Backup & Replication 10.2 的版本升級後獲得了解決。但不久之後卻又在 ESXi 7.0 Update 2 遭遇了類似的問題。

其實解決的方法都是一樣的，那就是完成 NAKIVO Backup & Replication 所發佈的更新程式安裝即可。以 Windows 版本來說只要執行更新版本的安裝程式，來完成就地升級即可解決。若你採用的是本文所介紹的 VMware Virtual Appliance 部署法，則必須先將相容的更新檔案上傳至

/opt/nakivo/updates 路徑之下，然後再進入到 Console 端的 [Manage NAKIVO services]\[Software update] 選項畫面中來執行更新即可。

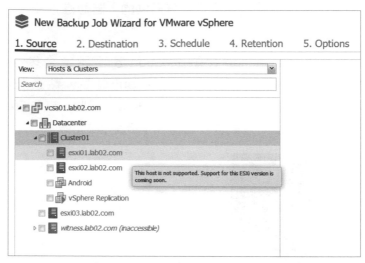

圖 13-41　不支援的 ESXi 主機版本

最後可能會有讀者覺得這款備份管理系統，是不是少了什麼重要功能？或許你心裡所想的和筆者是一樣的，那就是產生報告的功能。然而這項功能是有的，以備份報告來說你只要在選定的備份任務上，按下滑鼠右鍵便可以如圖 13-42 所示看到可立即產生的報告類型，包括了 Last run report、Point-in-time report、Job history report、Protection coverage report、Failed item protection report。

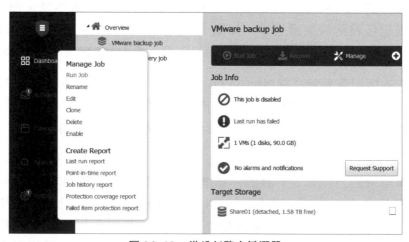

圖 13-42　備份任務右鍵選單

如圖 13-43 所示便是一個 [Protection coverage report] 報告範例，內容中
清楚呈現了已受備份保護以及未受備份保護的虛擬機器清單，包括了這些
虛擬機器各自所屬的 vCenter、Datacenter、Cluster 以及 Host。

Protection Coverage Report

Summary

Protected VMware VMs:	1
Unprotected VMware VMs:	7

Protected VMware VMs

vCenter	Datacenter	Cluster / Host	VM name	Job Name(s)
VCSA01	Datacenter	Cluster	VM002	VMware backup job

Unprotected VMware VMs

vCenter	Datacenter	Cluster / Host	VM name
VCSA01	Datacenter	Cluster	NAKIVO
VCSA01	Datacenter	Cluster	vCLS (102)
VCSA01	Datacenter	Cluster	vCLS (103)
VCSA01	Datacenter	Cluster	vCLS (104)
VCSA01	Datacenter	Cluster	VM002-recovered
VCSA01	Datacenter	Cluster	VM003
VCSA01	Datacenter	192.168.7.253	VMware vCenter Server

圖 13-43　保護範圍報告

筆者身為 IT 人的一份子，可以完全體會到多數 IT 人的心聲，那就是我們
需要的是能夠真正解決問題的方案，而不是一堆華而不實的功能。看完了
本章的實戰講解，相信這對於許多初次接觸 NAKIVO 的讀者來說，肯定
會認為如此陽春介面的設計到底能夠解決哪些問題。但是一經親身試用之
後，便會發現太神奇了！我需要的功能通通在裡面。沒錯，筆者和大家的
感觸是一樣的，NAKIVO 似乎知道 IT 人需要的是什麼，我想把「只管做有
用的，何必做多餘的」這句話套用在 NAKIVO 的解決方案身上，肯定是最
貼切不過了。

第 14 章

開源 OpenVPN 強化
vSphere 遠端管理安全

OpenVPN Access Server 是知名的開源免費軟體，無論是選擇社群版本還是商業版本，都可以為企業的 IT 人員打造一條專屬的 VPN 通道，而不與現行的企業 VPN 網路混用，如此不僅可以達到網路流量的負載平衡，也可以讓 IT 人員在外網進行 vSphere 的維運任務時更加安全與便利。現在就讓筆者透過本章的實戰講解，來一同學習如何將 OpenVPN 網路部署在 vSphere 的架構之中。

14.1 簡介

VPN 幾乎是目前各行各業的網路規劃中必備選項之一，尤其在這幾年間因新冠肺炎疫情的因素，讓許多資訊工作者都得輪流在家上班，而上班的方式就是通過 VPN 網路的連線方式，來進行遠端的各種協同合作任務，因為這種做法可以讓許多不開放 Internet 連線的應用系統，一樣可以讓所有在家上班的員工，繼續使用僅限內網存取的各類應用系統、資料庫、文件等等。

然而對於 VPN 網路的使用，不僅是一般資訊工作者有這樣的需求，其實對於 IT 部門的人員而言也是相當重要的，因為許多時候他們得隨時透過家裡、手機或是任意熱點的網路，遠端連線進入公司的內網來協助處理各類與 IT 運行有關的問題，例如：程式的更新、資料庫的修改、系統的故障排除等等。面對 IT 部門自己的 VPN 網路需求，可以讓我們思考一下是否需要一個獨立專屬的 VPN 網路，還是要與一般用戶的 VPN 網路混合使用？

就筆者的技術觀點，現今許多企業的各種應用程式、資料庫服務、檔案服務都是部署在以 VMware vSphere 為主的虛擬化平台架構之下，IT 管理人員必須隨時維持好所有 ESXi 主機、叢集、虛擬機器、容器、網路配置、資料存放區的正常運行，甚至於還得進一步監管一些重要應用服務的健康狀態，為此讓 IT 管理人員有一個專用的 VPN 通道，方便隨時透過遠端安全連入來進行維運更是尤其重要。至於現行開放給一般用戶的 VPN 網路，則可以做為 IT 部門的 VPN 備援通道，相信會是不錯的規劃方式。

關於建立一個管理 VMware vSphere 專屬的 VPN 網路，筆者建議可以選擇開源的 OpenVPN，主要原因是它有知名的技術團隊持續在維護與更新，在版本選擇上又有社群版本以及商業版本可以選擇，且即便是商業版本也提供了 2 個無限期的 VPN 連線授權。再者它也是現今許多無線路由分享器，選擇直接內建的一項 VPN 網路功能。接下來就讓筆者以實戰講解的方式，依序介紹有關於 OpenVPN 在品牌網路設備的使用，以及如何部署商業版與社群版的關鍵技巧。

14.2 無線路由分享器的 OpenVPN ─────────

在前面的介紹中我們有提及在現今許多的品牌無線路由分享器中,都有直接內建 OpenVPN 伺服器的功能,在此筆者就來簡單介紹一款 ASUS 的無線路由分享器,要如何來啟用 OpenVPN 功能並且讓有被授權的用戶,可以透過設定檔案的匯入與帳號密碼的輸入,來進行 VPN 的安全連線。

首先可以在如圖 14-1 所示的 [VPN 伺服器 -OpenVPN] 頁面中,來選擇 [開啟 OpenVPN 伺服器] 至 [ON] 的設定。接著請在下方的 [用戶名稱與密碼] 區域中,完成每一位用戶的帳號以及密碼的設定。原則上只要完成此二項簡單的啟用設定,即可準備讓用戶透過 OpenVPN Connect 來進行連線。

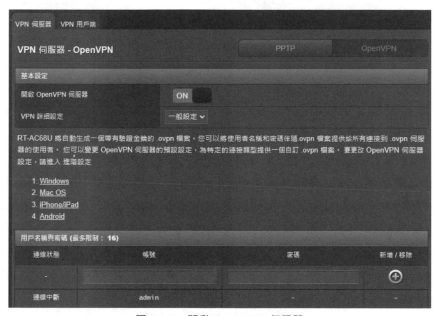

圖 14-1　開啟 OpenVPN 伺服器

但是在某一些情況之下你可能會需要修改一下配置的細節,例如:自訂 VPN 子網路。請在 [VPN 詳細設定] 的選單中選取 [進階設定]。在如圖 14-2 所示的頁面之中,除了可以讓我們自定義介面類型、通訊協定、伺服器通訊埠以及驗證模式等設定之外,更重要的是可以設定 [VPN 子網路 / 子網路遮罩],以及決定是否要讓以 VPN 連入的用戶可以存取 LAN 資源。

至於是否要啟用 [僅使用者名稱 / 密碼驗證]，在此建議最好是採用預設的
[否] 設定，因為我們必須採用完整的 OpenVPN 完整的安全驗證機制才
行。

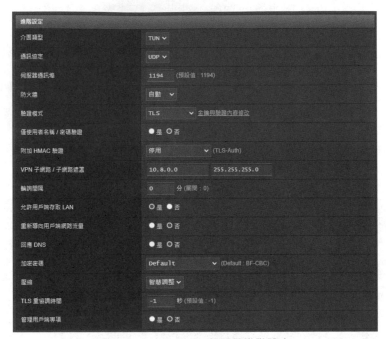

圖 14-2　OpenVPN 伺服器進階設定

在完成 OpenVPN 功能的啟用與伺服器進階設定之後，就可以如圖 14-3 所
示點選位在 [匯出 OpenVPN 設定檔] 的 [匯出] 按鈕，來下載 OpenVPN
Connect 用戶專用的設定檔案（例如：client.ovpn），之後凡是被授予連
線帳號權限的用戶，就可以使用自己的帳號密碼搭配這個設定檔案，來經
由 OpenVPN Connect 的桌面程式或行動裝置的 App，進行企業 vSphere
VPN 網路的連線與存取。

圖 14-3　匯出 OpenVPN 設定檔

14.3 商業版 OpenVPN Access Server 部署 ─

雖然我們選擇部署的是商業版本，若想要獲得更多的 VPN 連線數量授權以及完整服務，便需要額外支付商業版本的費用。然而其實只要善用它所提供的 2 個無限期 VPN 連線授權，便可以讓 vSphere 管理人員免費使用 OpenVPN 網路的專屬連線，不僅連線方式既安全又快速，2 個授權的連線限制其實也已足夠使用。

你可以如圖 14-4 所示到以下網址註冊下載即可，並且可以自由選擇下載選定作業系統的 Software Packages，包括了 Ubuntu、Debian、RedHat、CentOS、Amazon Linux 2 等等，或是直接下載選定虛擬化平台的 Virtual Appliances 來使用，可省去繁雜的安裝設定步驟。接下來筆者將以選擇下載 VMware ESXi 的 Virtual Appliances 來做為部署的示範。

商業版 OpenVPN Access Server 下載網址：
https://openvpn.net/download-open-vpn/

圖 14-4　下載商業版 OpenVPN Access Server

請以管理員身分連線登入 vSphere Client 網站。在開啟 vCenter Server 或 ESXi 主機節點的頁面之後，如圖 14-5 所示點選位在 [動作] 選單中的 [部署 OVF 範本] 繼續。

圖 14-5 ESXi 主機動作選單

在 [選取名稱和資料夾] 的頁面中，請為這個 OpenVPN 的虛擬機器命名並選擇所在位置。點選 [下一頁]。在 [選取計算資源] 的頁面中，可以選擇叢集或 ESXi 主機來做為運行此虛擬機器的主機。選取後只要在 [相容性] 的區域中顯示了「相容性檢查成功」的訊息即可點選 [下一頁]。

在 [檢閱詳細資料] 的頁面中，可以查看到此部署範本的檔案大小以及部署後的所需磁碟大小，其中精簡佈建為 1.9GB 而完整佈建則需要 8GB 的磁碟空間。點選 [下一頁]。

在如圖 14-6 所示 [選取儲存區] 的頁面中，除了需要選取用來存放虛擬機器檔案的儲存區之外，還必須根據所需要的虛擬磁碟格式，來選擇 [精簡佈建] 或 [完整佈建]，前者優點在於只需要很小的磁碟空間即可完成部署，不過必須隨著資料量的成長來計算磁碟擴增的空間大小，因此在運行性能上會較差。

至於後者恰好相反，初始雖然直接占用掉較大的磁碟空間，但由於不必再計算磁碟擴增的大小問題，因此性能的展現肯定會更好。若是在正式運行的環境之中，筆者會建議採用此選項設定。在確認了 [相容性] 的區域中顯示了「相容性檢查成功」的訊息即可點選 [下一頁]。

圖 14-6 選取儲存區

在如圖 14-7 所示的 [選取網路] 頁面中,請選擇準備用來做為 OpenVPN Server 虛擬機器的網路。點選 [下一頁]。最後在 [即將完成] 的頁面中,請再次確認上述步驟的所有設定是否正確,確認無誤之後點選 [完成]。

圖 14-7 選取網路

完成部署 OVF 範本的操作之後,就可以將此虛擬機器完成開機動作。在啟動的過程之中,首先會出現版權宣告的聲明確認並完成相關服務的啟動。緊接著則會出現如圖 14-8 所示的初始設定確認,其中建議你採用預設值的選項設定分別有管理員網站的連接埠、OpenVPN Daemon 連接埠、用戶端預設透過 VPN 網路進行路由連線、用戶端 DNS 預設透過 VPN 網路進行路由連線、使用本機驗證來存取內部資料庫、內網可連線存取用戶端。

最後如果你有額外購買合法的授權金鑰，則可以在最後的「Please specify your Activation key」提示訊息中來輸入，若保持空白並按下 [Enter] 鍵，則可以等到後續再到 OpenVPN 的管理員網站中來輸入即可。

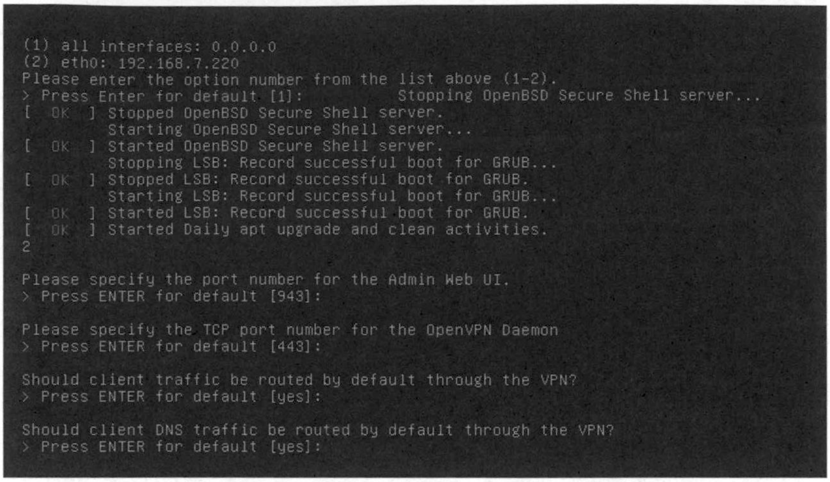

```
(1) all interfaces: 0.0.0.0
(2) eth0: 192.168.7.220
Please enter the option number from the list above (1-2).
> Press Enter for default [1]:          Stopping OpenBSD Secure Shell server...
[  OK  ] Stopped OpenBSD Secure Shell server.
         Starting OpenBSD Secure Shell server...
[  OK  ] Started OpenBSD Secure Shell server.
         Stopping LSB: Record successful boot for GRUB...
[  OK  ] Stopped LSB: Record successful boot for GRUB.
         Starting LSB: Record successful boot for GRUB...
[  OK  ] Started LSB: Record successful boot for GRUB.
[  OK  ] Started Daily apt upgrade and clean activities.
2

Please specify the port number for the Admin Web UI.
> Press ENTER for default [943]:

Please specify the TCP port number for the OpenVPN Daemon
> Press ENTER for default [443]:

Should client traffic be routed by default through the VPN?
> Press ENTER for default [yes]:

Should client DNS traffic be routed by default through the VPN?
> Press ENTER for default [yes]:
```

圖 14-8 OpenVPN Access Server 初始設定

完成上述的初始設定之後，系統將會開始進行 OpenVPN 網站的基本配置。成功完成網站配置之後，將會開啟如圖 14-9 所示的相關訊息。在此除了可以查看管理員網站以及用戶網站的連線位址與連接埠之外，也可以得知預設管理員的帳號與密碼皆是 openvpn，你可以透過執行 passwd openvpn 命令來完成密碼的修改。

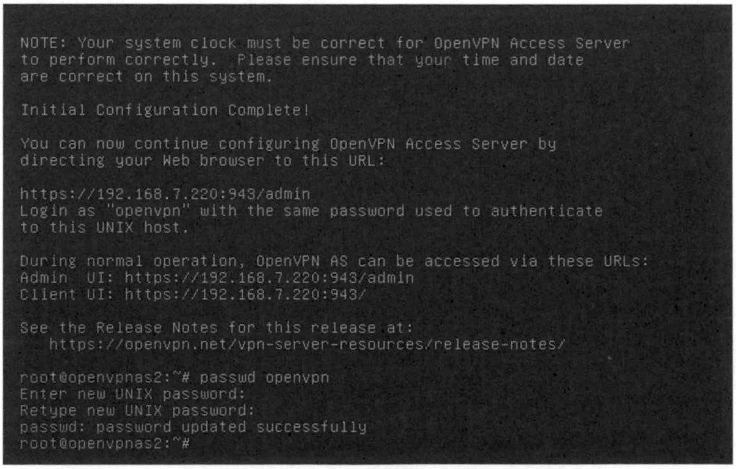

```
NOTE: Your system clock must be correct for OpenVPN Access Server
to perform correctly.  Please ensure that your time and date
are correct on this system.

Initial Configuration Complete!

You can now continue configuring OpenVPN Access Server by
directing your Web browser to this URL:

https://192.168.7.220:943/admin
Login as "openvpn" with the same password used to authenticate
to this UNIX host.

During normal operation, OpenVPN AS can be accessed via these URLs:
Admin  UI: https://192.168.7.220:943/admin
Client UI: https://192.168.7.220:943/

See the Release Notes for this release at:
   https://openvpn.net/vpn-server-resources/release-notes/

root@openvpnas2:~# passwd openvpn
Enter new UNIX password:
Retype new UNIX password:
passwd: password updated successfully
root@openvpnas2:~#
```

圖 14-9 修改預設管理員密碼

完成預設管理員帳號 openvpn 密碼的修改之後，就可以如圖 14-10 所示透過同網路中的其他電腦，以任一網頁瀏覽器輸入管理員網站的網址，來進行首次的連線登入。

圖 14-10　OpenVPN Access Server 管理網站

成功登入管理員網站之後，你可以隨時到如圖 14-11 所示的 [Configuration] \[Activation] 頁面中來輸入產品金鑰。當然你也可以不用輸入產品金鑰來繼續維持 2 個 VPN 連線數量的使用授權。

圖 14-11　產品金鑰設定

在如圖 14-12 所示的 [Status]\[Status Overview] 頁面中,則可以檢視到目前伺服器的運行狀態資訊,包括了版本資訊、伺服器名稱、允許連線的用戶數量、目前以連線的用戶數量、用戶採用的驗證方式、接受 VPN 用戶連線的本機 IP 位址、開放 VPN 連線的連接埠、採用的 OSI 層級、用戶存取內網所使用的連線方式。值得注意的是,你也可以隨時在此頁面中隨時點選 [Stop VPN services] 來暫時停止 VPN 網路服務的執行,以便進行系統維護任務。

進一步若想要查看目前有哪些用戶正在使用 VPN 網路,可以透過點選至 [Status]\[Current Users] 頁面來查看。需要查看完整的系統運行記錄則可以點選至 [Status]\[Log Reports] 頁面。

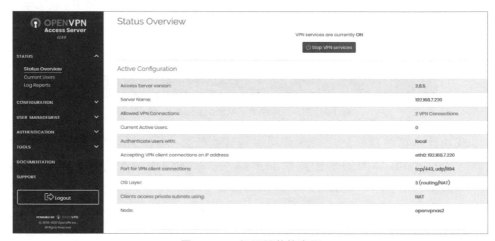

圖 14-12 伺服器狀態資訊

14.4 VPN 用戶管理

針對哪些用戶才能夠連線 OpenVPN 網路,以及登入之後有哪些存取限制,都可以到如圖 14-13 所示的 [User Management]\[User Permissions] 頁面中來進行管理。

在此首先可以隨時修改任一用戶帳號的密碼,並決定是否允許透過用戶網站(CWS)來進行密碼的變更,若要強制要求密碼的複雜度,可以將 [Enable password strength checking in CWS] 選項設定成 [Yes] 即可。

接著在 VPN 用戶端的 IP 位址配置部分，管理員可以決定要使用預設的動態 IP 配置方式，還是要特別輸入選定的靜態 IP 位址。在存取控制設定部分，可以分別選擇網路連線方式要採用 NAT 還是 Routing，以及手動加入允許 VPN 用戶端存取的網路。本頁面最後你還可以決定是否要設定 VPN 的閘道以及 DMZ 的 IP 位址，在預設的狀態下這兩項設定皆是為 [No]。

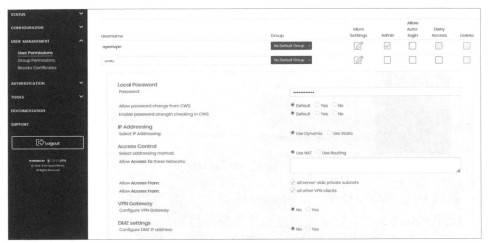

圖 14-13　用戶權限配置

14.5 VPN 網路配置

關於 OpenVPN 的基本配置，除了需要注意前面所介紹的用戶管理設定之外，還必須注意 VPN 相關的 IP 網路配置。首先是如圖 14-14 所示的 [Configuration]\[Network Settings] 頁面中，關於用以提供連接的本機 IP 位址，當主機有配置多個網卡與 IP 位址時，可以考慮是否需要啟用所有網卡都允許 VPN 的連接。

14

圖 14-14　網路設定

緊接著在 [Multi-Daemon Mode] 區域中，則可以決定 TCP daemons 與 UDP daemons 所要使用的連接埠，預設分別是 443 以及 1194。在網站的 IP 位址與連接埠的配置部分，如圖 14-15 所示預設管理員網站是使用預設 網卡 IP 位址，以及綁定 943 連接埠。用戶端網站預設則是比照管理員網站 的配置，若是想要分開配置只要先將 [Use a different IP address or Port] 選項設定成 [Yes]，然後再手動設定所要綁定的 IP 位址以及連接埠即可。

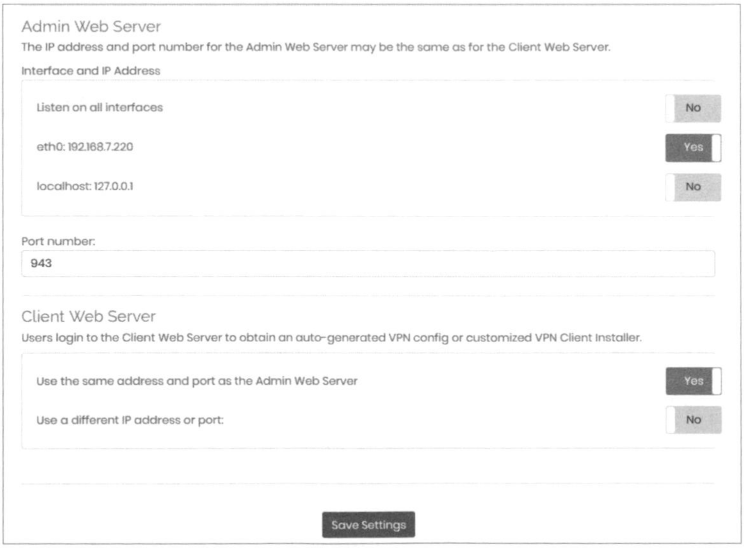

圖 14-15　管理員與用戶端入口配置

進一步請開啟如圖 14-16 所示的 [Configuration]\[VPN Settings] 頁面。在
此可以決定 VPN 網路所使用的 IP 網段，包括了動態 IP 位址網路、靜態 IP
位址網路以及群組 IP 位址網路，其中動態 IP 位址網路是必要的設定。必
須注意的是這裡的網路位址設定，還必須配合前面所介紹過的用戶帳號權
限設定。

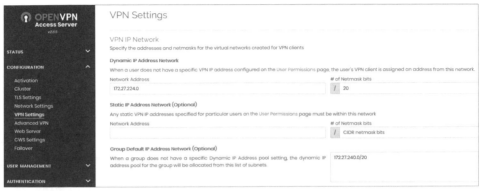

圖 14-16　VPN 設定

最後在此頁面的下方還可以進一步設定 [Routing] 與 [DNS Settings] 兩項
配置。如圖 14-17 所示在 [Routing] 設定部分，可以讓管理員輸入多個允
許 VPN Client 連線存取的網路位址，並且還可以決定是否允許透過 VPN
路由連線至 Internet，以及經由 VPN 閘道 IP 位址來存取網路服務。

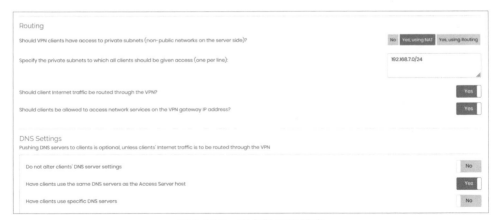

圖 14-17　路由與 DNS 設定

在 [DNS Settings] 設定部分，可以決定如何配置 VPN Client 的 DNS 位址
配置，在預設的狀態下將會使用同 VPN Server 一樣的 DNS 設定。管理員

也可以根據實際需求，設定不允許修改 VPN Client 的 DNS 配置，或是強制設定另外配置的 DNS 位址。

小祕訣　關於 TLS 版本的使用在系統預設狀態下，VPN 伺服器服務採用的是 TLS 1.2 版本，網站的配置則是採用了 TLS 1.1 的版本。上述兩項設定你可以自行到 [Configuration]\[TLS Settings] 頁面來進行調整。

14.6 整合 Google 雙因子認證

單純透過 OpenVPN 所提供的用戶端設定檔案搭配帳號密碼的驗證，你可能還會覺得驗證機制的安全性不夠，或是無法滿足企業 IT 在資訊安全方面的要求。不管原因為何，此時你可以考慮進一步整合同樣是免費的 Google 雙因子驗證服務，讓登入者的身分確認多一道必要的臨時安全驗證碼。

想要在 OpenVPN 商業版本的架構之中，使用這項安全機制是相當容易的，因為它早已內建於安全驗證功能的設定中。你只要在如圖 14-18 所示的 [Authentication]\[General] 頁面中，找到 [Enable Google Authenticator MFA] 選項並將它設定成 [Yes] 即可。

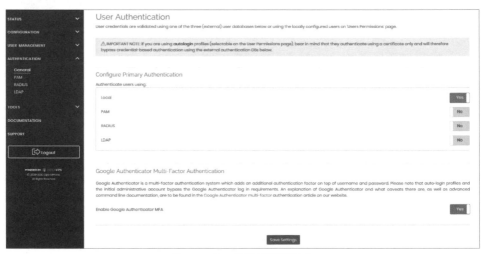

圖 14-18　使用者驗證設定

接下來所有已被授權連線存取 OpenVPN 網路的用戶，就可以在自己的手機上安裝 Google Authenticator App，然後如圖 14-19 所示掃描位在 OpenVPN Access Server 網站上的 QR Code，即可將這台 VPN 連線的登入加入 Google 的安全驗證機制之中，並完成與這台手機綁定的操作。

圖 14-19　Google 雙因子認證確認

一旦 VPN 用戶完成了 Google Authenticator App 的設定，未來無論是要透過電腦還是各類行動裝置的連線方式，來登入公司的 OpenVPN 網路，皆必須通過第一道用戶自身的密碼，以及第二道 Google Authenticator App 所產生的動態碼輸入，才能完成 OpenVPN 網路的連線與登入。如圖 14-20 所示便是透過 OpenVPN Connect 在匯入完成設定檔案之後，當要進行連線時首先出現的第一道密碼驗證提示。

圖 14-20　用戶密碼驗證

在通過了第一道密碼驗之後，緊接著便會出現如圖 14-21 所示的 [Multi-factor authentication] 的提示訊息，而這個提示訊息僅有針對已啟用 [Enable Google Authenticator MFA] 選項的 OpenVPN 網路才會出現。

此時請將開啟手機中的 Google Authenticator App，便可以如圖 14-22 所示看到針對 OpenVPN 所動態產生的一組認證碼，用戶必須在此認證碼過期之前完成在 OpenVPN Connect 的輸入，並點選 [SEND] 按鈕，否則將會發生驗證失敗的提示訊

圖 14-21　第二道驗證碼輸入

息。萬一發生來不及輸入現行的動態認證碼，只要稍微等待一下再來查看下一回的動態認證碼即可。

小提示　不同用戶手機所安裝的 Google Authenticator App，其產生的動態認證碼是無法相互分享的，因為每一位用戶的動態認證碼皆有綁定專屬的帳號。

圖 14-22　Google Authenticator App

如圖 14-23 所示便是成功以 OpenVPN Connect 連線登入 OpenVPN 網路的狀態頁面。在此便可以檢視到目前即時的連線速率，包括了連入、連出的網路流量以及連線時間。用戶可以根據實際需要來添加更多的 OpenVPN 連線設定。

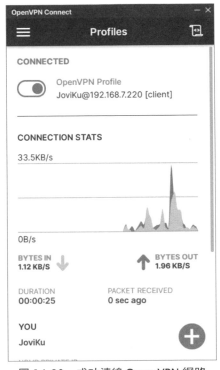

圖 14-23　成功連線 OpenVPN 網路

如果用戶是從 Windows 版本的 OpenVPN Connect 進行連線，則在完成連線登入之後，將可以如圖 14-24 所示透過桌面右下方工作列的圖示，按下滑鼠右鍵來執行各項設定，包括了 VPN 協定、連線逾時、軟體更新、佈景主題、進階設定等等。此外也可以隨時選擇中斷連線、匯入新設定檔案、添加 Proxy 等設定。

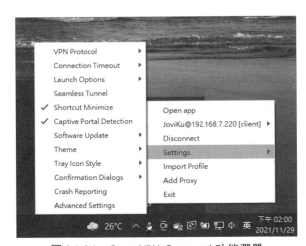

圖 14-24　OpenVPN Connect 功能選單

14.7 社群版 OpenVPN 部署

如果你想要快速完成 OpenVPN 的部署，並且能夠接受僅開放兩個連線授權的限制，或是同意支付額外的授權費用來取得更多的連線授權與服務，那麼商業版肯定是最佳的選擇。然而如果你是進階的 IT 管理人員，並且不想要受到連線授權的數量限制以及額外的授權費用支出，那麼接下來的社群版本部署教學，可以同樣創建屬於你自家 IT 環境的 OpenVPN 網路。

首先你可以到如圖 14-25 所示的以下官方網站上，來下載不同作業系統類型的 OpenVPN Server 安裝程式，其中 Windows 64-bit MSI installer 便是所要講解的安裝程式。

OpenVPN Server Community 下載網址：

https://openvpn.net/community-downloads/

Source tarball (gzip)	GnuPG Signature	openvpn-2.5.4.tar.gz
Source tarball (xz)	GnuPG Signature	openvpn-2.5.4.tar.xz
Source zip	GnuPG Signature	openvpn-2.5.4.zip
Windows 32-bit MSI installer	GnuPG Signature	OpenVPN-2.5.4-I604-x86.msi
Windows 64-bit MSI installer	GnuPG Signature	OpenVPN-2.5.4-I604-amd64.msi
Windows ARM64 MSI installer	GnuPG Signature	OpenVPN-2.5.4-I604-arm64.msi

圖 14-25　OpenVPN Server 可下載的版本類型

在此筆者以安裝在 Windows Server 2019 為例，在執行安裝程式之後會出現如圖 14-26 所示的安裝類型頁面。若點選預設的 [Install Now] 按鈕可以立即完成基本安裝，但我們必須點選 [Customize] 按鈕，來進行 OpenVPN Server 的自定義安裝設定。

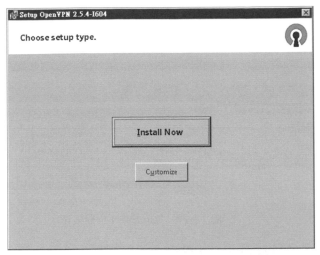

圖 14-26　社群版 OpenVPN Server 安裝

在如圖 14-27 所示的 [Custom Installation] 頁面中，請在點選 [OpenVPN Service] 選項之後，再點選 [Entire feature will be installed on local hard drive]，這表示要完整安裝這項功能至本機硬碟之中。另外也請將 [OpenSSL Utilities] 選項一併選取完整安裝至本機硬碟。

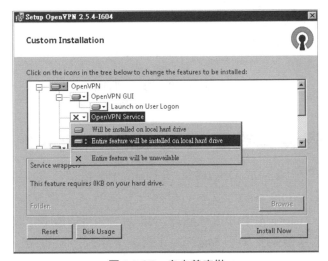

圖 14-27　自定義安裝

在安裝的過程之中可能會出現分別安裝「TAP-Windows Provider V9 網路介面卡」，以及「WireGuard LLC 網路介面卡」的訊息提示，請皆點選 [安裝] 按鈕即可。成功安裝之後將可以開啟如圖 14-28 所示 Windows 的 [服

務] 管理介面,查看到一個新增加的 [OpenVPN Interactive Service] 的服務,目前已在 [啟動] 狀態並且設定為 [自動] 的啟動類型。

圖 14-28　OpenVPN 相關服務

在網路方面則可以發現在 [控制台]\[網路和網際網路]\[網路連線] 頁面之中,如圖 14-29 所示分別增加了 [OpenVPN TAP-Windows6] 與 [OpenVPN Wintun] 兩個網路,後續我們在 VPN 網路的相關配置設定中將會使用到。

圖 14-29　OpenVPN 網路

14.8 安裝與設定 OpenSSL Toolkit

接下來我們必須完成 OpenSSL Toolkit 的安裝與基本設定,你可以到以下網址下載 Windows 的版本。在執行安裝程式之後應該會出現需要加裝 Visual C++ Redistributable 的提示訊息,你可以點選 [是] 直接完成下載與安裝,或是預先到以下 Microsoft 官網來手動下載安裝。

OpenSSL Installer for Windows 下載網址:
https://slproweb.com/products/Win32OpenSSL.html

Visual C++ Redistributable 下載網址：
https://docs.microsoft.com/en-GB/cpp/windows/latest-supported-vc-redist?view=msvc-170

關於 OpenSSL Toolkit 的安裝，首先必須依序設定安裝路徑、程式捷徑以及如圖 14-30 所示的 OpenSSL DLL 存放路徑。在此建議選擇預設的 [The Windows system directory] 選項即可。點選 [Next]。在 [Ready to Install] 頁面中，點選 [Install] 按鈕開始安裝。

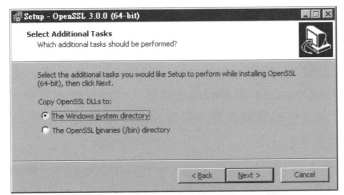

圖 14-30　安裝 OpenSSL 設定

完成 OpenSSL Toolkit 的安裝之後，緊接著我們必須編輯 Windows 的系統變數，以便讓後續有關於 OpenSSL 的命令能夠正常執行。請開啟 Windows 的 [系統內容] 頁面，然後點選 [環境變數] 按鈕。在 [環境變數] 頁面中，首先請選取位在 [系統變數] 清單中的 [Path] 並點選 [編輯] 按鈕，來開啟如圖 14-31 所示的 [編輯系統變數] 頁面，請在 [變數值] 欄位中以分號（;）相隔並輸入 OpenSSL 程式的完整路徑，預設路徑為 C:\Program Files\OpenSSL-Win64\bin。點選 [確定]。

圖 14-31　編輯系統變數

接下來還必須新增並編輯一個名為 OPENSSK_CONF 的系統變數，如圖 14-32 所示在 [編輯系統變數] 頁面中，請在此 [變數值] 的欄位中輸入 C:\ Program Files\OpenSSL-Win64\bin\openssl.cfg 即可。點選 [確定]。

圖 14-32 編輯系統變數

完成 OpenSSL 系統變數的設定之後，接下來你可以開啟命令提示字元視窗，然後如圖 14-33 所示執行 openssl version -a 命令，看看是否能夠成功取得關於 OpenSSL 版本的完整資訊，包括了版本編號、發行日、相容的作業平台、程式安裝路徑、引擎程式存放路徑、模組檔案存放路徑、CPU 資訊等等。

```
系統管理員:命令提示字元

C:\Users\Administrator>openssl version -a
OpenSSL 3.0.0 7 sep 2021 (Library: OpenSSL 3.0.0 7 sep 2021)
built on: Thu Sep  9 01:34:09 2021 UTC
platform: VC-WIN64A
options:  bn(64,64)
compiler: cl /Z7 /Fdossl_static.pdb /Gs0 /GF /Gy /MD /W3 /wd4090 /nologo /O2 -DL
_ENDIAN -DOPENSSL_PIC -D_USING_V110_SDK71_ -D_WINSOCK_DEPRECATED_NO_WARNINGS -D_
WIN32_WINNT=0x0502
OPENSSLDIR: "C:\Program Files\Common Files\SSL"
ENGINESDIR: "C:\Program Files\OpenSSL\lib\engines-3"
MODULESDIR: "C:\Program Files\OpenSSL\lib\ossl-modules"
Seeding source: os-specific
CPUINFO: OPENSSL_ia32cap=0xfffa32034f8bffff:0x1c2fbb

C:\Users\Administrator>_
```

圖 14-33 OpenSSL 版本資訊查詢

緊接著請開啟至 OpenSSL 程式的安裝路徑（預設：C:\Progrma Files\ OpenSSL-Win64\bin）。然後新增一個名為 demoCA 的資料夾，並在其資料夾下再分別新增一個 Certs 與一個 NewCerts 子資料夾。完成資料夾的新增之後，請以 Notepad 程式開啟位在 bin 資料夾中的 openssl.cfg。最後請修改如圖 14-34 所示的 dir 設定，完整輸入 demoCA 資料夾的路徑，並且需要以雙斜線（\\）的輸入方式，來做為每一階層路徑的表示法。

```
75  ##########################################################
76  [ ca ]
77  default_ca = CA_default        # The default ca section
78
79  ##########################################################
80  [ CA_default ]
81
82  dir       = C:\\Program Files\\OpenSSL-Win64\\bin\\demoCA   # Where everything is kept
83  certs     = $dir/certs         # Where the issued certs are kept
84  crl_dir   = $dir/crl           # Where the issued crl are kept
85  database  = $dir/index.txt     # database index file.
86  #unique_subject = no           # Set to 'no' to allow creation of
87                                 # several certs with same subject.
88  new_certs_dir  = $dir/newcerts # default place for new certs.
89
90  certificate = $dir/cacert.pem  # The CA certificate
91  serial      = $dir/serial      # The current serial number
92  crlnumber   = $dir/crlnumber   # the current crl number
93                                 # must be commented out to leave a V1 CRL
94  crl  = $dir/crl.pem       # The current CRL
95  private_key = $dir/private/cakey.pem# The private key
96
97  x509_extensions = usr_cert     # The extensions to add to the cert
98
99  # Comment out the following two lines for the "traditional"
100 # (and highly broken) format.
101 name_opt    = ca_default       # Subject Name options
102 cert_opt    = ca_default       # Certificate field options
```

圖 14-34　編輯 OpenSSL 配置文件

關於 OpenSSL Toolkit 的安裝與執行，如果你忘了預先安裝 Visual C++ Redistributable，則將會出現如圖 14-35 所示的錯誤訊息，此時只要再臨時完成下載與安裝即可解決！

圖 14-35　可能遭遇的錯誤

14.9 CA 憑證配置

在完成了 OpenSSL Toolkit 的基本安裝與設定之後，接下來我們就必須進一步透過它所提供的命令工具，來完成一連串有關於 OpenVPN 憑證的建立與配置。首先你可以如圖 14-36 所示，透過以下命令參數來完成 CA 憑證與金鑰檔案的建立。在此除了可以設定憑證的期限與版本，以及新憑證與金鑰檔案存放路徑之外，還必須指定 OpenSSL 設定文件的存放路徑。

```
openssl req -days 3650 -nodes -new -x509 -extensions v3_ca
-keyout certs\ca.key -out certs\ca.crt -config "C:\Program Files\
OpenSSL-Win64\bin\openssl.cfg"
```

```
openssl x509 -noout -text -in certs\ca.crt
```

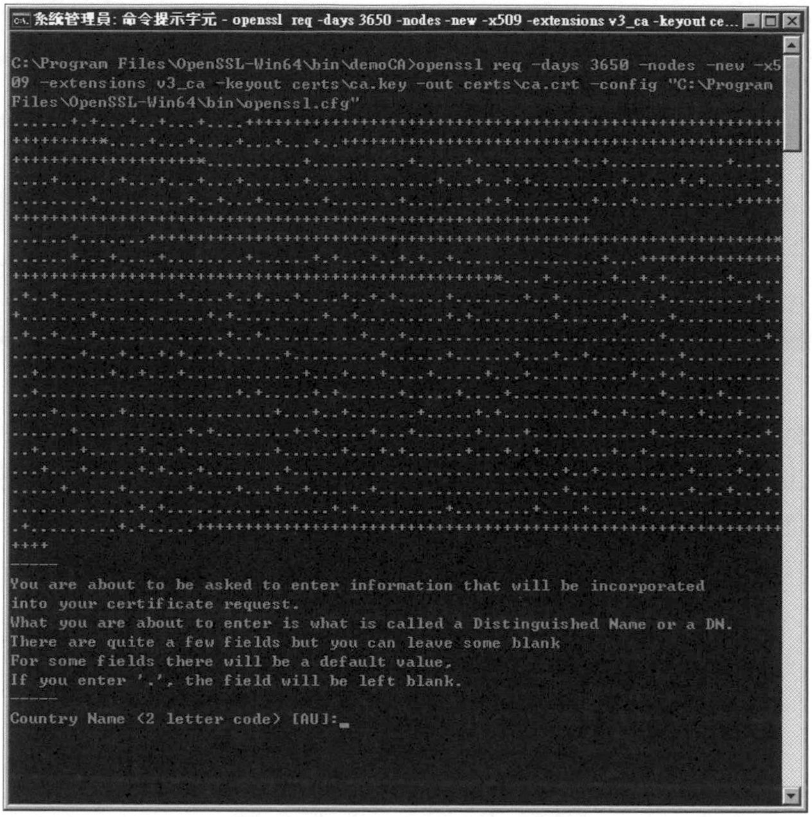

圖 14-36　建立憑證授權單位金鑰

接下來請透過以下命令參數，完成伺服器金鑰與憑證的要求，並完成相關憑證檔案的建立。其中憑證與金鑰的要求設定中，同樣必須正確指定 OpenSSL 設定文件的存放路徑。

```
openssl req -days 3650 -nodes -new -keyout certs\server.key -out
certs\server.csr -config "C:\Program Files\OpenSSL-Win64\bin\
openssl.cfg"
```

```
openssl ca -days 3650 -extensions usr_cert -cert certs\ca.crt
-keyfile certs\ca.key -out server.crt -infiles certs\server.csr
```

```
openssl x509 -text -noout -in server.crt
```

在完成 CA 憑證與伺服器憑證的建立之後，你可以在命令提示列中切換到憑證檔案的存放路徑（例如：demoCA），然後如圖 14-37 所示執行以下命令參數，來檢查伺服器憑證檔案（server.crt）的狀態，若檢查結果顯示為 OK 即表示此憑證檔案沒有問題。

```
openssl verify -CAfile certs\ca.crt server.crt
```

```
C:\Program Files\OpenSSL-Win64\bin\demoCA>openssl verify -CAfile certs\ca.crt se
rver.crt
server.crt: OK

C:\Program Files\OpenSSL-Win64\bin\demoCA>_
```

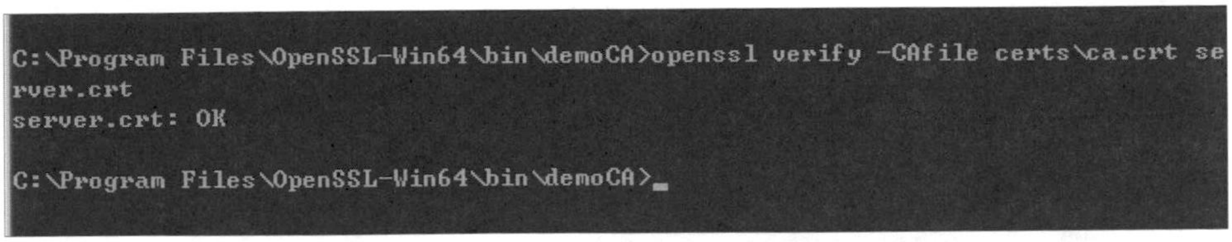

圖 14-37　CA 與伺服器憑證檢查

在完成了建立 OpenVPN 伺服器所需要的憑證之後，接下來還欠缺的就是用戶端所需要的金鑰與憑證檔案。請透過以下命令參數的執行，分別完成用戶端金鑰、憑證檔案的要求與建立，過程中同樣必須正確指定 OpenSSL 設定文件的存放路徑。

```
openssl req -days 3650 -nodes -new -keyout certs\client1.key -out
certs\client1.csr -config "C:\Program Files\OpenSSL-Win64\bin\
openssl.cfg"
```

```
openssl ca -days 3650 -extensions usr_cert -cert certs\ca.crt
-keyfile certs\ca.key -out client1.crt -infiles certs\client1.csr
```

```
openssl dhparam -out certs\dh4096.pem 4096
```

一旦完成用戶端金鑰與憑證檔案的建立之後，就可以來產生 OpenVPN 用戶端連線伺服器時，所需要使用到的 TLS 驗證金鑰。請如圖 14-38 所示透過以下命令參數完成建立。

```
openvpn --genkey tls-auth "C:\Program Files\OpenSSL-Win64\bin\
demoCA\certs\ta.key"
```

```
系統管理員: 命令提示字元

C:\>cd C:\Program Files\OpenVPN\bin

C:\Program Files\OpenVPN\bin>openvpn --genkey tls-auth "C:\Program Files\OpenSSL
-Win64\bin\demoCA\certs\ta.key"

C:\Program Files\OpenVPN\bin>_
```

圖 14-38　建立 TLS 驗證金鑰

終於完成了 CA 憑證、伺服器憑證、用戶端憑證以及 TLS 驗證金鑰的
準備。關於這部分所有檔案，若你是使用系統預設路徑，便可以在如圖
14-39 所示的 C:\Progrma Files\OpenSSL-Win64\bin\demoCA\Certs 路徑
中找到這些檔案。

圖 14-39　檢視憑證與金鑰檔案

14.10 啟用 NAT 於 OpenVPN Server

在完成了 OpenVPN 伺服器的安裝與憑證的配置之後，基本上就已經可以
開始正常運行了，不過為了讓來自 Internet 的用戶端可以進行連線，我們
除了必須開通企業的 Edge Firewall 之外，對於 Windows Server 本身的防
火牆相關連接埠也同樣必須開通，並且還得完成 NAT（Network Address
Translation）的設定。

首先在伺服器防火牆的配置部分，請開啟 Windows PowerShell 命令視窗，
然後透過以下命令參數，來完成允許 UDP 1194 埠口的連入，此埠口便是
OpenVPN 伺服器的預設埠口。若你在前面部署的配置文件中有修改過此
設定，請記得在此的設定也必須同樣變更。

```
New-NetFirewallRule -DisplayName "OpenVPN" -Direction inbound
-Profile Any -Action Allow -LocalPort 1194 -Protocol UDP
```

完成了 OpenVPN 伺服器防火牆的基本設定之後，接下來要進行的就是
NAT 網路位址的轉譯設定。請先確認已完成 [路由及遠端存取] 的伺服器

功能安裝，然後開啟其管理介面，並且在本機伺服器節點的右鍵選單之中，點選 [設定和啟用路由及遠端存取] 選項，來開啟如圖 14-40 所示的 [設定] 頁面。在此請選取 [網路位址轉譯（NAT）] 並點選 [下一步]。

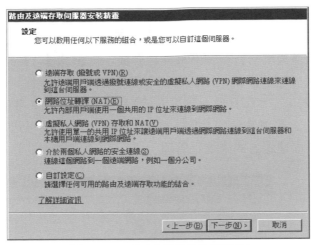

圖 14-40　路由及遠端伺服器設定

在 [NAT 網際網路連線] 的頁面中，請正確選取用以連線到網際網路的區域連線介面。點選 [下一步]。在如圖 14-41 所示的 [網路選取項目] 頁面中，必須選取將會有 Internet 共用存取權的網路，在此便需要選擇 [OpenVPN TAP-Windows6] 的網路介面。點選 [下一步]。

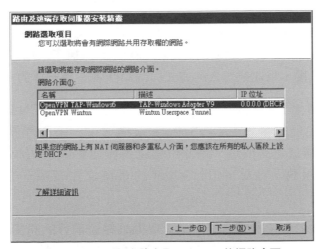

圖 14-41　選取允許存取 Internet 的網路介面

在最後完成設定的頁面中，系統會提示我們關於 NAT 功能的使用，必須依賴外部 DNS 和 DHCP 伺服器的配置才能正常運行，因此必須確認這兩項服務已經在網路中正常運行，如此一來 Internet 用戶端才能夠通過連線來取得 VPN 的網路 IP 位址。點選 [完成]。

還記得在前面的步驟之中，我們有選取用以連線到網際網路的區域連線介面，接下來便需要針對這個區域連線介面，開啟如圖 14-42 所示的 [內容]頁面。在 [NAT] 的子頁面中請確認已分別選取了 [連線到網際網路的公用介面]，以及 [在這個介面上啟用 NAT] 兩項設定。此外在 [服務和連接埠]頁面中，請記得將其中的 [遠端桌面] 開啟，如此便可以讓管理人員隨時透過遠端桌面連線方式來進行管理。

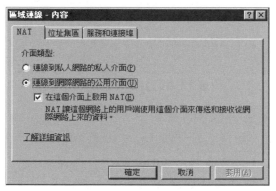

圖 14-42　區域連線設定

完成了社群版本的 OpenVPN Server 的部署之後，你一樣可以使用各種平台的 OpenVPN Connect 來進行連線測試，包括了 iOS、Android 的行動裝置皆是支援，且連線登入的方式與商業版本皆是一樣的。

從本文的實戰介紹之中，除了學會了有關於 OpenVPN 的部署與使用技巧之外，也能夠明白到為 vSphere 架構環境，特別開闢一條專屬 IT 部門的 VPN 通道之必要性。為此也讓筆者聯想到如果 VMware 能夠提供自家的 VPN 服務，在 vCenter Server 的系統之中或另一個免費的 Virtual Appliance。

在資料傳輸的加密保護方面，則可以同樣結合現行的原生金鑰提供者來完成，相信這對於 IT 部門的遠端連線管理需求而言，肯定會是一大助益。進一步或許還能為一般用戶，也規劃出另一條專屬 vSphere 應用資源的 VPN網路。無論如何原生的整合肯定會比第三方的整合來得更好更方便。

VMware vSphere 7.x 維運實戰管理祕訣

作　　　者：顧武雄

企劃編輯：莊吳行世

文字編輯：王雅雯

設計裝幀：張寶莉

發　行　人：廖文良

發　行　所：碁峰資訊股份有限公司

地　　　址：台北市南港區三重路 66 號 7 樓之 6

電　　　話：(02)2788-2408

傳　　　真：(02)8192-4433

網　　　站：www.gotop.com.tw

書　　　號：ACA027400

版　　　次：2022 年 05 月初版

建議售價：NT$550

國家圖書館出版品預行編目資料

VMware vSphere 7.x 維運實戰管理祕訣 / 顧武雄著. -- 初版. --
　臺北市：碁峰資訊, 2022.05
　　面；　公分
　　ISBN 978-626-324-199-2(平裝)
　　1.CST：作業系統　2.CST：電腦軟體
312.54　　　　　　　　　　　　　　　　　　111007152

讀者服務

● 感謝您購買碁峰圖書，如果您對本書的內容或表達上有不清楚的地方或其他建議，請至碁峰網站：「聯絡我們」\「圖書問題」留下您所購買之書籍及問題。(請註明購買書籍之書號及書名，以及問題頁數，以便能儘快為您處理)

http://www.gotop.com.tw

● 售後服務僅限書籍本身內容，若是軟、硬體問題，請您直接與軟體廠商聯絡。

● 若於購買書籍後發現有破損、缺頁、裝訂錯誤之問題，請直接將書寄回更換，並註明您的姓名、連絡電話及地址，將有專人與您連絡補寄商品。